中国空间策略：帝都北京

Chinese Spatial Strategies: Imperial Beijing 1420-1911

中国空间策略：帝都北京

（1420—1911）

朱剑飞 著

诸葛净 译

生活·讀書·新知 三联书店

目 录

中文版序   9

"天朝沙场"十年——《中国空间战略：帝都北京》译序   13

插图目录   20

导言：北京，作为一个理论问题   23
     寻找中国的空间设计传统   23
     关于本研究及其论点   28
     关于方法   35

第一部分
社会的地理   43

1 地缘政治的大型工程   45
2 作为意识形态的城市平面   59
     秦汉古典传统   59
     宋明理学   70
3 城市的社会空间   83
     城城相联   83
     国家的空间   103
     社会的空间   122
     社会与国家的关系   134
第一部分结语：城市与大地的建筑   141

第二部分

政治的建筑   145

4 墙的世界：紫禁城宫殿   147

   宫城   150

5 宫廷：政治景观的框定   175

   内廷——身体空间   175

   外朝——制度空间   192

   力的组合   204

6 宫廷：天朝沙场   215

   奏书与朱批的流动   215

   防御   223

   危机再现   231

7 权威的构建   243

   法家与兵家   243

   与圆形监狱的比较：两个理性的时代   254

第二部分结语：作为国家机器的建筑   273

第三部分

宗教与美学的构图　　　　279

8　**宗教话语**　　　　281

　　话语的建构　　　　281

　　意识形态的演出　　　　290

9　**形式构图：视觉与存在**　　　　311

　　卷轴般的北京城　　　　311

　　与"笛卡儿透视法"的比较：两种观看的方式　　　　327

第三部分结语：地平线上的建筑　　　　345

参考书目　　　　349

索引　　　　361

中文版序

回顾这项研究，从起步到英文版中译本的出版，已有二十年的历史了。

我是 1988 年下半年在伦敦大学巴特列建筑规划学院开始研究北京的，博士论文于 1993 年底完成。研读的过程主要是吸收和实验性地运用西利尔的"空间句法"和以福柯为代表的关于空间和权力的社会学理论。历史资料的运用以 1750 年的《乾隆京城全图》和宫廷政治史及政治制度研究为主。当时比尔·西利尔（Bill Hillier）、朱丽安·韩森（Julienne Hanson）、艾仑·庞恩（Alan Penn）、约翰·匹坡尼斯（John Peponis）等老师的教学和辅导，西利尔带领的整个"高级建筑研究"学术团体的研讨气氛，以及伦敦大学各个学院图书馆的资料（尤其是藏有《全图》兴亚院复制本的亚非学院图书馆），都对我从分析和社会空间角度研究明清北京起到了极为重要的作用。

1994 年是一个新的开始。在马克·卡申（Mark Cousins）教授的邀请下，我在伦敦建筑联盟学院（Architectural Association School of Architecture）做了关于这项研究的报告，报告内容随后以"A Celestial Battlefield"为题发表在 *AA Files* 杂志的第 28 期。这篇文章随后由邢锡芳女士仔细精准地译成中文，题为"天朝沙场"，发表在1997 年的《建筑师》第 74 期。随后几年我在英国、中国、澳大利亚几个学校做过报告，阐述这项工作。这一阶段的工作以"天朝沙场"为代表。它概括介绍了原来的学位论文，陈述了一个微观的、句法的和权力的对紫禁城的分析。"天朝沙场"在国内受到了一些关注，大概说明了用分析、权力、社会的角度考察建筑在中国的缺失和重要性。当然，该项研究是有局限的，它关心的是北京故宫政治权力和宗教仪式一个内部的构架。

从 1995 年到 2002 年的这几年，是扩展的阶段。我整理了博士论文，添加了新的历史内容，也采用了一些更明确的理论观点。在澳大利亚的这几年，我重新思考了西方理论与中国历史案例的关系，认为两者不应该是不对等的"运用"关系，而应该是两个具体历史经验互相比照的"对话"关系。我也接触到了弗朗索瓦·于连（Francois Jullien）的论述，开始对法家和北京的政治空间，以及它们与杰里米·边沁（Jeremy Bentham）的全视监狱模型和福柯的权力理论进行了更加大胆的思考。同时，我也进一步阅读吸收了明清北京的历史资料，包括明初建立北京的宏大地理构图，两个朝廷衰败的历史案例，明清北京民间社会的组织等等。所以，到 2002 年完成的文稿，是一个关于明清北京空间结构的新的阐述。它兼有朝廷政治的内部结构（"三角结构"）和外部关系（视察和统治的方法），国家权威的运行和地方民间社会的组织，城市的布局与大尺度地缘政治的规划，社会政治的功能结构与形式美学的视觉构图。其中一个部分的简要介绍，刊登在《时代建筑》2003 年第 2 期，题为"边沁、福柯、韩非——明清北京：权力空间的跨文化讨论"。2002 年前后在国内讲学也以新文稿为基础。文稿由伦敦的 Routledge 出版社于 2004 年出版，书名

Chinese Spatial Strategies: Imperial Beijing 1420-1911，就是本书的英文原著。它包括社会地理、政治建筑、宗教与美学构图三大部分，涵盖了到 2001 年为止我对明清北京最新近的思考，其中许多基本和主要的内容还是源自博士论文。

2004 年到 2008 年大概是再次回馈国内学界的阶段。同济大学的《时代建筑》和清华大学的《世界建筑》分别刊登了李翔宁和李路珂两位学者富有洞察的书评。2006 年，在一石文化史建先生的积极敦促下，生活·读书·新知三联书店和 Routledge 签了中文版出版协议。随后，英文原书由东南大学建筑学院的诸葛净老师倾力工作，把有历史细节又比较抽象的原文译成了中文，为我节省了时间，也为学术交流做出了贡献。诸葛净老师展现的学识和能力令人钦佩。

除了上面各位，我还要感谢下列诸位的关心和支持：伦敦政治经济学院的王斯福教授（Stephan FeuchtWang）对我的博士论文提供了重要的建议。张杰老师和李英基老师为我提供了线索、介绍了故宫博物院的有关资料。吴良镛先生和郭黛姮、王贵祥教授先后请我在清华大学做了两次报告；邹德侬、朱光亚、伍江、常青老师也请我在天津大学、东南大学和同济大学做了报告，提供了交流的机会和积极的建议。另外，王其亨、陈薇和赵辰老师对该项研究表示了关注，提出了建议。玛丽·沃尔（Mary Wall）总编为第一篇文章"A Celestial Battlefield"的发表，提供了极为认真的编辑支持。邹德侬和王明贤老师努力推动了这篇文章的中译和发表；在北京的张永和、王明贤、史建、黄平各位教授也把《天朝沙场》热情地介绍到了人文和社会科学领域；彭怒、王路、支文军老师也及时组织了英文著作的书评。在写作中，我获得了墨尔本大学研究经费的资助；也得到了约翰·弗里德曼（John Friedmann）、迈克尔·达顿（Michael Dutton）、金·德维（Kim Dovey）诸位教授和同事的建议。在伦敦 Routledge 出版社审稿时，也获得了安东尼·金（Anthony King）和托马斯·马库斯（Thomas Markus）等学者的宝贵意见。书中的插图得到艾米·陈（Amy Chan）和安德鲁·马特尔（Andrew Martel）两位学生的大力协助。这些插图的制作也得到了希昂·道尔（Sean Doyle）先生专业的建议。在此我对他们表示诚挚的谢意。

朱剑飞

"天朝沙场"十年

——《中国空间策略：帝都北京（1420—1911）》译序

一

　　大约在 1995—1996 年间，朱剑飞先生至东南大学建筑系做讲座，介绍了从权力关系角度对北京紫禁城的研究，当时正在写作硕士论文的我通过这次讲座初次听说了大卫·哈维和福柯的名字，也还依稀记得当时朱剑飞先生展示的福柯有关权力分析的重要著作《规训与惩罚》的台湾版封面。1997 年第 74 期《建筑师》便以《天朝沙场——清朝故宫及北京的政治空间构成纲要》为题，发表了朱剑飞先生对北京紫禁城的"微观的、句法的和权力的"分析，展现出以社会科学理论为工具分析中国传统城市与建筑的可能性，这对我之后的学术兴趣有很大影响，也因此一直希望能拜读朱剑飞先生博士论文的全文。故而，2006 年初，知史建先生计划将朱剑飞先生的大作《中国空间策略：帝都北京（1420—1911）》翻译成中文出版，我欣然应命。

　　翻译工作断续进行了三年，在此期间朱剑飞先生在繁忙的工作之余，对译稿进行了大量的校对与修改。特别是在涉及理论和观点性文字的地方，译文往往生涩，朱剑飞先生均重新写过，这才有了呈现于读者面前的这本中文本。在此过程中，我也受益匪浅。

二

本书以"中国的空间设计方法是什么"为核心问题，以明清北京为研究对象，以空间句法、权力关系、全视监狱模型和关于"势"的理论为主要分析工具，宏观与微观结合，历时与共时结合，将一座在永乐皇帝的雄心壮志中诞生，在国家与社会、皇帝与臣民，以及皇帝、官僚与内廷成员之间的合作与冲突、控制与反控制中繁荣了五百年的帝国都城展现在读者面前，并逐步揭示出对开篇所提出的问题的解答，即"北京所表达出的一种空间设计与布局方法是策略的与整体主义的"。帝国的都城与宫殿，一方面作为被设计的理想的形式空间，遵从儒家正统的都城规划模式，以平面的象征形式表达出"王道"的理想；另一方面，更重要的则是作为被使用的真实场所，它的空间设计深植于法家的理论之中，并通过运动、社会实践以及人们的日常生活而最终显示出帝都空间的"霸道"本质。

全书分为三大部分。

第一部分通过对明代建都北京及其后一系列相关的建设活动的讨论，指出北京在区域、城市与建筑的各个尺度上都象征性地表现了汉以来儒家意识形态的核心价值观，尤其是宋明理学所倡导的关于圣王的理想。同时在这一部分，作者又以宋明理学的讨论为线索，逐步引出了儒家和法家、王道与霸道的双重性问题，以及与此相应的城市中象征表现与功能实践、形式空间与真实空间的双重性问题。

在第一部分的最后一章，作者首先在城市的尺度上对真实空间进行了分析。在这里，作者引入了"空间句法"的分析方法，在城市地图的基础上做出了一系列分析图。揭示出墙及墙上的门这两种物质要素在建立从中心到边缘，也即皇帝对臣民的纵向等级统治中所起的关键作用，以及与此相应的从宫城到外城的逐步开放的状态，直观表现了在国家控制之下，北京城市空间中仍然存在着的相当活跃的区域。当与具体行政制度的分析相结合之后，空间句法分析所揭示的图形特征更是得到充分的说明，同时也进一步揭示出在开放活跃的区域，国家机器又是如何施加控制的。由此，一个国家与社会交缠的，控制与流动并存的城市真实空间展现在我们面前。

空间句法作为研究空间组织与人类社会之间关系的理论和方法，在我国当前的实践中更多地应用于建筑设计和城市规划。本书作者则向我们展现了这一分析方法在阐释传统城市空间中所具有的强大能力。尤其是将图形分析的结果与社会历史的史实相结合之后，很多以往凭直觉而察之的结论或是模棱两可的现象，都能得到透彻的阐释。

第二部分是本书的核心部分。在此，作者将关注的焦点集中在北京城空间等级金字塔顶端的紫禁城。首先，延续自第一部分的形式平面与真实空间的双重性再次得到强调，空间句法的分析也再次得到应用，揭示了隐藏在水平展开的形式平面中的纵向的不平等空间，以及墙在创造并维持这种"内部凌驾于外部，中央凌驾于边缘的垂直方向的支配关系"时所起的至关重要的作用。继而借助福柯的权力关系分析，构成国家机器核心的紫禁城中三大集团间的三角结构渐渐明晰。在对此三角结构做深入剖析时，作者将对朝廷内部通讯体系的讨论与福柯的权力之眼和观看金字塔结合在一起，揭示出一个高效的国家控制机器的运作方式。

第七章"权威的构建"又可视为第二部分的核心。作者通过引用法家与兵家理论，以及李泽厚与弗朗索瓦·于连关于韩非理论的讨论，对前文中提出的国家机器的构造与运作加以阐释，并追溯了欧洲政治思想从马基雅维利到边沁的发展脉络，指出了在权威构建的过程中，中国与欧洲分别发展起来的两大理论系统，并分别以 15 世纪 20 年代的北京城市与宫殿，及 1790 年边沁的圆形监狱为代表展开比较。将边沁的圆形监狱视为对个人施加控制与监视的现代规训社会的建筑形象，并对其展开权力关系的分析，正是福柯在其《规训与惩罚》中提出的重要观点之一，权力之眼的提出亦与此密切相关。

因此本书最重要的几个理论基石均在第二部分出现，并且与历史事件绵密交织，最终令人信服地说明了紫禁城是如何作为国家机器架构与运作的，从而渐渐提示了本书的核心问题。而紫禁城中"U—空间"的提出，也对加深理解紫禁城的真实空间极具启发。

第三部分可能会令读者稍稍有些困惑。第三部分的八、九两章其实讨论了两个主题。第八章分析了发生在宫殿和坛庙中的礼仪活动的时空结构，证明空间形式与仪式共同创造并维护了儒家理想的帝王意识形态，从而与第二部分的论证一起，证明并强化了最初提出的象征表现与功能实践、形式空间与真实空间的双重性，也即都城空间的"王道"与"霸道"的双重性问题。在这里作者虽未明言，但借用了人类学的"仪式戏剧"。克利福德·格尔茨（Clifford Geertz）在其名作《尼加拉：19 世纪巴厘剧场国家》中便充分运用了戏剧概念来阐释仪式。

最后一章集中讨论了北京城的形式构图，并在充分考虑各自文化背景的前提下，与文艺复兴的建筑展开比较。这一章虽然不是全书的重点，篇幅也不长，但却提出了一个非常有趣的话题，即不同的观看方式导致空间组织方式的不同。这是一个值得进一步深入探讨的主题。

正如朱剑飞先生在《中文版序》中所言，1997 年《天朝沙场》初次刊载于《建筑师》时所引起的讨论，一定程度上说明了当时大陆学界从社会角度分析历史问题的缺失。自那以来已过去了十余年，这十余年里，大陆学术界犹如进入了一个"新翻译时代"，大量欧美学术著作几乎能做到同步翻译引进，就本书的理论基础而言，福柯的重要著作几乎都有了中文译本，有的还有不止一个版本；比尔·西利尔、于连、潘诺夫斯基，以及布尔迪厄等人的重要著作的中文本也都面世；权力关系、空间句法等对于大陆的研究者不仅不再陌生，甚而已时髦了有些年头。那么在这样的学术环境下，朱剑飞先生这本著作中文版的面世，意义在哪里呢？

历史研究的丰富性既在于为历史而历史的追问，也在于对当下的关注。本书开篇所提出的问题"中国的空间设计方法是什么"，在任何时期都具有重要的意义。众所周知，中文里本无"建筑"一词，中国古人的头脑中也不知"建筑"为何物。中国传统之营造，简单说来，是以木匠为首的工匠们按照当时当地的一定程式建造起单体的形式类似的房屋，单体又按照一定规则，大多数情况下以院落为核心，扩展而成群体，群体组织在一起形成城市。在这样的建造体系中形成的建筑面貌、城市景象与大地景观，显然与欧洲传统的景象截然不同。因而，当民国年间中国第一批赴欧美学习建筑的留学生归来以后，就已经开始了"什么是中国建筑"的追问。无论出发点是什么，无论背后潜藏的是什么样的心态，在很长一段时间中，什么是"中国的建筑"、"中国的空间"、"中国的设计"，乃至"中国的城市"，都仍是从事中国传统城市与建筑的研究者必须面对的重要问题。

运用社会科学理论分析中国传统城市与建筑仍是有待发掘的沃

土。借助社会理论探讨历史问题对我们来说应该并不陌生。早在《唐代政治史述论稿》和《隋唐制度渊源略论稿》中，陈寅恪先生就以对不同对立集团和利益集团的分析而令人耳目一新，20世纪90年代以来，杨念群等一批中青年学者倡导的以社会史为主要特点的新史学也方兴未艾。然而在建筑科学的领域，尽管对于中国传统城市与建筑的研究已经不完全局限于表面的形式问题，但试图揭示空间与社会形式和社会过程之内在关联的尝试与成果仍属少数。也有很多研究仍显示出在依靠常识来处理史料，反映出我们对于理论的掌握，以及研究方法的有意识运用和反思的差距。

朱剑飞先生在本书中针对不同的主题、不同的讨论对象，有意识地综合运用空间句法、权力关系、全视监狱模型以及法家、兵家的理论等各种工具，并与史实相参照进行深度挖掘，让我们看到，当分析的思路改变时，原本熟悉的研究对象原来还能被揭示出如此多的层面！而也只有经由这样的分析，我们才能够在讨论什么是"中国的建筑"、"中国的空间"、"中国的设计"等问题时，超越简单的手法讨论或形式解读，透彻理解在中国传统的文化体系中，建筑、空间及其意义以什么方式被设计、被创造出来，并进而增加我们关于"建筑"、关于"空间"的知识。

最后，同样重要的是朱剑飞先生提出的一种态度："西方理论与中国历史案例之间的关系不应该是不对等的运用，而应该是两个具体历史经验互相比照的对话关系。"外来观念与中国研究间的关系也是早在20世纪初中国学人便要面对的问题，陈寅恪、王国维等大家均以"外来观念与固有之材料互相参证"而成就卓著。而时至今日，这个问题仍具有现实意义。在这里关键是互相比照或说互相参证。这提醒我们在接触外来观念与理论时必须关注其产生的文化背景、知识脉络，避免盲目套用于中国案例中，最终不仅应能达到从不同角度分析中国材料的目的，更应通过互相的比照，对增进双方的知识与经验都有所贡献。在这一点上，本书同样为读者提供了良好的范例。

因此，在《天朝沙场》刊登十余年后，《中国空间策略：帝都北京（1420—1911）》一书中文版的面世，无论在提出的问题、采用的方法还是采取的态度上，对于大陆的研究者来说，都具有重要的借鉴与讨论的价值。

诸葛净

插图目录

图 1.1　中国历代主要都城位置图

图 1.2　1405—1433 年明代海上探险路线图

图 1.3　1420 年代以后建造的北部边境要塞及长城

图 1.4　1415 年重新开通的大运河

图 2.1　明清北京城平面图（1553—1750）

图 2.2　紫禁城及周边平面图

图 2.3　关于《考工记》帝都规划理论的图示

图 2.4　清代宫廷画家所绘康熙肖像

图 3.1　北京的城墙和城门

图 3.2　北京城空间的两个层面及其社会机能

图 3.3　北京城墙结构：等级深度的增长

图 3.4　北京的开放城市空间

图 3.5　北京的开放城市空间网络：都城和外城

图 3.6　北京的开放城市空间网络：皇城

图 3.7　北京三个城之间两极分化的趋势："自由"空间与"受控制的"空间

图 3.8　皇城中集合度最高（1%）的线所形成的"集合核"（integration core）

图 3.9　都城中集合度最高（1%）的线所形成的"集合核"（integration core）

图 3.10　外城中集合度最高（1%）的线所形成的"集合核"（integration core）

图 3.11　国家之躯体：清代北京宫殿、国家机构、府衙、县衙，以及附属机构位置图

图 3.12　国家的战争机器：清中期北京治安和军事部队布局（17 世纪晚期至 18 世纪初）

图 3.13　1750 年北京都城的两个区域

图 3.14　国家的宏大场面：皇帝及侍从从中国南方巡视回来进入北京的场景

图 3.15　市民社会空间节点：北京 19 世纪主要庙宇、集市、朝圣地，以及会馆、戏庄、戏楼—酒楼分布图

图 3.16　市民社会空间的一个关键节点：1750 年的隆福寺及其周边城市环境

图 4.1　紫禁城地图（1750—1856）

图 4.2　紫禁城"院落边界图"（1750—1865）

图 4.3　紫禁城"院落边界图"（1750—1865）

图 4.4　紫禁城"细胞图"（1750—1856）

图 4.5　以细胞图为底图标注的从四座门算起的所有空间的深度值

图 4.6　紫禁城中向西北方递增的深度对角线

图 4.7　由南向北的路径，以及从南端的门（大清门）算起所有空间的深度值；以紫禁城细胞图为底图

图 4.8　由东南向西北的对角线路径，以及从东南侧的门（东安门）算起所有空间的深度值；以紫禁城细胞图为底图

图 4.9　紫禁城中 10% 最整合及 10% 最疏离的空间

图 4.10　在院落边界图上标注出的关键空间

图 4.11　在细胞图上标注出的关键空间

图 5.1　妃嫔居所与皇帝居所的联系：以院落边界图为底图

图 5.2　妃嫔居所与皇帝居所的联系：以细胞图为底图

图 5.3　养心殿平面示意图：皇帝"真正的"居所

图 5.4　从养心殿前门向内看

图 5.5　养心殿东边房间，1861 年后是皇太后垂帘听政处

图 5.6　内廷中心区域的宦官配置：以院落边界图为底图

图 5.7　两座皇帝寝宫中的宦官配置：以院落边界图为底图

图 5.8　内廷中心区域的宦官配置：以细胞图为底图

图 5.9　清代国家机关在北京中心区的分布

图 5.10　进入紫禁城的两条主要路线

图 5.11　明清两代皇帝制度与国家政府机关的基本构造

图 6.1　明末（1644 年）将北京与各行省及边境地区联结起来的遍及全国的驿路系统

图 6.2　19 世纪初紫禁城中防御和防卫力量的部署

图 6.3　19 世纪初紫禁城内外的晚间巡逻路线

图 6.4　1803 年紫禁城中陈德企图刺杀皇帝的路线

图 6.5　1813 年林清入侵紫禁城的路线

图 7.1　权威的金字塔：明清两代皇位与国家政府的社会空间构造

图 7.2　势的解释：法家和《孙子兵法》的关键概念

图 7.3　杰里米·边沁设计的圆形监狱的平、立、剖面图，1791 年

图 7.4　19 世纪初欧洲的圆形监狱，囚室中的一名囚犯正在中央监视塔前跪着祈祷

图 8.1　清朝皇帝亲自参加的"神圣"祭奉与"世俗"仪式的地点

图 8.2　清廷宗教制度时空框架中的主要基点

图 8.3　紫禁城中世俗仪式集中的四个主要地点

图 8.4　从南侧鸟瞰午门和紫禁城

图 8.5　天坛平面，包括"神圣"祭奉的各个地点

图 8.6　圜丘平面，最重大的"神圣"祭奉的地点

图 8.7　从南侧鸟瞰天坛

图 9.1　从南面天安门到北面神武门（从右到左）中轴线纵剖面

图 9.2　《康熙南巡图》十二卷的最后一卷

图 9.3　卷轴画《千里江山图》局部

图 9.4　关于辅助绘制透视的图解说明

图 9.5　伊萨克·牛顿爵士纪念碑设计

图 9.6　《理想城市之图景》（*View of an Ideal City*）

图 9.7　凡尔赛宫鸟瞰，从 1660 年起建造与扩建

图 9.8　从北面沿轴线鸟瞰北京中心，这一中心形成于 1420 年，扩建于 1553 年

文字来源说明：

第 5 章、6 章和 8 章的一部分首先发表于我的《清朝故宫及北京的政治空间构成纲要》，*AA Files*，伦敦，no.28，1994 秋，pp.48-60。©AA 学院与作者。本文由邢锡芳翻译成中文，发表于《建筑师》，北京，第 74 期，1997 年，第 101—112 页；并重印于《文化研究》第 1 辑，天津：天津社会科学院出版社，2000 年，第 284—305 页。

导言

北京，作为一个理论问题

寻找中国的空间设计传统

从长城到紫禁城，从北京的颐和园到苏州的江南园林，中国的建筑奇迹举世闻名。它们在大众媒体和文学中得到了充分的描绘，也越来越多地出现在学术研究中。但是，尽管我们关于中国建筑的知识日益增加，关于中国历史上形成的空间设计传统这样的重要论题却并未得到充分的探讨。如果在中国的传统中确实存在这样一种独特的空间设计的方法的话，那么这是一种什么样的方法？在社会的、文化的以及理论的背景下，它又是如何构成的？如果确实有这种空间设计传统，那么这种传统或方法如何在人与物、主体与客体之间，以及与大自然的关系中展开？

当今的学术研究往往局限于两种思路。它们或者像中国建筑史和城市规划史领域中的一些研究，因为过多注重物质的结构、形式和布局，而不能够直接地分析和在理论上探讨上述的问题；或者像汉学和宗教方面的一些研究，当学者试图超越物质因素时，注意力往往集中于象征与精神层面，以及宗教构筑与古代都城布局等问题上。这样，关于中国空间与设计方法的研究就相当地局限于形式、物质与象征表现的探讨中。这个问题有几个层面。一方面研究者往往缺少社会的、现实的态度，即在考虑空间与形式的设计与使用时，研究者缺乏对当时历史背景下的社会现实的密切关注；另一方面是缺乏分析性的解剖，缺少对特定形式、空间、社会使用和文化话语进行细密的和有差异的分析。更进一步，这些研究不具有严格意义上的理论性，没有一个具备当代意识的对问题的框定，没有把关于中国空间设计方法的考察作为一个理论问题，置于当代的批判性话语的观念和概念框架中。

提出是否有中国独特的空间设计传统和方法这样的问题，在今天具有了新的意义。在过去二三十年里，在全球化的影响下，中国成功地进行了改革，正在转变为一个现代的工商业大国。大型构筑与建筑的兴建遍及中国的各个城市，而城市之间又联网成巨型城市圈。另一方面，中央政府积极地领导着经济和社会。在这些发展背后隐藏着什么样的文化基础？在这些发展背后是否存在着植根于中国的过去，并在漫长的历史中获得发展的、一般的空间理念和空间设计方法？

中华帝国晚期的都城北京，作为这种考察的开端，或许是一个好的案例。1420 年到 1911 年的五百年间，有二十四个皇帝作为"天子"居住在这里，在城市中心的深宫中统治着帝国。城市本身尽管经历了历史的变迁与动荡，经历了从明到清的朝代更替，却并未根本改变。漫长的历史、变化的帝国制度、支配城市的复杂体系、两个朝代里逐渐变化的政府和帝国，这一切都被包容在这座城市中，包容在一个平面、一个空间之中。事实上，北京是最庞大的历史文物之一，是古老帝国遗留给现代世界的最大的社会空间复合体。北京提供了研究和探寻上述问题的一个内容最为丰富的案例。

本书试图将北京置于历史现实中加以研究，并探讨中国的空间设计方法。本研究的目的在于揭示历史背景下具体的社会现实，揭示并分析空间排列的不同层面，寻求并论证根植于中国文化与精神中的空间设计及布局方法。本研究希望同时兼备现实性、分析性以及理论批判性。如何能在一项研究中同时达成这些目标？在如此大跨度的时间中研究城市，一方面企图揭示城市的社会空间，另一方面又希望考察设计与布局的理论问题，这样的研究应该如何组织？

呈现于本书的研究，为了处理不同的问题而游动于不同的领域，也运用了不同的方法。对于明初至清末的历史变迁的认识，被纳入社会的共时的分析框架中。帝都北京中一种时间被纳入空间之中的自然的"压缩"，为本研究提供了引导。在本研究中，社会问题和社会空间问题作为研究的起点占据了首要地位。社会的、共时的和结构的问题成为研究的出发点，以此组织划分整个工作。同时，历史事件又提供了插入的情节、案例，有时甚至是主要事例，并且受到不同层面的社会分析。

本研究把广泛的讨论和对空间与空间布局的聚焦分析结合在一起。本书关注历史北京的社会、政治、文化和感性经验等方面，并对其中每一方面里的空间设计布局和使用等问题进行观察和研究。具体地说，对历史上的帝都北京的空间格式与布局的探寻，在以下几个方面展开。

首先，本书研究了15世纪初期明代君王心中的关于大明王朝的地理版图的设计。这是一个辽阔的空间，而北京在其中占据了重要的战略地位。

第二，本研究关注了当北京城建造起来之后，它的整个布局即平面，及其对君权神授的合法性的表达，也就是王朝统治的意识形态的表达。

第三，本书对都市社会空间及社会生活进行仔细的研究。政治统治如何赋予城市社会，而城市民众的社会和市集生活又如何延续甚至常常兴盛发达？城市空间是如何在寺庙与集市、节庆的周期演进的关联中构成？

第四，本书研究了作为政治运作场所的宫殿。一套最复杂的空间组织，作为统治的机械装置运行着；它居于中央而凌驾于宫廷、政府、城市以及行省之上。它曾经是如何构成，又是如何运转的？它是否成功，它又在何时、以何种原因，在历史的某些阶段走向失败？这其中是否有空间的问题？如果有，那么空间又是如何卷入政治运行的问题之中？

第五，本书也研究了宫廷生活的另一个方面，一个在宫殿与坛庙中展开的仪式与供奉的场所。这些活动是如何在空间上被组织起来的？它们是如何在皇帝的参与中得到启动和体现的？这些空间的定位、构成和体现，又如何表现了已经在城市平面中框定了的皇家的意识形态？

最后，本书关注空间构成本身，包括北京整体及各个重要部分，将之作为美学的、经验的以及存在的问题加以讨论。这里的问题从视觉和现象学意义出发，关心北京的构图，以及由此反映出的关于人的定位和人与物的空间部署的集体的观念。

这些领域——地理的、形式的、社会的、政治的、仪式的以及存在的——包含了用于研究的许多问题。在这些问题当中，有一些最重要的，应当作为关键的理论问题在此提出。第一是空间的真实性问题。这里空间被设想为真实实践的场域，一个在平面中并未被充分表现甚至被压抑的领域。平面是一个空间在水平表面上的投影，而空间本身则是运动、社会实践与人们日常生活的场所。通过"空间句法"的分析方法（这将在后文加以解释），我们将揭示出空间的场所，并将之区别于平面的形式化格局（configurations）。由此可以引申出这样的理论假设，平面表达了设计者与统治者的主观意愿，也就是意识形态，而空间场所则揭示了一个身体力行的日常的社会实践领域，其中自然也包括政治实践。换句话说，空间包含了一个权力关系的场域。

这又引出另一个需要研究的问题：权力与空间如何相互关联？在一系列权力关系中，空间如何容纳和推动权力的运作？这里借用了空间句法与权力关系的分析方法，它们都是最近西方学术界的新成果。空间被看作实践场所，而权力被认为是联系的和动态运作的。在联系的、动态运作的策略领域中，在由支配性的社会力量所设计和采用的空间配置（setting）中，同时在与其他力量的相互关联中，我们可以发现权力的种种关系。在帝都北京，问题的核心是在各层空间布局中，也就是在地缘政治背景下，在城乡、中心边缘的关系中，以及在复杂的帝国统治机器中，各种权力关系是如何得以建立和维持的？

与上述问题相关联的是视觉与观看方式的问题。作为本研究的一个关注点，观看并不是作为知觉的、个人化的体验来加以考察，而被看作发展了的、间接的与制度化的实践。我们在两个方面对观看进行了研究：在控制机制中作为政治行为的观看，以及在空间构成中作为美学与存在要素的观看。前者的问题是，在观察、了解与统治的意义上讲，皇帝是如何跨越宫墙观看外部世界的？这涉及一种"帝王凝视"（an imperial gaze）的制度化，这种"凝视"包括投向宫廷、官僚、城市与帝国各行省的君主的权力之眼（eye-power），以及它的有时非常有效的工作状态。后者的问题涉及纯粹空间构图中的想象之眼和心想之眼。在这里，我们将提出并探讨与自然和"天"相关联的作为主体的人的空间定位问题。

帝都北京的研究也得益于同其他文化案例的比较。文艺复兴以来到早期现代的欧洲的一些案例，在此似乎有相当重要的意义。本研究包含了两项跨文化的比较。首先，将中国体制中皇帝的权力之眼与欧洲早期现代国家的中央国家集权相比较。其次，将帝都北京城市空间的视觉构成（visual composition）与线性透视出现之后的欧洲文艺复兴以来的城市相比较。前者处理空间与权力的关系问题，同时也间接带出了人作为主体的空间定位问题；而后者更直接地探讨主体人在与他者、他物及世界关系中的空间定位问题。

最后本研究考察了"空间设计"的问题，这个概念通常用于建筑学。不过在当前的研究中，它被拓展了，可以包含人类在任何层面上所做的空间格局和部署的设计：包括个体建筑、建筑群、城墙围绕的城市、地理学尺度上的大型土木工程，以及帝国疆土规模上的整体的政治设计。设计在这里指为配置所做的努力，即为了达到某种目的而在空间场所中对人与物所做的主观的、策略性的部署。换句话说，设计的重点在于这种努力，在于对空间与空间布局的主观的投射及主观的制造和建筑。因此，这里关注的是设计者的思想，根本上来说是帝国统治者的思想，以及在中国历史中逐渐发展起来的集体意识。最终，本书所考察的是在都城北京尺度上以中国人的思想意识来设计与安排空间的某种独特方式。

关于本研究及其论点

在北京城建造之前，在这个地方曾经有另外一座城市：大都。大都是蒙古帝国——元朝的都城。元朝统治了中国的大部分领土。1368年，汉人征服了元朝，收回了国土，并建立了汉人统治的明朝，明朝将首都设在中国东南部的南京。1420 年，明朝的第三位皇帝——永乐皇帝（朱棣），为了在亚洲建立以中国为中心的世界秩序，进行了好几场战役，在此过程中，他将都城从南京迁移到中国的东北部，大都所在的地方。北京在元代都城的废墟上建立起来，并在以后的岁月中有了进一步的扩展。到 1553 年，北京城最终形成一直保留到 20 世纪初的城市图形（pattern）。1644 年满族人攻入北京。新的统治者继承了这座都城，采用了与前朝同样的机构设置，并在之后的几百年中逐渐改善帝国统治的某些方面。在 19 世纪前期的几十年中，清政府开始遇到了困难，主要是人口的急剧增长，而同时农业生产力却并未同步增长，这导致税额的增加、对农村人口的剥削、农民起义以及社会动荡。1840 年代以后，清朝越来越多地遭到外国势力的攻击与入侵，这一进程最终导致 1911 年皇帝让位及中国封建王朝的终结。

本书主要集中于明早期及清早期和中期，同时也会插入其他时期的历史案例和有关片断。明早期之所以重要，是因为正是在这个时期，在雄心勃勃的永乐皇帝的一系列行动中，北京城首次得以构想、设计与建造。在清早期与中期，我们能够见证，明早期那些强有力的皇帝们所设计的空间与帝国统治的规则，是如何被继承与改进的。康熙、雍正与乾隆三朝是重要的时期。我们也将回顾明晚期与清晚期那些艰难的岁月，考察重要的特别是促成王朝衰落的内部的与空间的因素。在将整个城市当成社会空间体系来考察时，重要的历史时期也主要是清代的早期与中期。中华帝国晚期的都市社会似乎在十七八世纪最为兴盛，这时人们享受着一个稳定繁荣的时代。北京城的第一张详细测绘地图就是制作于这个时期，即 1750 年（乾隆十五年）。它为本书提供了基础。这张地图被称为"京城全图"，比例 1∶650，地图尺寸

13×14 米。[1] 本书也使用了其他的文献，包括《国朝宫史》（1750 年）和《清宫史续编》（1806 年）。[2]

　　本书的研究以如下顺序加以组织：地理尺度上构造的城市；作为政治运作场所的宫殿；宫殿、坛庙中的宫廷礼仪与供奉；以及北京城市空间美学的、存在的构成。在第一章中，我们考察了在 15 世纪开始的二十年中，作为明都城的北京的形成过程，并且评述了永乐皇帝的思路和举措。在他所构想的帝国空间中，北京的区位具有战略的重要性。这座都城的选址关系到对来自北方的威胁的防御，而通过大运河，它又可以获得来自东南的物资。城市、新的长城以及恢复了的大运河，都是同一个设计、同一个地缘政治与地缘建筑（geo-architectural）构造的组成部分。进一步讲，它也是一个更大计划的组成部分，这个计划，如同在北方进行的一系列针对蒙古人的战役，以及 1410 年代及 1420 年代向南方所进行的海上探险所显示的，是要在亚洲建立起以明王朝为中心的世界秩序。向南和向西的航海探险一直到达了马六甲海峡、锡兰、印度和阿拉伯，并且最终抵达了非洲东海岸。

　　第二章讨论了出现于 1420 年，并于 1553 年得到扩建的北京城的整体布局。这是一个有中心的、对称的布局。它象征地表现了一种儒家思想，即神圣的皇帝、天子，位于宇宙的中心，使"天"道与地上的人间秩序相协调。北京明显地继承了形成于汉朝的正统的京城规划模式，这种模式规定了一种宏大的、中心化的儒家秩序。本研究也提出，由于明朝皇帝的监督和使用，北京城的布局也吸收了在宋和明初发展起来的有关帝国统治的理学思想。它体现在北京神圣而象征的空间格局的强烈表达和由此反映出的"王道"思想。它也表现在北京象征格局与实际空间统治相结合，以及背后关于"王道"与"霸道"不可分割的强调。

　　第三章考察了上述这种实际统治的空间在城市里的排布。在城市平面之下、之外的一个空间的和空间社会实践的场所被揭示出来。这里的第一部分描述包括城墙体系和街巷的线与节点的网络的一个真实空间，以展示中心凌驾于边缘的等级关系。第二部分描述国家的空间，它通过三种机构实现垂直的统治：民政、治安和军事防御。它们造成了水平向的分裂和垂直向的划分，形成有利于垂直统治的等级化格局。第三部分聚焦于城市社会生活的三个方面，来考察社会的空间：会馆、戏庄与寺庙。这些场所复兴一个连贯与运动的空间，它们联络了水平向的碎片，也混淆了垂直向的划分，从而对国家构成威胁。尽管国家占据统治地位，在某种程度上还是存在着一定的妥协，特别是 18 世纪的清中叶。北京城中到处是熙熙攘攘，充斥着商业活动和宗教活动的街道，这些街道在庙宇节点之间或是围绕着它们交织成网络。郊区的庙宇与定期的节日在时间与空间上都是相对自由的极点。尽管如此，国家仍然处于主导地位，整体的空间配置仍是等级化的。

　　对这种整体上的等级制有所了解后，我们转向这座高山的顶部，转向位于城市中心的宫廷内的权力关系的金字塔。在随后的四章中，我们考察位于中心的宫殿如何作为国家机器发挥功能。在第四章，我们打开宫城，或者说紫禁城，描述它的物质与空间的状况。这是一个极端分化的空间。墙和距离断开了内部与外部的联系，同时宣告并坚持了内部凌驾于外部、中央凌驾于边缘的垂直方向的支配关系。墙内是复杂而精心构造的空间地形，以便于不同功能的实现：从仪式的到功用的，从高大的到卑微的等等。

　　第五章考察了在此空间内外所展开的权力关系地图。一个君权的空间政治构造，作为国家机器的核心结构，在此展开。首先，有一个内廷和"身体的"空间，在这里宦官与后妃为皇帝个人及其身体服务；其次，有一个外朝和"制度的"空间，在这里大学士、大臣和高级官员们辅助皇帝统治帝国，也就是说，他们服务于作为国家的心智或"头脑"的皇帝；第三，是二者的组合，形成一个君权结构。这是一个权力关系的三角形，皇帝居于顶端，"身体的"力量居于左下方和内部，"制度的"力量居于右下方和外部。三角形的每条边都界定了一组辩证的权力关系。历史上各种力量之间都发生过冲突，但其中最成问题的对立冲突发生在内部与外部，"身体"与"机构制度"力量之间的那条边线上。

随后的一章考察了这个权力结构的运作的某些方面。在第一部分，我们观察了这个三角形最重要的一条边的机能：即皇帝与大臣及高级官员们之间的这条边。他们之间的所谓君臣关系的典型冲突，并不能打破两者间的重要联系：冲突只是使得正式的政府机关变得疏远和外部化，同时推动一个较小且更有权力的机构向内和向上移动，最后强化位于顶端的皇帝本人的独裁统治。这条联系从皇帝的角度出发是逐步加强了。在这条政权运行的生命线上，各种报告向内向上流动到达皇帝，各种批示则向下流动并向外传达给帝国各处的官员。二者一起构成单向的可视性，形成权力之眼的单向流动，从君主的宝座向下直视官僚与行省。在制度变化的过程中，观看的金字塔得以逐渐完善，特别是在 1420 年代和 1430 年代永乐皇帝统治时期，以及 1700 年代、1720 年代和 1730 年代的康熙和雍正时期。与向外的可见性与控制形成对比的，是对向内的可见性与渗透性的否定，这依靠墙、距离、社会规则以及最终依靠宫殿内外的防御体系得以维持。这个问题在第二部分做了考察。第三部分评述了晚明与晚清的危机。内在的身体的力量作为导致皇帝内向与肉体堕落的主要因素之一而凸现，这样又削弱了君臣之间的理性的、纪律的往来通道，最终导致源于异域的外部力量对防御的破坏和对内部身体空间的摧毁。

尽管有明末与清末的衰落，北京的帝国统治作为一种模式和具体的空间—政治机器，在五百年的大部分时间中都是强力而有效的。它是怎样设计出来的？它在中国思想传统中的设计原则是什么？第七章考察了古代关于帝国统治与策略的理论，即主要是韩非子的权威主义与孙子的《兵法》。二者都建议为了自身目的而应利用自然的动态趋势：人们应采用比如高地这样的一种设计或布局，其中强有力的动态趋势能自然产生战略优势而无需人为的努力。韩非子特别建议应该采用严苛而详尽的等级金字塔，以在制度上（即"自然地"）确保权力之凝视和统治自上而下的流动或辐射。本章的后半部分在中华帝国早期的权力理论与设计，与欧洲早期现代的从尼科罗·马基雅维利到杰里米·边沁的中央集权国家设想之间，进行了比较。本章的论点是，由于有着转变为统一国家的相似过程，秦汉时期的中国，与路易十四和拿破仑·波拿巴时期的欧洲，都进入了各自的"理性的时代"，并且都发展出关于中央集权的理性论述。他们之间的区别则是：中国保持了绝对的君主政体与宗教—道德的象征主义，西方则迈向了人民主权与实证—法律的体系。尽管有这样的区别，两者在权力的使用手段（instrumental use）方面仍有可资比较的因素。我们比较了反映在1420 年北京宫殿中的韩非子的设想，以及 1791 年边沁的圆形监狱。空间的制度化的设置（setting），不对称的可见性，从中心射向边缘的权力之眼，自然或自动化的运作，空间深度与政治高度相对应的金字塔布局，这些在中国与西方同样存在。

为了能平衡我们的观点，我们也必须考察宫廷的另一方面：宗教与仪式生活，以及由此揭示的象征话语。在第八章，我们意识到有一张宫廷中宗教事件地点的时空地图，它与这些场所的语义上的两极化

（semantic polarization）相对应。"地上的"（世俗的）仪式在中心的宫殿中频繁出现，而"天上的"（神圣的）供奉则在每年的重要日子，在遥远的地点——大部分情况下是在都城以外举行。在仪式与供奉的表演中，南北方向及皇帝神圣身体的位置与劳作，是使仪式产生意义的重要因素。更进一步的，话语的整体意义通过地与天的仪式的合一而产生。冬至仪式的演出是最不同寻常的，因为这一天是一年循环开始的最重大的日子。在这一天，皇帝首先在天坛向"天"奉上祭品，然后回到位于中心的宫殿，俯视着贵族和官员，即地上的人们。前者确认皇帝作为天子的地位，后者确认他作为人类统治者的地位，于是他就成为儒家象征世界中的理想皇帝。这样的实践物化一个理想的遵从"王道"的君主主体。它同时也与君主的另一主体，一个观察通晓的、"霸道"的、有力的统治者的主体，相联系并相结合。另外，这种宫廷宗教制度也上演并实现了前述的城市的象征性的空间布局。

第九章考察了纯粹美学与存在意义上的空间构图。人们也许会问：一座城市如何能既是政治的又是美学的？本研究提出，形式与美学的构图始终是政治布局的一部分，然而这种情况并不妨碍我们欣赏"纯粹"构成或构图的价值。北京的空间构成，根据安德鲁·博伊德（Andrew Boyd）的著名看法，可以比作一幅水平展开的卷轴风景画。想象的、心灵的目光在空间之中、之上移动并穿越，使风景逐渐展开，以融入其他景色、其他空间。我们也将这种空间构成与线性透视发明之后的晚期文艺复兴欧洲的空间构成进行了比较。本研究提出，一个在线性透视之下产生的空间构图设计的关键要素，是光线照射下和开放空间里的轴线与物质客体。在此构成中，我们可以找到阿尔伯蒂模式的单视点，及笛卡儿理论中主体与客体的对立和分途。在中国的情形则不同。一方面，主体沉入与他者（人和物）构成的关系网络的大领域中，其视点也游走散布于四处；另一方面，客体也被粉碎而散落于该领域，同时也被墙与隔断密集切割。在此构图中，中轴线被分割，视觉的空间的中心也被多元化而散布于四处。作为独立实体的主体和客体在此关系的空间网络中被融化消解。北京如同一幅卷轴，显示出这样一些特点：它渐渐地展开；中心可以被消解为一系列景观与空间；它无穷小，由密集细小的部分组成；它在水平方向上的展开又无比辽阔，有着宇宙与天界的气息。

因而，由北京所表达出的一种空间设计与布局方法是策略的与整体主义的。它在政治设计上是策略的，强调宏大总体观念的主导，表现在帝国疆土、区域地缘、城市与宫殿内外等级关系，及其他方面的各种空间布局之中。它在天人的象征与生态的关系上又是整体主义的，表现在都城的总体布局，宗教场所的排布与宫廷的参演，美学与存在的空间构图，及其他方面的各种空间安排中。在所有这些方面，一个大尺度的总体设计是最重要的，它服从权威，最终顺从于大自然。在这种设计方法中，笛卡儿的主体及与之相对的客体都被融化消解了。沉浸与散布的演化，侵蚀了西方的古典现代的主体，并在天下的广阔的水平空间里，呈现出一个中国式的主体构成。

关于方法

在这里有必要解释一下本书所采用的方法。本研究不局限于中国建筑史或中国城市规划史的范围。这种限制将压缩研究的覆盖面，制约分析复杂现象及发展理论命题所需采用的方法和观念。本研究也不采用编年史和直接描述的方法，因为这对集中分析空间图式或布局的研究而言过于宽泛而浅显。本研究所采用的方法，是把历史材料置于社会的、共时的分析视野之下，再加以深入的讨论和理论化。本书的完成也许可以说明，这样做不仅可能，也十分必要。本研究的目的，并不在于对过去事物的描写，而在于对它们的分析，使之对今天的我们，可理解、有逻辑性，甚至具有意义。

在运用分析的方法和社会科学的概念与理论的过程中，我们必须提出一个问题。即西方的思想与方法是否能够应用于对中国的研究？在当今的跨文化与全球化的环境中，如果文化差异得到认真对待，那么跨越文化界限去检验各种思想与方法，看来不仅可取，甚至有必要。本书为分析中国案例而对某些西方思想与方法的特定的借用，在这里需要一些解释和限定。在本项研究中，我并不假定把普适的理论运用到一个具体的实例。相反，我是在一个特定的案例中引进一种特定的理论，以检验该理论的有效性与适用性，而如果有什么结论的话，那也是特定的、试验性的，并且是开放的，可以对之进行讨论。在此过程中，思想、理论与文化都是地方的，而非普适的，它们之间的关系也不是上下的等级关系。另外，跨文化比较在这里是探讨性的：文化的不同将受到尊重，而那种随意比较文化的通用平台的假设则被悬置，不为采用。

在这些思考的基础上，本研究仍然将思想与理论的交叉跨越视为积极的与建设性的。这种交叉可以引起跨文化的对话，由此产生新的议题与新的观察。在本研究中，对话可以是方法论的（比如在空间句法与权力分析方法的使用之中），理论的（在杰里米·边沁与韩非子之间，在李泽厚与弗朗索瓦·于连之间），以及文化历史的（比如在帝国晚期的中国与晚期文艺复兴时期的欧洲之间）。

平面与空间的分离，以及对此空间的描述，都基于比尔·西利尔（Bill Hillier）和朱丽安·韩森（Julienne Hanson）在其著作《空间的社会逻辑》（*The Social Logic of Space*，1984）[3] 中所发明的空间句法。其出发点基于这样一种洞察，即平面并不能真正揭示人的活动与日常社会生活发生于其间的真实空间。空间句法是一种解析平面的方法，用以描绘包含可进入性与可见性等真实状况的潜在的空间层面。这种空间是拓扑的，也就是说，是弹性的而又互相联系的。拓扑关系通过关于空间与空间之间关联的抽象图解来表述，在大多数情况下，图解由点及点之间可变形的（elastic）线组成。关键的变量是"距离"、"深度"和"分割"（或相反，"集合"），它们用于量度进入的难易程度。它们常常作为控制手段出现于制度化的社会机关（institutional setting）里。在社会空间的研究中，这是最具分析性与洞察力的方法之一。一种"社会空间的分析学"由此发展起来，成为一组新兴的学术研究方向，反映在托马斯·马库斯（Thomas Markus）、朱丽安·韩森和金·德维（Kim Dovey）最近的工作中。[4]

可与之相比的是米歇尔·福柯（Michel Foucault）的《规训与惩罚》（*Discipline and Punish*，1977）。由于福柯对理性与规范化的社会机关的制度，真实空间中权力的人体化的运作，以及关于身体与心智的现代理性知识的产生的持久兴趣，监狱成为这部成熟著作的关注对象。[5] 在这里我们看到了另一种有效的社会空间分析法，可与西利尔及韩森的研究并驾齐驱且相互独立。在福柯的著作中，历史变迁、制度机器、权力观念、知识与空间权力的关系，受到更密切的关注并且被理论化。但更重要的是两者的可比之处。西利尔和韩森的方法是将空间作为关联的与拓扑的对象来描述，而福柯的方法则是对相互联系的和可操作的权力进行社会分析。在同时研究空间与权力时，二者可以相辅相成。进一步比较，二者都认为社会空间是具体的、细微的和可解析的。只要我们注意了文化的差异，那么这两种分析方法对于中国城市和皇权制度的社会空间的解析的研究也可以是有效的。

福柯这部关于早期现代欧洲监狱的著作，研究了监狱的关键模型：圆形监狱，并具体提出了观看、主体方位（positions of the subject）以及现代西方中央集权的形式等问题。在杰里米·边沁（1748—1832 年）1791 年设计的圆形监狱中，从中心塔上对外围囚室所进行的监视，成为生产控制与规训化力量的关键过程。观看是不对称的：权力之眼从中心射向外围，而它本身并不能被外围所看见。权力之眼被空间化与制度化，也就是说，被自动化并成为永动的装置。根据福柯的观点，这个模型在 19 世纪西方现代规训社会中得到普及，一方面成为中央国家的机器，另一方面构成普及的、地方化的监视网络。它标志着从国王权力的公开展示，到高墙背后隐蔽的国家控制与监督形式之间的一种转换。它成了现代性的重要方面。圆形监狱是现代主义、工具主义与功能主义设计的杰作。

关于中国，我们必须提出一些相关问题。以李泽厚和弗朗索瓦·于连为基础，本书的一个主要论点是，在中华帝国早期的秦汉时代，特别是韩非子的权威理论中，已经出现了可与圆形监狱相比拟的发展。以这样的绝对权威理论为基础，这种实践在中华帝国晚期趋于完善，并且在帝都北京得到了最好的表现。这种实践深藏在墙后，是不可见的，但同时又扩散普及且具有整体性。它的设计与理论是工具主义与功能主义的。政治与官僚机构的"现代性"，在秦汉时期已初步出现，到宋代走向成熟，在帝国晚期趋于完善，并且逐渐庞大而过于沉重。

迈克尔·达顿（Michael Dutton）的著作《控制与惩罚在中国》（*Policing and Punishment in China*，1992），将福柯的圆形监狱分析与帝国时期及 20 世纪中国的法律和政治传统联系起来，是一项开拓性的研究。[6] 达顿的研究与我们当前的工作可以联络起来。达顿是在真实和地方的意义上使用圆形监狱，研究在 20 世纪初期的中国实现并被改造的真实的监狱制度；而本书则把边沁的设计作为理论的模型与历史的瞬间。达顿专注于地方化的与大众的控制实践，比如户口登记、互助和互相监督；而本书关心的则是来自国家顶端的、整体的和皇权的控制。但两者是相互关联的：等级制度同时出现在国家与地方的层面上。

李泽厚的《中国古代思想史论》（1986 年）曾经提到在中国的思想中有理性主义与功能主义的一面。[7] 由孙子、老子和韩非子分别创建的兵家、道家与法家，有区别又有联系，它们相互影响，孕育了理性与实用主义的思想。最终在法家中，成为一种绝对权威的理论，为皇家宫廷所遵循，其应用也逐步得到完善。这些理论的一个重要概念是对"势"（趋势与动态）的运用，诸如在地理的或者是人为制度中的某种布局或设计的运用。

弗朗索瓦·于连的著作《事物的趋势》（*The Propensity of Things*，1995）也有同样的观点，但将论点扩展为更广泛的理解。[8] 首先，于连将中国的情形与欧洲的事例进行了比较，认为边沁圆形监狱中所体现的思想，在古代中国韩非子的法家思想中已经得到了探讨。本书则将此观点更推进了一步，以帝都北京为实例，将之与中国传统在空间设计上进行了更紧密地比较。其次，于连的著作涉及有关中国传统的广泛话题，包括征战与谋略、法家思想与权威主义、山水画卷的构图、书画和诗词歌赋的结构章法，以及关于历史朝代更迭问题与广义形而上学的论述。对于连来说，中国人对自然趋势的运用是一种普遍的态度：可以是为了战略的或政治的目的，也可以为了文化或美学的事务。更重要的是，它是中国人感知和理解世界的方式，中国人认为世界是自然的、按其内在动势而不断转化的过程。本书追随李泽厚、于连，将北京的空间作为动态的、形势的设计或布局加以考察，这种动态形势可以是政治的和美学的、实践的和象征的。

在圆形监狱设计的讨论中，我们已经提出了观看与主体性的问题。一个现代理性的主体位居中央，凭借理智和权力的照射，对作为客体的监狱囚犯施行观看、考察、认识和控制。关于视觉和现代主体性关系的直接研究，当推欧文·潘诺夫斯基（Erwin Panofsky）的经典著作《作为象征形式的透视》（*Perspective as a Symbolic Form*，1927），以及更晚近一些的马丁·杰伊（Martin Jay）的论文《现代性的视觉统治》（*Scopic regime of modernity*，1988）。[9]他们的中心论点是，15世纪初意大利发明的线性透视法，后来在17世纪笛卡儿关于现代理性主体的理论中被形式化了，从而奠定了西方的现代科学的世界观。"笛卡儿透视主义"（Cartesian perspectivism）假设一个中央的、独立的、理性的主体，它脱离但同时观看并控制着客体的世界。本书对于帝都北京的研究，将动态的、在时间上展开的观看方式与线性透视相对比。在中国传统绘画与都市空间中，我们发现主体的另一种构成形式：心灵的目光进入空间，飘浮其上，它沉浸于世界之中，游走在各空间视点之间，永远偏离着笛卡儿的中心透视，解构着理性主体的地位。中国的传统文化和思想很自然的发展出了"后现代性"；其中，主体与客体在大自然的不断流变与转换中融化消解。

本研究揭示的布局与体系，比如君权的构造，或是帝国统治机器，在皮埃尔·布迪厄（Pierre Bourdieu）的理论中或许应被看作"惯习"（habitus）。[10]布迪厄的"惯习"试图超越当时在结构主义中占支配地位的规则与结构的统治。"惯习"于是被定义为结构与能动力量，语言与言语的辩证统一：主观能动的人具有创造布局的自由，但所造之格局最后在相当程度上仍然是结构的再生产。皇家统治的体制也许同样可以称之为"惯习"，它在长期的历史中形成，得到结构性的继承和再生产，同时也有个人的修改和逐步的完善。但是我们在这里必须提出一些保留意见。在当前的研究中，"惯习"的思想显得太结构主义也太局限。结构与个人的能动，语言与言语之间的辩证逻辑看上去是如此笼统和对称，以至于尽管这种逻辑也许是正确的，但很快就蜕化为形式化的修辞，失去作为经验研究工具的应有的效力。相反，本研究拓展了布迪厄的另外两条思路，尽管它们不是该理论中的最基本概念。"策略"与"部署"作为有效的概念，在本研究中得到了运用。它们在研究中引出了关于行动和主观能动的思考路线。关于"第一知识"，也就是本土人自身的理论，也在这里得到了运用；在对中国的研究中，已经组织的古典理论，对我们今天的研究有相当的效用。在上述两种情况下，我们的目的都是为了揭示主观的思想，观察中国人作为一个集体的主体，如何思考与行动，如何设计空间。

注释

1　这张图有两种可用的复制品，本研究都已加以参考。一种是比例为 1∶2600 的《乾隆京城全图》，1940 年由日伪政府所属的兴亚院制作。第二种名字与前相同，但附有 "加摹"，比例 1∶2400，1996 年北京市古代建筑研究所制作。还有较早的复制品是清代宫廷 1870 年代，以及故宫博物院 1940 年制作的（比例 1∶2400）。所有的复制品都比原件小，但使用了同样的格式，即分成 17 排，每排 13 页。

2　也研究了其他的资料，包括：《光绪顺天府志》，北京：北京古籍出版社，1987 年（初版于 1885 年）；《清史稿》，北京：中华书局，1977 年。

3　Bill Hillier and Julienne Hanson, *The Social Logic of Space*, Cambridge: Cambridge University Press, 1984.

4　参见 Thomas A. Markus, *Building and Power: freedom and control in the origin of modern building types*, London and New York: Routledge, 1993; Julienne Hanson, *Decoding Homes and Houses*, Cambridge: Cambridge University Press, 1998; Kim Dovey, *Framing Places: mediating power in built form*, London and New York: Routledge, 1999. Robin Evans 1970 年代后期的研究与 Hillier 和 Hanson1984 年的工作是这一研究领域的先驱。参见 Robin Evans, 'Figures, doors and passageways,' *Architectural Design*, no.4, 1978, pp.267-268 and *The Fabrication of Virtue: English prison architecture, 1750-1840*, Cambridge: Cambridge University Press, 1982.

5　Michel Foucault, *Discipline and Punish: the birth of the prison*, trans. Alan Sheridan, Harmondsworth: Penguin Books, 1977.

6　Michael R. Dutton, *Policing and Punishment in China: from patriarchy to 'the people,'* Cambridge: Cambridge University Press, 1992.

7　李泽厚，《中国古代思想史论》，北京：人民出版社，1986 年，第 77—105 页。

8　Francois Jullien, *The propensity of things: toward a history of efficacy in China*, trans. Janet Lloyd, New York: Zone Books, Cambridge, Mass.: MIT Press, 1995.

9　参见 Martin Jay, 'Scopic regime of modernity', Hal Foster（ed.）*Vision and Visuality*, Seattle: Bay Press, 1988, pp.3-23; Erwin Panofsky, *Perspective as Symbolic Form,* trans. Christopher S. Wood, New York: Zone Books, 1997, pp.27-31（初版 'Die Perspektive als "Symbolishe Form"', in *Vortrage der Bibliothek Warburg 1924-1925*, Leipzig and Berlin, 1927, pp.258-330）.

10　Pierre Bourdieu, *Outline of a Theory of Practice*, trans. Richard Nice, Cambridge: Cambridge University Press, 1977, pp.1-22, 72-87.

第一部分

社会的地理

1

地缘政治的大型工程

　　沿着中国都城发展的轨迹观察，我们会发现中国都城由西向东，然后向东南的移动。秦王朝第一次统一了中国，将都城咸阳建在华北平原的西部。短暂的秦之后是国祚长久且强大的汉王朝。前汉在咸阳废墟的旁边建造了都城长安（今之西安）。长安东面的另一座城市洛阳被作为陪都，以获得对华北平原更好的控制。后汉保留了两都体系，但将东部的洛阳提升为主要的都城，以在华北平原保持一个有力的统治基地。之后中国历史上的两个主要王朝，隋和唐，继续以这两处为都城，以便于对东部和西部地区加以平衡的统治，尽管长安作为主要都城，规模已远大于原来的城市而且也更规整。那时人口与粮食生产的中心都已转移到更东和东南的地区，这种状况后来迫使唐朝廷将统治中心移至东面的洛阳。中国接下来的王朝北宋，以汴梁（今之开封）为都城，它的位置比洛阳更东。这样，都城在华北平原的良好位置，使位于汴梁的北宋皇帝可以直接控制中原地区，并且使之免遭来自北方"野蛮人"的入侵，同时，也可保证从中国的经济中心东南地区获

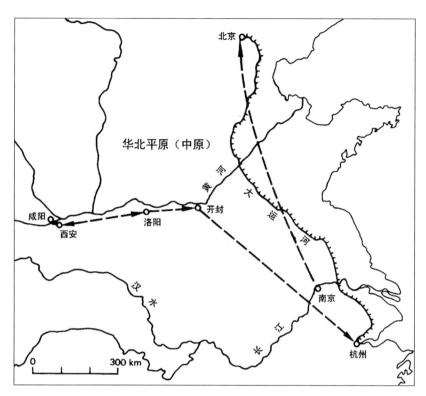

图 1.1   中国历代主要都城位置图。

得更好的粮食与物资供应。这个东南部的经济中心也以长江下游地区
或江南而著称（图 1.1）。

　　就军事实力与领土辽阔而言，宋朝时的中国已无法与大唐帝国相
比。宋朝变得更具防御性，它所面对的"野蛮人"势力，利用大唐衰
落之后的骚乱，侵入了中原的北部。其中最强大的是辽，在东北从一
个称为契丹的游牧部落成长为强有力的国家。12 世纪初在同一地区，
女真部落（后来称为满族）成为另一支突出的力量。它先与北宋联盟
征服了辽，然后便转向了宋。1126 年，女真洗劫了北宋都城汴梁，并
征服了华北平原的大部分，然后建立了金朝。汉人不得不撤退到南方，
并在那里建立起一个较小的国家，即南宋。这一次都城设在长江下游

地区的临安（今之杭州）。这样政治中心与经济中心便重合了，尽管对北方的防御态势较弱。同时，直到 13 世纪，中国的中部与北部都在金的统治之下。不久，在广阔的欧亚大陆上，蒙古帝国崛起成为一支强大的力量，征服了北方的势力和金朝，又在 1279 年征服了南宋。蒙古人占据了整个中华大地，并建立起延续了约一个世纪的元朝。

在中国政治中心向东及东南的逐步迁移中，新的权力地点浮现出来：即北京之所在。北京坐落于华北平原（中原）的北部边缘，它的北面、东北及西北被巨大连绵的山脉所环绕，只有山海关、古北口和南口等几个有限的通道穿越这些屏障。[1] 在几个世纪中，中原地区的人们要到达北面的东北平原以及广阔的蒙古草原，必须经过这几个关口。同样，北方部落要进入中原地区也必须通过北京附近的这几个通道。汉唐时期针对东北的几次著名远征，都以北京地区为最重要的军事基地。10 世纪初唐帝国衰落之后，几个北方部落成长为主要的力量，接连征服了北京所在地、北方地区以及中原，并且最终征服了整个中国（即辽、金、元）。这几个朝代都选择了北京所在地建立都城。辽在这里建造了南京（不要将其与图 1.1 中明初都城及今日的南京相混淆）；而金和元分别建立了中都和大都。对这几个朝代来说，此地是战略要地，其首要的政治中心都依托于此，这样既便于他们轻松地撤回北方和东北方的大本营，又便于直接进入中华大地的中部和南部。北京所在地，过去就由于其自然地理格局，是南北双方轮番争夺与控制的战略要地，而到 10 世纪中叶之后，则成了北方势力南征的战略中心。

这种状况在 14 世纪中叶发生了变化，一支新的汉人的力量在朱元璋的领导下崛起于长江流域，占据了优势；它向四面扩张，并在 1368 年宣告明朝的建立。[2] 朱元璋自称洪武皇帝。同年，他的军队夺取了元大都，随后几年中，又占领了北方草原与东北的大部分，最终导致元朝的覆灭。这标志着中国历史上一个新时代的到来。这个时代延续了五百多年，直到 20 世纪初，它相对稳定而统一，由前后相续的明清两个朝代统治；清发端于东北，继承了许多明朝的制度。

从宏观的历史角度看，秦汉帝国和隋唐宋朝之后的明清，被视为"第三帝国"。[3] 第三时期的历史意义，特别是明代的历史意义，已经吸引了众多的关注与讨论。[4] 大部分讨论注意到，在经历了几个世纪的挫败、撤退与领土的逐步丧失之后，就像明初几个皇帝的想法和行动所显示的，汉人强烈地渴望恢复版图并复兴中华大国的强力统治。伴随着重建强大帝国的愿望的，则是对宋朝宽仁松弛统治的批评；而宋朝本身确实在文化上自由而精致，在政治与军事上却很柔弱。复兴与自强的强烈愿望，使政治上专制主义的中央集权与文化上的沙文主义，成为明及以后时代的关键特征。

1380 年，王朝的建立者朱元璋废弃了有着一千五百年历史的、中国传统的宰相制——宰相是国家官僚机构的最高权威——而由皇帝直接控制帝国所有的政府事务，这一做法一直沿用于明清两代。这造就了世界上最集权化的政治体制。[5] 由一位皇帝支配整个帝国，确实是一项"伟大的事业，表现了设想的宏伟和职业理想的崇高"。[6] 它反映了明王朝在中国历史上一个比较突出的性格。

1398 年朱元璋去世，按照长子继承的原则，长孙朱允炆继承了皇位。不到一年，朱元璋的第四子朱棣就反叛了。随后是三年的战争（"靖难"）。1402 年朱棣获胜。[7] 在随后的二十年中，朱棣，也就是"永乐皇帝"，被证明是明帝国第二位强大的统治者，并在明帝国的建设中极富远见。

他主动采取新的行动来扩张帝国，并在亚洲内陆和亚洲海域的大部分地区拓展了一个以中国为中心的世界秩序。[8] 他主导了五次深入北方蒙古大草原的远征，指挥了南下安南的探险，与内陆亚洲国家建立了外交联系，也规范化了与日本及其他沿海邻国之间的贸易。1405—1433 年，他又发起七次伟大的海上探险，探险队由宦官郑和率领，远达锡兰、印度、波斯湾及非洲东海岸（图 1.2）。在世界历史上，这是那个时代最伟大的海上远征，领先于 15 世纪末欧洲的航海大发现。[9] 首支船队航海于 1405—1407 年间，船队包括 62 艘大船及 255 艘小船，载着 27 870 名成员，使用了指北针和详细的航行指南。朱棣也致力于正统意识形态与文化主导地位的建设，他指导好几项经典与文献汇编的编撰。完成于 1407 年的《永乐大典》，即永乐时期的大百科全书，由 2000 位学者参与编辑，包含 11 095 卷，3.7 亿字，涵盖了以往所有时代的主要成果。[10] 明初皇帝所领导的这些计划反映出明朝的心态：雄心勃勃，富有远见，勇于开拓，有能力协调浩大的社会与自然资源，有严明的纪律又有对细节的关注。

1368 年朱元璋宣告明朝成立的时候，他选择了长江南岸的应天府（军事扩张时的基地）作为"南京"（图 1.1）。[11] "北京"打算设在汴梁（开封），但很快就放弃而转向另一座城市，朱元璋的家乡凤阳。1375 年，中都凤阳的建设也停止了，皇帝意识到南京在许多方面都优于凤阳。地形上的防御态势，繁荣的区域经济，历史上的名声，以及最重要的，南京作为明王朝权力大本营所具有的地缘政治的中心地位，这些成为首要的考虑因素。[12]

1378 年，南京被正式称为京师。[13] 这就完成了中国的政治中心在地理上的向东及东南的转移，并与长江下游地区的经济中心重合。位于中原地区南侧的南京，如今可以获得东南地区粮食及其他资源的最好的供应，但同时也远离北方边界，因此在北京以远，维持对蒙古草

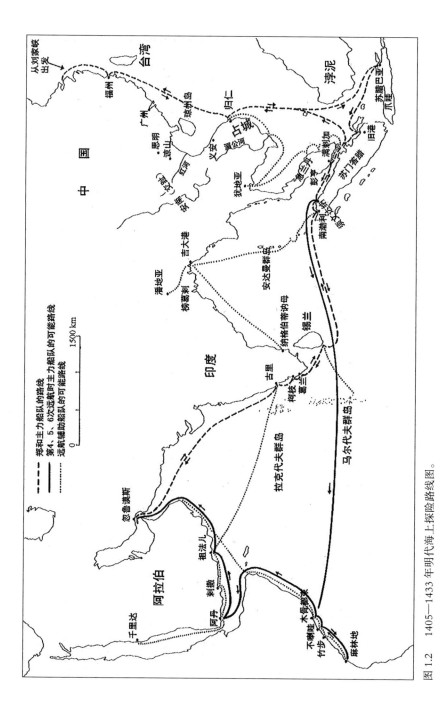

图 1.2　1405—1433 年明代海上探险路线图。

来源：牟复礼与崔瑞德编，《剑桥中国史》，第七卷，第一部分，1988 年，地图 11，第 234 页，剑桥大学出版社授权。Frederick W. Mote and Denis Twitchett (eds): The Cambridge History of China, Vol 7, Part 1, 1988, Map 11, p. 234, by permission of Cambridge University Press.

原和东北地区的防御就变得困难了。朱元璋已经注意到南京的这个潜在的弱点，但在晚年他对此已经感到无能为力。[14]

然而，以北京地区为基地的一支力量壮大起来，并在朱元璋统治之后（1398年），超出南京的控制，最终弥补了明代地理格局上的弱点。[15] 三十年前，朱元璋的主要将领徐达洗劫了元大都，并在草原上指挥针对蒙古人的大规模进攻。作为一座明朝城市，大都被称为北平，交由朱棣统治与守卫。于是朱棣成了这座城市及其周围地区的封侯。他在由南京派来的强大的将军们的帮助下，成功地战胜了蒙古人。由此，朱棣以北平为基地，成为明朝廷中的一支强大的势力。1402年朱棣打败朱允炆后，于1403年在南京称帝，年号永乐，随即将他的北方城市"北平"改名为"北京"，并在北京设立了所有政府机构的分支。北京被提高到了陪都的地位。城市所在的府也改名为"顺天"，与南京所在的应天府呼应，这就赋予北方这座都城极大的象征意义。在随后的二十年中，朱棣缓慢而逐渐的将自己原先的封地北京变成了明帝国新兴的第一都城，将明朝的整个官僚机构迁到了北方，而把南京降为陪都（图1.1）。

在皇帝仍居住在南京的时候，朱棣于1403年派皇太子去北京监管新的政府机构。[16] 1404年，又从山西的九个府迁移了一万户人家到北京，增加那里的人口。两年后，从南方来的十二万户没有土地的家庭被安置在北京及附近地区。[17] 1406年和1407年，开始准备重建城墙并修建新的宫殿；从帝国各地征募了一支包括工匠、军队与普通劳动者在内的庞大队伍。1409年，朱棣搬回北方，并下令将所有的奏书和文件档案都运送到北京，实际上将北京转变成了行政中心。他开始密切监督建造工作。1411年，大运河北段重新开通。1415年，南段也彻底修复。从此，建造于元代的这条世界上最大的人工水道完全恢复，东南部的人员与物资可以穿过整个华北平原，直接高效地运送到北京郊区。大规模的建造始于1416年。同年，朱棣回到南京，在宫廷里展开了有关新都北京建设的争论；然后接受大臣的请求，请求中评论了北京的优点并建议以之为都城。于是，1417年朱棣返回北京，密切监督宫殿群、坛庙、城门及城墙的建设，这些建设最终于1420年完工。1420年10月28日，北京被正式指定为帝国的第一都城。[18]

这样，朱棣完成了他的另一项宏伟计划。作为明王朝的第二位缔造者，他卓有成效的行动，将整个中央管理机构迁移到中原的另一端，将中国政治中心迁移的历史地理轨迹从东南改变到东北（图1.1）。在历史上，汉人统治的大帝国的都城第一次建造于此地，将政治中心置于这个战略焦点。它标示出明王朝称霸中原内外的雄心大志的一个终极状态。

基于有关资料，我们有可能探索朱棣的动机，以及这一计划背后各种力量之间的协调与平衡。[19]选择这块基地作为都城，考虑了整个区域的条件状况。北侧的山脉和南侧与大运河相通的水系，构成风水上的理想条件，这里的"山川形胜"堪称"龙兴之地"。[20]然而尽管景观形态良好且被认为具有优良的气势，这块基地实际上处于防御的前线，而不是能够生产粮食与吸引人口的肥沃土地。[21]这一基址的实际重要性来源于它在比局部环境远为广阔的地理政治格局中的位置。

朱棣计划的中心机制在于个人与国家之间的联系，更明确地说，是朱棣个人权力利害与明朝国家整体地理格局之间的联系。这两者之间的一致实在是中国明朝的幸运。北京是朱棣个人权力的基地。同时，它已成为明朝远征攻击蒙古的边境要塞，而蒙古是中华帝国最大的外部威胁。把都城迁移到北京，朱棣可以比在南京更好地巩固自己的统治，同时，又能完成他父亲因年迈而未竟的事业，矫正都城设在南方的弱点，而这是帝国大尺度整体格局中的重大问题。

把政治中心安排在北京这块战略要地上，朱棣就能够继续向北、东北和西北进击，并且借助山脉、仅有的几处通道以及长城保卫南方。同时，面向南方，凭借开阔的平原，他能很容易地统治中华大地的中部与南部地区。最重要的是，大运河的重新开通使他可以直接获得中国经济中心东南部的物资。在空间指向上，明朝的地缘政治态势与辽金元时期正相反：游牧民族的政权将北京作为南进征服的跳板，而汉人的明朝则将之作为向北防御与扩张的出发点。然而这两者在权力关系的抽象图解中都肯定了北京所在地的同样的战略重要性：在这个焦点上，南北空间能够在同一个政权的统治下得到平衡。考虑到朱棣在其他周边与遥远的内陆国家以及海上邻国的推进，这个以北京为中心的大明王朝的地理政治格局获得了一个超越前代的世界性的尺度。正如朱棣所说，从这里，他可以"君主华夷"并"控四夷以制天下"。[22]

然而明朝对蒙古的军事策略有一个从扩张到防御的转变。[23] 朱棣的远征尽管获得暂时的胜利，但既未破坏蒙古的游牧部落，也没能制止他们入侵北部边界。另一方面，远征代价高昂，军队也士气低落并且筋疲力尽。在 1424 年朱棣去世之后，就再也没有发动过攻击性的远征。在以后的几十年中，明朝的防卫更多的依靠驻扎在长城沿线战略据点的军队，以及北京北面、东北面，特别是西北面山脉所形成的自然屏障。[24] 部分长城得到修整，变得更宽更高。军队认真地守卫着通道。沿长城每隔一段距离有重兵驻扎，驻地之间通过连绵的烽火台联络，尤其是（紧急情况下）烽火台上的烽烟来传递警报。同时，在北京西侧又修建了一段新的长城，从而建立起两道防线，军队驻扎在两道长城之间及北京附近（图 1.3）。

北京暴露于蒙古向南的攻击之下，这种状况在朱棣之后变得更加

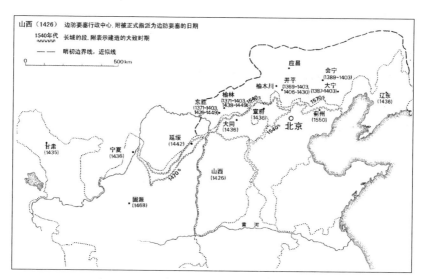

山西（1426）　边防要塞行政中心，附被正式指派为边防要塞的日期
1540年代　长城的段，附表示建造的大致时期
　　　　　明初边界线，近似线
0　　　　　　500 km

应昌
会宁（1389—1403）
开平（1369—1403）
榆木川
大宁（1387—1403）
辽东（1436）
东胜（1371—1403 1426—1449）
榆林（1371—1403 1438—1449）
宣府（1436）
大同（1436）
蓟州（1550）
北京
延绥（1442）
甘肃（1435）
宁夏（1436）
山西（1426）
固源（1468）
黄河

图 1.3　　1420 年代以后建造的北部边境要塞及长城。

来源：牟复礼与崔瑞德编，《剑桥中国史》，第七卷，第一部分，1988 年，地图 19，第 390 页，剑桥大学出版社授权。Frederick W. Mote and Denis Twitchett (eds): The Cambridge History of China, Vol 7, Part 1, 1988, Map 19, p. 390, by permission of Cambridge University Press.

严重。这与 15 世纪中叶到 16 世纪中叶之间长城的修建与扩建一起，进一步证明了这个地点对于中国中部地区的战略重要性。[25] 另一方面，为都城的防御与正常运转而提供物质资源的大运河的重新开通与持续使用，也肯定了这种战略的重要性（图 1.4）。在对北京地区潜在重要性的肯定中，这两座人工构筑物——北方的长城与南方的运河，强化了这个地点的战略中心性，勾画出一幅军事、政治和经济的关系地图。

　　在随后的五个世纪中，明清两代的统治之下，北京的政治与经济地理格局基本未被改变。1644 年，满洲清廷继承并维持了同一座都城和基本相同的统治制度。尽管它的军事态势像早先的北方政权，是面向南方的，清仍然采用并强化了与明朝相同的北京地缘政治的中心性。

　　以明初中国的历史，以及 1402—1420 年永乐皇帝朱棣统治期间北京的崛起为基础，我们现在可以得到这样一些看法。

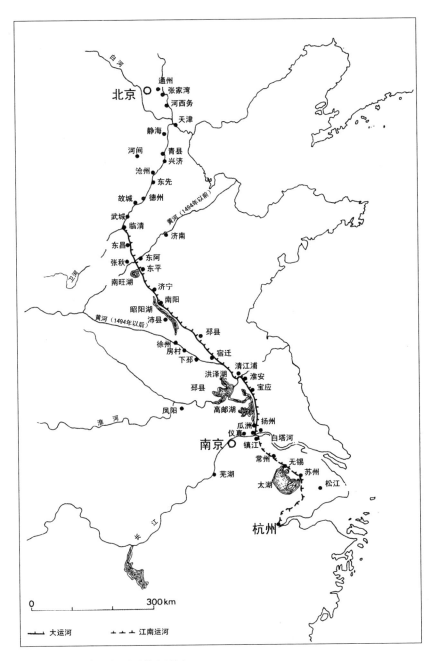

白河

通州
北京
张家湾
河西务
天津
静海
河间　青县
　　　兴济
沧州
　　东先
故城　德州
武城
临清　　黄河（1494年以前）
东昌　　　济南
张秋　东阿
　　　东平
南旺湖　济宁
　　　南阳
昭阳湖　沛县
黄河（1494年以后）
　　　邳县
徐州
房村　　宿迁
下邳　　清江浦
洪泽湖　淮安
邳县
　　　宝应
凤阳　高邮湖　扬州
　　瓜洲
仪真　　白塔河
南京　镇江
　　常州　无锡
芜湖　　太湖　苏州
　　　　　松江

杭州

江河

淮河

长江

0　　　　　　　300 km

━━● 大运河　　┄┄┄ 江南运河

图 1.4　　1415 年重新开通的大运河。

来源：牟复礼与崔瑞德编，《剑桥中国史》，第七卷，第一部分，1988 年，地图 14，第 2513 页，剑桥大学出版社授权。Frederick W. Mote and Denis Twitchett (eds): The Cambridge History of China, Vol 7, Part 1, 1988, Map 14, p. 253, by permission of Cambridge University Press.

1 就像皇帝思想和行动所表达的，都城的发展反映出国家政治与战略利益的首要性。

2 国家利益的这种投射，是在几个世纪的衰落与向东南方的撤退之后，14世纪末15世纪初中华民族复兴的一部分。这一复兴包含了中国历史上最集权的国家的兴起，中原大地的收复，以及政治中心北向的辐射和迁移。

3 都城设置于北方边界，是形成更佳的帝国总布局的一个大尺度的、地理政治部署的结果。在此过程中，地方的选址与全局的配置部署联系在一起。城市成为更大的国家政治与战略地图的组成部分。因而中国都城的发生包含着国家总体计划投射下来的一种强大的人为的主体意识。

4 在城市选址与形成的过程中，首要考虑的不是基地的地方状况，而是在更大的国家格局中该地点的结构性优势。

5 在将基地建设为都城的过程中，大量的社会资源与物质资源在国家统一系统的指挥下被调动起来，从而能够改造基地及其地方局部的条件：扩充人口，用长城强化山脉的防御功能，通过开通水道补偿地方经济的弱势。一个新的地形，一个新的大地建筑（geo-architecture），被建造出来。它包括长城、大运河和都城北京，也包括组成都城的社会、经济与人口。

6 基地的种种空间和地理条件的总廓，包括局部地貌和大地图关系中的地位，都是构成战略优势的资源，被国家认知、吸收和采用。这此过程中，对基地的人工再造和由此产生的大地建筑，又进一步强化了空间和地理形态中原有的动势和力度。

注释

1 参见 Victor F. S. Sit, *Beijing: the nature and planning of a Chinese capital city*, Chichester: John Wiley & Sons, 1995, pp.42-44；陈正祥，《中国文化地理》，香港：三联书店，1981 年，第 101—134 页；陈正祥，《北京的发展》（*The growth of Peiching*），*Ekistics*, no.253, December, 1976.9, pp.377-383；侯仁之主编，《北京历史地图集》，北京：北京出版社，1988 年，第 3—4 页。

2 关于明初的叙述基于 Frederick W. Mote（牟复礼）'Introduction' and 'The rise of the Ming dynasty, 1330-1367', in Frederick W. Mote and Denis Twitchett (eds), *The Cambridge History of China*, vol.7: The Ming Dynasty, 1368-1644, Part 1, Cambridge：Cambridge University Press, 1988, pp.1-10, 11-57. 也可参见 John K. Fairbank, 'State and society under the Ming', in John K. Fairbank，Edwin O. Reischauer and Albert M. Craig（eds），*East Asia: tradition and transformation*, London: George Allen & Unwin, 1973, pp.177-210; 万明，《开国皇帝朱元璋》，见许大龄、王天有编《明朝十六帝》，北京：紫禁城出版社，1991 年，第 5—40 页。

3 参见 *Ray Huang, China: a macro history*, New York: Armonk, 1997, pp.166-167.

4 Huang, *China*, pp.169-175; Mote, 'Introduction', pp.1-10; Fairbank, 'State and society under the Ming', pp.177-210.

5 Huang, *China*, pp.170-171; Mote, 'Introduction', p.4. 对明代专制主义中央集权的透彻研究，使得这一观点更为清晰。参见关文发、颜广文，《明代政治制度研究》，北京：中国社会科学出版社，1996 年，第 1—3 页。

6 Mote, 'Introduction', p.3.

7 Hok-lam Chan（陈学霖），'The Chien-wen Reign'（《建文时期》），Mote and Denis Twitchett (eds), *The Cambridge History of China*, vol.7, pp.193-202; 毛佩琦，《成祖文皇帝朱棣》，见《明朝十六帝》，第 55—89 页。

8 Mote, 'Introduction', p.2; Hok-lam Chan（陈学霖），'The Yung-lo Reign'（《永乐时期》），Mote and Twitchett (eds), *The Cambridge History of China*, vol.7, pp.205-206.

9 Hok-lam Chan（陈学霖），'The Yung-lo Reign'（《永乐时期》），pp.236、232-236；Fairbank, 'State and society under the Ming', pp.197-198; 毛佩琦，《成祖文皇帝朱棣》，第 72—77 页。

10 Hok-lam Chan（陈学霖），'The Yung-lo Reign'（《永乐时期》），pp.220-221；Fairbank, 'State and Society under the Ming', pp.190-191; 毛佩琦，《成祖文皇帝朱棣》，第 65—66 页。

11 Edward L. Farmer, *Early Ming Government: the evolution of dual capitals*, Cambridge, Mass. and London: Harvard University Press, 1976, pp.41-57; 万明，《开国皇帝朱元璋》，第 16—18 页；F. W. Mote, 'The transformation of Nanking, 1350-1400', in G. William Skinner (ed.) *The City in Late Imperial China*, Stanford, Calif.: Stanford University Press, 1977, pp.101-154.

12 Farmer, *Early Ming Government*, pp.42-43, 51-54; Mote, 'The transformation of Nanking, 1350-1400', pp.126-131.

13　万明，《开国皇帝朱元璋》，第 17 页。

14　万明，《开国皇帝朱元璋》，第 17 页；毛佩琦，《成祖文皇帝朱棣》，第 71 页；Hok-
　　lam Chan（陈学霖），'The Yung-lo reign'（《永乐时期》），p.237。

15　以下有关朱棣的陈述参照了陈学霖《建文时期》和《永乐时期》，pp.184-204，
　　pp.205-275；以及毛佩琦《成祖文皇帝朱棣》，第 55—89 页。

16　以下关于朱棣将北京改造为明都城的叙述基于：Farmer, *Early Ming Governmen*,
　　pp.114-123；陈学霖《永乐时期》中的 "新都及其管理"，pp.237-244；毛佩琦，《成
　　祖文皇帝朱棣》，第 71 页；Edward L.Dreyer, *Early Ming China: a political history
　　1355-1435*, Stanford, Calif: Stanford University Press, 1982, pp.182-194; 郭湖生，《明
　　清北京》，见《建筑师》第 78 期，1997 年 10 月。

17　Edward L.Dreyer, *Early Ming China: a political history 1355-1435*, p.184.

18　Hok-lam Chan（陈学霖），'The Yung-lo reign'（《永乐时期》），p.241.

19　以下对于朱棣动机与调和之间的评价基于 Farmer, *Early Ming Governmen*, pp.134-147；
　　Hok-lam Chan（陈学霖），'The Yung-lo reign'（《永乐时期》），pp.237-238; 毛佩琦,《成
　　祖文皇帝朱棣》，第 70—72 页；以及 Dreyer, *Early Ming China*, p.9, pp.256-264.

20　毛佩琦，《成祖文皇帝朱棣》，第 71 页。

21　根据这里所采用的所有资料，无论是北京还是南京的选址，风水的评估都并非最重
　　要的因素。可以参看 Farmer, *Early Ming Governmen*, pp.42-43。

22　毛佩琦，《成祖文皇帝朱棣》，第 73 页，也参见 Mote, 'Introduction', p.2.

23　Hok-lam Chan（陈学霖），'The Yung-lo reign'（《永乐时期》），p.228; Farmer,
　　Early Ming Government, p.132；Edward L.Dreyer, *Early Ming China: a political history
　　1355-1435*, pp.191-195.

24　Farmer, *Early Ming Government*, pp.142-143; Chapter 5 and 6 in Mote and Twitchett
　　(eds) *The Cambridge History of China*, vol.7, pp.325-338, 370-402; Arthur N.
　　Waldron, 'The problem of the Great Wall of China', *Harvard Journal of Asiatic
　　Studies*, vol.43, no.2, December 1983, pp.643-663.

25　Farmer, *Early Ming Government*, pp.132-133, 142-143, 190-193; Dreyer, *Early Ming
　　China*, p.9, pp.256-258. 这两位研究者对于北京的地理政治状况做了深入的阐述。

2

作为意识形态的城市平面

秦汉古典传统

1368 年明军攻克大都后，大将徐达测量并修复了部分旧有的城墙。他放弃了城市的北部，在原北城墙以南约五里的地方修建了一道新的城墙。这就缩短了城墙北部对外暴露的部分，有助于加强防御。[1]徐达很快继续往北和西抗击蒙古人，将保卫和重建城市的任务留给了他的部下华云龙将军。在随后的那些年里，华将元代的宫殿改建成了朱棣的新住所。1403 年城市称为"北京"后，开始了大规模建设的准备工作。自 1416 年起，宫殿群及郊坛由宦官陈圭及主要设计者阮安董建，同时朱棣皇帝本人也密切监督着工程的进行。[2]新宫殿群沿用了元大都的中轴线，但参照的是明南京宫殿的设计，因而布局更为对称规整，并且向北、东和南三个方向扩展，规模也更宏大。南城墙向南拓展了一里，以容纳轴线上通向宫殿更长的道路。在城市以南中轴线的两侧，建造了两座大型郊坛。

尽管这些工程于 1420 年完工，城市也正式具有都城的地位并发挥都城的功能，重大的建设仍在继续。宫殿刚开始使用几个月，一场火灾毁掉了前三殿，因此引发一场把这座城市作为都城是否有益的争论。这场争论直到 1436 年，正统皇帝（朱祁镇）决定坚持朱棣的最初意愿才彻底平息。[3] 这一年，皇帝委派阮安及大臣吴中、沈清负责重建整个城市的城墙，包括新增门楼与角楼。之后，1440 年和 1441 年他们重建了三大殿及其后的两座寝殿（分别为奉天、华盖、谨身、乾清和坤宁）。1441 年 11 月 14 日，正统皇帝宣布北京为永久的都城。

大约一百年后，嘉靖皇帝（朱厚熜）又进行了增建。在一次关于天地日月分祭的重要性的宫廷争论之后，皇帝下令分别祭祀这些神灵，并在 1530 年建造了三座新的郊坛，[4] 即地坛、日坛和月坛，分别坐落于北京北面、东面和西面。这一图形为全城平面增添了一层新的形式化倾向和象征意义。嘉靖还增建了一些其他建筑，包括天坛内的新建筑大享殿，清乾隆时期（1736—1795 年）该殿又被重建，并被重新命名为祈年殿。在日益增长的蒙古人的威胁面前，1540 年代和 1550 年代，北京西侧修建了新的长城。[5] 嘉靖期间也计划建造环绕北京的新的外城墙。这一计划由于缺少资金与劳动力而未能完成。1553 年只修建了包围北京南郊的部分城墙，而这里已经发展成为居民稠密、街道商业繁忙的地区。新的南城被称为外城，也将早先所建的两座大型坛庙包含了进去。北京城的最终形式由此形成。明清时期其余的皇帝在以后的三百五十年中又建造了无数房屋，但都没有使城市的整体格局发生重大改变。

从 1420 年到 1553 年，永乐、正统、嘉靖所造就的是中国历史上规划最严整的都城之一。这也是中华帝国最后一次尝试建造这样一座城市。在 14 世纪末和 15 世纪初明朝中国生机勃勃的觉醒中，城市布局所反映的是宏伟而雄心壮志的计划，也是对古典城市规划传统的一次复兴。

北京城的整体布局体现出中心性和对称性（图 2.1）。[6] 七千五百米长的轴线贯穿城市南北，是整个平面中最强有力的组织要素。一条东西向的轴线与此主轴线相交，确定了北京城市中心。这个中心在具体的（locally）布局中被严格对称的宫殿进一步界定，而在更大的范围内，又被北京正交重叠的各"城"的同心布局所强化。这些城从内向外分别是宫城（或紫禁城）、皇城和都城。宫城是供皇帝及皇室使用的宫殿之城。皇城是宫城的扩展，包括御花园、坛庙、皇子的宫殿、太监工作场所、作坊及仓库。第三座最大的城，围合成 5 350 × 6 650 米的方形，是完全意义上的都城。它包含政府部门，皇室贵族与高官的住宅，以及其他一般的城市人口与城市功能。附于都城南墙的是外城，是京城最具有活力的商业区，聚集了大量的商人与工匠。

皇帝使用的各空间，以及宫殿和政府机构所在地统治着城市，共同确立了由这些关键构筑物组成的对称图形。宫城与皇城内的巨大宫殿群不仅占据了城市的中心，而且它的南面，正前方区域，将沿轴线的道路一直延伸到都城中间的城门（图 2.1 和图 2.2）。朝廷的祭奉场所位于皇城南部轴线的两侧，包括东侧太庙及西侧社稷坛。沿轴线往南，在外城轴线的东西两侧分别是两个围合起来的大型祭祀场所，天坛和山川坛（山川坛后来被改为先农坛）。其他嘉靖时期增建的祭祀场所，如前所述，是都城北侧、东侧和西侧的地坛、日坛与月坛。大部分衙署，包括六部及各种机构，安排在都城南部中心地区轴线的两侧。不过东面的国家机关更多。尽管被安排在宫城和皇城之外，这些衙署都尽量靠近宫城及皇城。

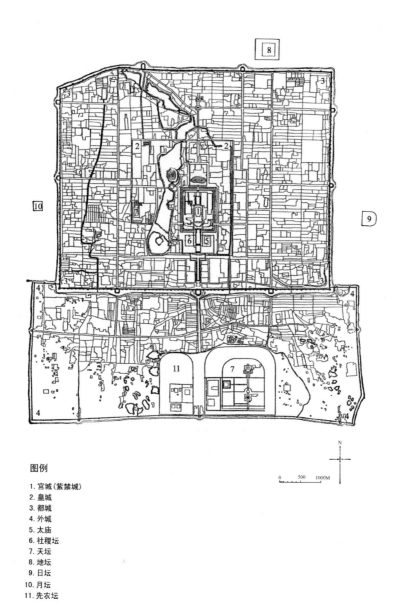

图例

1. 宫城（紫禁城）
2. 皇城
3. 都城
4. 外城
5. 太庙
6. 社稷坛
7. 天坛
8. 地坛
9. 日坛
10. 月坛
11. 先农坛

图2.1　明清北京城平面图（1553—1750）。

来源：修改自刘敦桢，《中国古代建筑史》，北京：中国建筑工业出版社，1980年，图153-2，第280页。

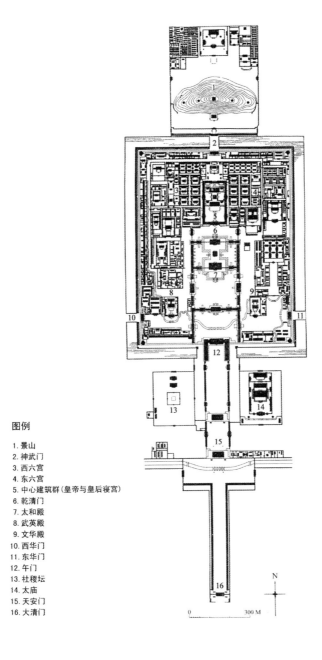

图例

1. 景山
2. 神武门
3. 西六宫
4. 东六宫
5. 中心建筑群(皇帝与皇后寝宫)
6. 乾清门
7. 太和殿
8. 武英殿
9. 文华殿
10. 西华门
11. 东华门
12. 午门
13. 杜稷坛
14. 太庙
15. 天安门
16. 大清门

图 2.2　紫禁城及周边平面图。

来源：修改自刘敦桢，《中国古代建筑史》，北京：中国建筑工业出版社，1980 年，图 153-5，第 282—283 页。

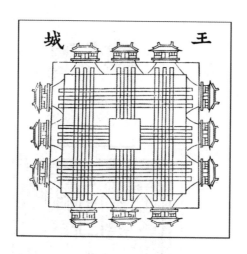

图2.3　关于《考工记》帝都规划理论的图示。

　　研究中国城市规划史的学者们已经指出，明初中国的这个宏伟构筑，是历史上最后一次试图延续一种历史悠久的规划传统的努力，这种规划传统以《周礼》所概括的古典宇宙论及象征性布局为基础。[7]尽管《周礼》的起源尚不清楚，但一般都同意我们现在所看到的文本是在西汉（公元前206—公元9年）后期被重新发现与整理的。[8]由于书中的内容完全符合汉代皇帝与学者所发展出来的新的儒家意识形态，我们可以把这些重新组织过的文字看作汉代对于早期传统的综合。[9]换句话说，可以把《周礼》中意识形态的内容，作为汉代思想发展的产物而加以分析。

　　《周礼》中经常被建筑历史学家们引用的是《考工记》，这是中国文献中最早关于城市规划理论的表述（图2.3）：

　　　　匠人营国，方九里，旁三门，国中九经九纬，经涂九轨，
　　左祖右社，面朝后市，市朝一夫。

关于实际的都城在多大程度上受此理论影响，是个有争议的问题[10]。有些人仔细阅读和分析了这段文字，画出详细的几何形平面图，认为都城建设确实遵循了这段描述。另一些人则不同意：他们指出了这个模型与真实城市之间的不同，认为事实上新都城的建设依据的是特定的地形与社会条件，而不是对古代模型教条地应用。尽管双方的看法都很有价值，但真实城市与这段文字的精确描写之间关系有多密切，是个容易引起误导的问题。相似与不同是相对的，这样的讨论已不能有更深入的进展。必须采取新的途径，将这段文字视为：

1 一种有关城市配置与格局的抽象的、表示相互关系的（relational）构架格局，而非精确的、有着严格尺寸、数字规定与定位的几何图形；

2 一种在特定意识形态与历史背景下的意向。

以这样的方式来看，这个古典模型确实显得重要而有影响。在这个意向性的格局中，正方形态，基于3的数字系列，与四方位有关的正交结构，南北向相对东西向居于支配地位的暗示，前后左右的相对位置，皇帝位置面南的重要性，两条轴线的暗示，以及间接表示而非指定的中心，这些都是这个模型的抽象图形中的基本要素。其他的描述看上去则是可变且次要的：如墙的长度，每面城门的确切数目，两个方向的街道的数量，街道的宽度，墙的层数，区域和院落（enclosures）的部署，特定功能的特定位置，比如市场与宫殿的相对关系等等。

北京尽管并未全部遵循这些精确的描述，但它确实依据了这个模型的抽象的以及相对关系的格局。方形，都城正南的三座城门，以及在此正南区域对称布置的城门与院落，与四方位有关的明确的（assertive）正交结构，两条轴线的使用，南北向轴线的主导地位，充实丰富的中心，及其经过精心设计的南向正面，这些特点在北京非常显著。而唯一遵从了特定描述的只有太庙和社稷坛的位置，事实上大多数其他都城也是如此。[11] 这是古代模型的一个方面的具体运用。然而，在整体上表达出古典传统的，是城市空间关系的抽象秩序。[12]

对《考工记》的重新阅读也应当考虑这种格局背后隐藏的想法。这就有必要在这段描述以外来寻找潜在的意识形态，及其与城市平面布局间的关系。在别的地方《周礼》说：

惟王建国，辨方正位，体国经野，设官分职，以为民极。[13]

换句话说，皇帝是缔造者，他以帝国和皇帝制度的形式塑造人类世界，通过两条基本轴线以及官署、都城和旷野的等级制度确定了空间秩序，也即中心与边缘的等级制度，最终是绝对中心的整体格局。这是城市与大地的空间与物质设计，表现并维持了社会与政治秩序。除此之外，它又获得了宇宙论的意义。《周礼》说道：

天地之所合也，四时之所交也，风雨之所会也，阴阳之所和也，然则百物阜安，乃建王国焉。（《周礼注疏卷一·天官冢宰》）

帝国的都城不仅是社会政治中心，而且是天人之间中介与统一的枢纽，维持着整个宇宙的和谐。因此，《周礼》提供的不仅是都城应该是什么样子的描述，而是通过中心、都城、帝国、宇宙的空间图示来表达关于王权的意识形态。更进一步说，隐藏在这些思想背后的，是汉王朝所提倡的作为皇帝意识形态的儒家理论。[14]

基于对较早时期的哲学的综合，汉代宫廷的思想家们发展出一套关于宇宙，以及天、人、中华帝国体系在宇宙中的位置与布局的理论。这一理论主要由宫廷学者董仲舒发展而成，他是儒家早期经典《春秋》的专家，他的工作得到汉武帝的支持与推动。[15] 董仲舒的理论主要表述在著作《春秋繁露》中，是对阴阳宇宙观和儒家学说的综合，是普适的自然主义理论和关于人类行为与人性道德理论的综合：这一综合基于人与自然相互协调（天人感应）的假设。在这个理论中，天（天空、宇宙、自然）包含阴阳两种力量，二者相互作用生成相生相克的五行：金、水、木、火、土。阴阳交互与五行的连续变换生成一种循环的、时间与空间的秩序（四季、四方位与中心），以及世间的一切事物。自然的无尽流动，生成和养育了人类。人类是自然的一部分，并且在本质上遵循天之"道"。正如早期儒家学说所教导的，人性所遵循的天道包括仁、义、礼、乐。

人性本善，但这并不会自行导致善的行为和好的社会。因此培养和教育非常重要，王必须确保教化的施行，以达到自然的善和天道。董仲舒言：

> 天生民性，有善质而未能善，于是为之立王以善之，此天意也。[16]

因此天委派王来统治人：

> 王承天意以成民之性为任者也。[17]

王同样以天之道与原则作为自己的范本。王统治人类正像天协调宇宙。王的皇帝制度与宇宙类似，他在地上的中心性是天在宇宙间中心性的镜像。他使用四种方式（恩惠、奖赏、惩罚和死刑）正像天的四季和四方位的轮回。他的社会阴阳有别，表现在三组典型的等级关系中：君臣，夫妇，父子。他的道德秩序以五行为基础，反映在人的五种德行上：仁、义、礼、智、信。

把《周礼》和董仲舒的儒家哲学作为汉朝的同一种理论发展放在一起看，我们可以辨别出以下一些特点：

1　汉代的这种理论反映了一种有关人与自然交互作用（天人感应）的整体的世界观。通过这种交互作用，关于完美人类社会的理论获得了有机的、自然主义的以及宇宙论的基础。

2　这一基础包含普适的道德论，它肯定了王权和王所建立的等级秩序的道德合理性。

3　沿着这样的理论思考，整体性的世界观导致了对万物的全体性认识，也包括对皇帝制度的总体性认识：换句话说，它可以推导出政治上的集权主义。

4　这一关于君主、都城与帝国的理论包含一个中心主义。君主不仅在中心居住与统治，而且建立并体现这个中心：他就是中心，就是人与自然、天与地之间的最终的联系点。

5　这一意识形态的中心性通过空间的中心性来表达，反映在以丰富的中心格局为基础的空间等级秩序中，通过宫殿和都城的构筑表现出来。

6　以空间构造将理论具体化的过程中，一个理论图式起了关键的作用。从抽象的角度而言，理论已经包含了图式，即关于天、地、人的概念化空间配置，而君主被置于中心。将此概念图式投射到地理表面，便显现出更清晰的格局。一个中心、两条轴线、四个方位和一个等级秩序，作为空间格局原型的基本构成要素，浮现出来，这一原型也即《考工记》所表述的理想城市的核心。

通过将儒家意识形态转换为都城的形式，这一理论图式暗示了三种总体性。整体的世界是第一种总体性。在一个君主的统治下，以帝制形式存在的人类社会是另一种总体性。若人类遵循宇宙的法则，第一种总体性就必然要求第二种总体性。随后又有第三种总体性：城市的形式。都城，作为在总体的天下建立总体的帝制的君王在帝国中央的宝座，其空间形式也要求是宏伟、完整和总体的。"天"、"地"和君主的都城：他们的秩序必然彼此相合，其中一个秩序的总体构图意味着另外两个秩序的总体构造。因此中国的都城必定采用一种彻底和完全的空间秩序，即只有一个中心和一种等级化配置。

正如以后的历史所证明的，汉代的儒家理论得到严格的遵循，并成为以后历代占统治地位的皇帝意识形态。历代都城尽管具体形式与某些功能布局彼此不同，但具有共同的内在格局，这种格局可以追溯到汉代儒家的理论图式。在15世纪早期，伴随着政治权力的崛起与古典文化的复兴，在发端于宋朝的理学思想的发展中，明王朝建立起新的汉人帝国。明朝永乐皇帝有意识发展起来的正统意识形态，紧紧追随儒家学说中的理性主义思想。[18] 在这样的历史背景下，北京所呈现的不仅是古典的传统，还有意识形态话语的一个新的层面。

宋明理学

由晚唐学者发起，并在宋代得到全面发展的理学，将完全不同的哲学传统，包括阴阳宇宙论和佛学，结合到儒家学说中，发展出关于伦理、人性和个人修养的形而上学理论。新学说具体和突出的成果是将四种古代文献提升为儒学经典（即"四书"：《大学》、《中庸》、《论语》、《孟子》），并推进了对四书的全面注解。朱熹是贡献最大的主要人物，被尊为新儒学的思想权威。

汉以来，儒学被提升为皇帝意识形态与道德正统，包括将儒家文献指定为国家科举考试的基础，也是学校教育的主要内容。元朝遵循这一传统，1313 年将朱熹编辑的"四书"作为考试的标准。[19]出于同样的想法，明朝第一位皇帝朱元璋在 1384 年恢复了科举制度和朱熹"四书"的地位。[20]

明朝第二个皇帝朱棣对于发扬理学更为积极。作为改变了帝国地缘政治版图的雄心勃勃的皇帝，朱棣同样也关心自己作为儒家统治者、儒学的赞助者及教导者的角色与形象。在他繁忙的二十年统治时期，在许多宏伟工程，包括北京城的建造的间隙，朱棣积极地将宋代儒学提升为正统的意识形态。[21]1404 年，他指定以朱熹和其他宋代学者的注释作为考试的标准。1409 年，他写了著名的《圣学心法》，表述了关于圣王之道和对全体臣民道德教化的看法。1414 年他下令编辑朱熹及其他宋代学者关于人性的注释与著作，1417 年以《五经四书大全》和《性理大全》为名出版。为保障他作为关心学问的儒家统治者的地位，他也下令进行了许多大规模的编撰活动，从而产生一批中国历史上规模最大的书籍，比如完成于 1407 年的著名的《永乐大典》。

作为在其统治的重要的二十年中所进行的所有这些工程的"作者"，朱棣在这些工程中必然注入了自己的意图与个性。这里首先有一个关于崛起的复兴的中华帝国的雄心勃勃的总体视野。然后是果断的决心和灵活的手段，以调动资源，实现宏伟计划。在这一切背后，在政治事务，以及理论与道德话语所提倡的思想中，有着同样的严格与理性主义态度。人们可以辨认出他的全部努力的两个方面：一个是"外部"的工作，致力于战略扩张、地缘政治格局的重新配置，以及官僚政治的中央集权；另一个是"内部"的工作，致力于知识文化及皇帝意识形态的培养、自己的写作，以及对古典文献、宋人著述及百科全书的编撰。前者的政治理性主义与后者提倡的严格的儒家伦理价值，两者互相支撑，彼此联系。他们代表了皇帝的宏伟蓝图以及 15 世纪初的历史的和思想的总体视野。

北京作为朱棣的"作品"之一，介于"外部的"政治与"内部的"意识形态努力之间。作为一个复杂的产品，北京同时存在于皇帝不同的努力之中。它是地缘政治工程的一部分，国家中央集权制度的一部分，而在形式与象征表现方面，又是意识形态的一部分。而这一切都不可避免地被容纳在一座都城之中，并逐次反映出来。

这一总体的皇帝制度，无论在政治上还是在理论上，都在明早期得到发展，并在 1420 年的北京（以及 1553 年前增建的部分）得以明确，并且一直持续到 1911 年。宋代理学始终作为帝国正统的道德教化与理论话语而得到支持。[22] 事实上，从 1313 年到 1905 年的整个中华帝国晚期，朱熹的注释都被作为考试的标准文本而被神圣化了。[23] 同时，与意识形态的稳定并行的是国家制度、社会生活方式以及北京物质空间形式的稳定。在这么漫长的历史时期，这几者之间的联系必然变得更为牢固，形成坚固的网络，从而强化城市的整体构造。

理学作为北京的缔造者及其后明清两代所有皇帝所支持的皇帝意识形态的新形式，必定会在北京的形式与使用中留下重要的痕迹。[24]在更密切地观察意识形态与北京城布局之间的内在联系之前，让我们简要回顾一下这种意识形态的内容。"新儒学"（neo-confucianism）一词实际上是现代西方的发明。它泛指中华帝国晚期整个正统思想的发展，但也特指其中最初的和主流的部分，即起源于宋代的道学。道学所关心的是对孔子、孟子及其他大师著作中的古典儒家道德哲学，进行综合与系统的重新审视。[25]其主要工作是将孟子关于人性的唯心主义阐述形而上学化。理学的形而上学观点，另一方面也起源于古代阴阳宇宙论和儒家学者对《易经》的解释，这两者提供了自然普遍法则和理的观念。理学同时也受到大乘佛教、中观派与禅学的影响，它们为新学说带来有关"心"与"性"的丰富的阐释，以及形而上学的抽象方法。理学与汉代董仲舒著作之间的联系不太清楚：理学并没有直接借用董仲舒，但是它重新发展出一套支持王道地位的宇宙论的道德伦理，以更为精巧复杂的形式加以阐述。理学继承了孔孟道德教化的本质，以及董仲舒伦理化的政治理论，尽管理学的理论基础更为宽泛，概念更精巧更抽象。

早期的儒家学者在扩展《易经》中阴阳宇宙图式所显示的原则时使用"道"这个概念。作为自然与人类现实中理性与可名状的原则，儒家的"道"与老子和庄子著作中道家的"道"不同，老庄之中"道"用来指不可名状的"一"与"无"。在儒家传统中，正名以确保符合身份的正确行为是最基本的。纠正道德与行为是为了确保儒家的道得到正确地建立和遵循。晚唐的学者抱怨道统的丧失，倡导儒学的新研究，即道学。在随后的宋代，道学最终在程颢和程颐的著作中得以丰富与充实，二者分别成为以后诸世纪中唯心与唯理思想的开端。

沿着唯心的方向，程颢将儒家的重要观念"仁"发展为一个形而上学的概念，他认为"仁"是人与宇宙的和谐一致，暗示了宇宙万物中都存在仁或人性。陆九渊继承了这一观点，主张宇宙即是吾心，吾心即是宇宙。晚明王守仁（王阳明）沿着这一思路走到极端，认为人心就是自然和理性，并把有关人的全部教化修养（包括《大学》中的心、身、家、国、和天下），概括为存在于每个人心中的"致良知"。

在唯理方面，程颐致力于"道"的概念，将之作为宇宙的法则，并把"理"的观念发展为超越所有事物，抽象层面上的，形而上学的理性或原则。朱熹沿着程颐的"理"的概念，建立起关于儒家道德哲学的综合解释，并对儒家经典作了丰富的注释。在宋晚期的学术圈中最有影响的是"程朱"学派，并在随后的元明清作为帝国正统（被称为"程朱理学"或"宋明理学"）得到提倡。到晚明，朱熹的唯理学派在官方地位稳固，而王守仁唯心与直觉的思想在学者中变得更有影响力，学者们常常以王守仁的观点为基础对正统理学加以批判。然而，对帝国朝廷和科举考试来说，朱熹的地位仍是不可动摇的。

朱熹学说的中心概念是"理"，在英语中常常翻译成"principle"和"reason"。[26]"理"是形而上的，超越物质世界。"理"又是具体的，存在于所有个别的事物中。"理"的总体是"太极"，也是"无极"。"理"存在于所有事物的具体形式中，也存在于太极之中，如明月存在于江河湖海无尽的倒映中，又存在于其终极的本身（"月映万川"）。"理"也被称为（儒家意义上的）"道"。"理"在形而上的世界，"气"在形而下的物质世界。"理"以"性"构成形而上的世界，而"气"用具体的形式构成物质的世界。"理"和"气"的关系，也就是抽象法理与物质流变之间的关系，是关注与争论的焦点。朱熹强调两者的相互依赖，互相依存。在宇宙发生论中，朱熹说积极的原则构成积极的气从而创造了阳，消极的原则形成消极的气从而创造了阴。阴和阳相互作用，创造出五行，五行又生出万物。

关于人性，朱熹说人类同样有"理"和"性"。人性，或者说人类的"理"和"性"，本质为善。但每个人的秉"气"不同，导致具体的个人的性格和行为的不同。所谓圣人，就是拥有纯净的秉气，而自然显现内在的性和善。而不智与不仁的人，就是秉气不纯，遮蔽了内在的本性和真善。这种本性和真善，就是"仁"和人性，是儒家思想的核心概念。当朱熹说人的"理"和"性"就是"仁"的时候，他的理论到达了一个绝对的定义：人性本善。

朱熹的政治理论认为，统治国家同样存在"理"。这是圣王之"理"，圣王之道，是基于本善、人性和仁爱的统治。朱熹在此追随孟子关于内在性善，以及区分王道与霸道的道德理想主义。孟子说前者用德行来实行善，而后者以霸权实行伪善。包括朱熹在内的宋代学者都认为，在他们的时代，作为儒家传统的王道已失，到了该重建传统的时候了。朱熹以及其他宋代学者所做的实际上是孟子古典学说在形而上与本体论上的发展。

这种关于人性和政治哲学的论述的后果，是提供有关个人和君主的修养的方法。在朱熹的体系中，修养就是要净化人的秉气，以展现内在的性善，无论是普通个人还是君主皇帝。朱熹提倡两个不可分割的修养途径："格物"与"用敬"，前者为认识事物的理和原则，后者为感悟万物本质的性善。这样，人们就可以洞察到太极的理性和仁善。对于皇帝，这样的修养可以使他成为圣王。

朱熹理学中关于圣王的朝廷统治的道德理想主义，在概念陈述与真实实践中都存在着困难。这种困难集中于道德理想主义与政治现实主义之间的紧张状态，存在于施行仁政的渴望与实际使用资源与权力的需求之间的紧张状态中。在中国哲学术语中，这是"理"和"势"之间的关系问题，是"理"和"气"关系的延伸。后来的理学家，如王夫之，对"理"和"势"之间、道德理想主义与政治现实主义之间纠缠不清的关系，给出了精致而复杂的阐述。[27]朱熹理论中"理""气"的辩证已经为后来的这一发展打开了途径。在实际中，特别是君王朝廷的政治实践中，这始终是个问题。这个问题只能通过两种方法困难地综合在一起来处理，即儒家和法家思想，彰显的道德理想主义与潜在的权力实践理论的同时运用（在本书的后面将会讨论法家的思想以及权力的实践）。

作为帝王意识形态的这种理论是如何与北京城的空间配置和形式布局相联系的？我们可以观察到这种关系的两个方面：一方面是圣王的王道理想在城市平面形式上的主观投射；另一方面是王道与霸道、理和势、形式表达和实际空间实践的不可避免的综合运用。

王道的形式表达

皇帝应该是圣王，而所有的人都应该遵从他，遵从天道，并修养成为圣人，这是汉代和宋代儒学的核心内容。这种思想在北京的反映是广泛而无处不在的，无论是真实空间中的社会生活的各领域，还是在形式表现上的意识形态的话语的各方面。在空间中的社会实践，最显著的制度包括以儒家经典为基础的遍及全国的科举考试制度。在所有的城市、乡镇和村庄中，基于儒家道德的每个月两次的圣谕宣讲，是另一个向民众传授正统价值观的意义重大的实践。出于道德监督和实际控制目的，遍及城乡的保甲制度，是另一种最著名的制度（下一章会对此进行考察）。对于皇帝本人，宫廷中也有一套儒家价值观念的制度化实践，促使每个皇帝努力修养成为圣王。宫廷中复杂的规定与法令，为包括皇帝本人在内的所有人强制规定了一个正确行为的框架。皇帝的日常生活受到密切注视并被记录，然后被系统的编辑成《起居注》。宫廷中也有官员和学者对皇帝进行规劝和告诫的制度（进谏）。还有学者定期向皇帝讲授儒家经典的程序（经筵）。另一方面，皇帝也参加这些论述（discursive）的实践。这些皇帝，至少在表面上看，是通过圣谕，以及自己的书写和研习，来积极努力塑造自己作为儒家圣王的角色与形象的。清代皇帝康熙常常被视为圣君。在严格的自我修养以及对宋代儒学的终生探究方面，他确实可跻身于最杰出之列（图2.4）。[28]

然而，这些实践已被程序化为社会制度。它们不再是内在的或语义学意义上的意识形态。它们的空间分布也是分散和全面铺开的（scattered and dispersed）。意识形态与城市之间的直接关系，如前面所讨论的，最直接最清晰的存在于作为整体的城市平面的象征性表现中。北京，如前所述作为明初皇帝们的作品，在皇帝大力提倡的理学话语的思想背景中，表现了汉以来儒家意识形态的核心价值观。在城市布局这个结合点上，新旧儒家意识形态紧密交叠在一起。朱棣的理学思想投射，在古典的规划模型框架中展开。但除此之外，这种投射或反映也必然加上了在新的历史环境下发展起来的要素。本研究认为，新的贡献来自宋代儒学程朱学派的独特陈述。普适理性，以及道德教化与政治统治中严格的理性主义的思想，导致对城市总体和一统的构图的特别强调。如果说这一趋势已经存在于古典传统之中，那么在15世纪早期的意识形态氛围中，这一趋势得到了进一步地有力地推动。一个推出圣王神圣地位和其在城市中的总体统治地位的更加强大的决心，明显地表现在城市平面中，达到了中国历史上前所未有的程度。位于中央的巨大的群体，几乎凌驾于整个城市之上的毫不妥协的大长

图 2.4　清代宫廷画家所绘康熙肖像。

轴线，以及与之相联系的，轴线上宫门与宫殿的壮丽形象的无尽的层层推出，都清楚地证实了这一点。圣王神圣而威严的理想形象，在此象征形式中得到很好的表述和体现（图 2.1，2.2 和 8.4，8.5）。

综合：王道与霸道，理与势，形式表现与空间实践

朱棣在他的《圣学心法》中很清楚地表明，既然他必须像圣王那样遵循道德教化的严格规训，那么也希望他的大臣遵循同样的教化，并忠诚的协助皇帝，而他所有的臣民都应该遵循儒家教诲的符合各自身份的合适的行为。[29] 在将自己塑造成圣王的过程中，朱棣主张一个理想的等级制度，他在其中占据、也应该占据顶端，这样就肯定了国家的集权主义和权威主义秩序。道德理想主义合理化了国家秩序，又延伸为政治的现实主义。更进一步说，"理"的观念为朝廷的一切所为提供了一种严格的精神和态度，为权威的实际行使增加了严酷性。明朝第一个皇帝朱元璋以及清代的雍正和乾隆的作为，都是最好的证明。

在此过程中，儒家的理想主义理论开始与法家关于权力与权威的现实主义理论联系在一起，这种情形要求朝廷同时遵循儒家与法家的规则，以维护和运作皇帝制度。一方面，必须支持儒家关于皇帝制度的善、仁与合理的等级制度的理想；另一方面，又需要像法家那样操纵皇帝制度，行使权力与权威。这种综合中的困难为明末清初的理学家王夫之所充分察觉并加以仔细考虑。王夫之以理和势，即道德理性和政治势力的关系，来思考探讨这个问题。他努力在两者之间寻求平衡与综合，认为没有超越现实的道德理性，也没有离开道德理性的政治优势（"离事无理，离理无势"）。[30] 王夫之所涉及的是任何时候朝廷都必须面对的真正问题，而他的看法反映了中华帝国晚期的精英与官员对这一问题深刻而敏锐的解读。

与此有关，且也许受到这些争论及有意识的努力的影响，历史出现了新的发展，两种原则被结合得更紧密了。理学道德主义与法家现实主义中潜在的脉络都变得更明显。自明王朝在 14 世纪晚期建立以来，在一种普遍的理性态度的兴起过程中，这两种思想得到了更紧密的联系。明朝第一个皇帝洪武（朱元璋）于 1380 年废除了宰相制，成为这一发展过程中的关键时刻。新的制度赋予皇帝凌驾于整个官僚政府的直接而绝对的权力，以及随之而来的明永乐时期及清雍正时期中央集权的高度的强化。不断进行的法家实践，朱熹理学中理性主义思想的兴起，以及明清中国皇帝权威结构中专制主义所占的支配地位：这几方面必然相互关联，成为同一发展进程的不同方面。

在形式与空间的具体表现中，理到势、儒家道德到权力运作的延伸发展，促使我们思考位于都城中央的、凌驾于政府和帝国之上的、圣王的政治操作的机制。它引导我们不仅思考儒家理想的象征表现，也思考法家原则的功能运用。北京必须既作为象征形式也作为功能空间，既作为理的表现，也作为势的运用之所来加以考察。如果我们设想北京既是圣王的形式又是政治统治的空间，那么本研究的中心思想就可以勾画概括出来了。如果说全城平面的形式布局表现了理想的儒家的意识形态，那么现实中的真实空间，从中心延展到全城再扩大到全国各省，构成了行使皇帝权力和统治的潜隐的领域。与理与势，王道与霸道，儒家与法家的双重性相对应的，是象征表现与功能实践、形式平面与真实空间的双重性。在随后的几章中，我们将考察隐藏在城市平面之下的这一空间层面，探询法家原则是如何应用于城市的整体，又如何支持位于城市中央的皇帝和国家机构的内在运作机制的。

注释

1　郭湖生，《明清北京》，第 76—81 页。明朝 1 里 =1/3 英里。

2　郭湖生，《明清北京》，第 76 页；Edward L. Farmer, *Early Ming Government*, p.122；Hok-lam Chan（陈学霖），'The Yung-lo reign'（《永乐时期》），pp.240-241.

3　陈杰，《英宗睿皇帝朱祁镇》，见许大龄、王天有编《明朝十六帝》，北京：紫禁城出版社，1991 年，第 117—136 页，特别是第 120 页；Farmer, *Early Ming Government*, p.128；Hok-lam Chan（陈学霖），'The Yung-lo reign'（《永乐时期》），pp.241-242.

4　郭湖生，《明清北京》，第 76、79 页。也可参见 Jeffrey F. Meyer, *The Dragons of Tiananmen: Beijing as a sacred city,* Columbia, South Carolina: University of South Carolina Press, 1991, p.100, 112, 117.

5　Frederick W. Mote, 'The Ch'eng-hua and Hung-chih rigns, 1465-1505', in Frederick W. Mote and Denis Twitchett (eds) *The Cambredge History of China*, vol. 7, pp.389-402. 也可参见 Arthur N. Waldron, 'The problem of the Great Wall of China', p.661.

6　关于北京城市平面的描述，可参照刘敦桢，《中国古代建筑史》，北京：中国建筑工业出版社，1980 年，第 278—281 页；集体编撰，《中国建筑史》，北京：中国建筑工业出版社，1983 年，第 48—52 页；以及 Andrew Boyd, *Chinese Architecture and Town Planning, 1500BC-AD1911*, London: Alec Tiranti, 1962, pp.60-72.

7　例如：贺业矩，《考工记营国制度研究》，北京：中国建筑工业出版社，1985 年；Arthur F. Wright（芮沃寿），'The cosmology of the Chinese city', in G. William Skinner (ed.) *The City in Late Imperial China*, Stanford: Stanford University Press, 1977, pp.33-73.

8　例如：贺业矩，《考工记营国制度研究》，第 1 页，第 171—180 页；Robert P. Kramers, 'The development of the Confucian schools', in Denis Twitchett and Michael Loewe (eds) *The Cambridge History of China*, vol. 1: The Ch'in and Han Empires, 221BC-AD220, Cambridge: Cambridge University Press, 1986, pp.747-765, p.762.

9　很显然，我们这里采取的对文本的分析，是意识形态的而非历史的。我们讨论的不是（在古代和争议中的）文本的源头，而是一个在文化和意识形态建设时期所提出的理论及其对后来各朝代的影响。Arthur F. Wright 的 'The cosmology of the Chinese city'（中国城市的宇宙论）清楚地提示并探索了这种方法。

10　近期有关这个话题的讨论可见：郭湖生《关于中国古代城市史的谈话》，见《建筑师》第 70 期，1996 年 6 月。郭湖生怀疑在实际的建设中，这个模型会具有支配性的影响，而贺业矩则主张在具体的几何的布局方面，这个模型确实起了主要的作用。最近的研究也认为此模型具有重要性，见 Nancy Shatzman Steinhardt（夏南希），*Chinese Imperial City Planning*, pp.29-36.

11　自古代（周朝，公元前 11—13 世纪）起，太庙和社稷坛就具有至高无上的地位，左与右、东与西的深刻的象征意义与这两个神祇密切相关。而与宫殿相邻的地点便于祭祀，这看上去是历代坚持遵循这一古典描述的主要理由。

12　我在此希望提出，关于北京的象征内涵尽管有许多论述，但该城市整体布局的象征的主要内涵，是周礼及汉代儒家宇宙观。五行（金、水、木、火、土），四季与四方位（青龙／东，朱雀／南，白虎／西，玄武／北），三组星宿（中为紫薇垣，与地上皇帝的宫殿相对应），两极（阴和阳）等等主要的元素，进一步（相当异质地）丰富了这一象征的系统，并通过城市与宫殿的主要建筑的位置、命名和数字表现出来。参见：姜舜源，《五行、四象、三垣、两极：紫禁城》，清代国史研究会编，《清代宫室探微》，北京：紫禁城出版社，1991 年，第 251—260 页。另外，地方神话（哪吒的形象）和风水的考量（如北方气流的不吉利），也被认为是影响该城市形态的因素。参见 Meyer, *The Dragons of Tiananmen*, pp.36-39, 41-45, 127-137.

13 这段及以下段落的英文翻译参照 Wright, 'The cosmology of the Chinese city', pp.46-47；也参考了 Sit 的翻译：Sit, *Beijing*, p.25.

14 有关中国城市规划理论中的意识形态问题，Arthur F. Wright 的论文 'The cosmology of the Chinese city' 仍然是最中肯的。他将《周礼》看作汉代儒家意识形态的一部分，这反映了他对中国哲学史上的先秦理论以及汉代的综合有着正确而具洞察力的理解。郭湖生的著作《关于中国古代城市史的谈话》也提供了正确的直觉观察，第 62 页。中国的规划理论和城市的象征主义，应当放在汉代儒学及其后发展出来的帝王意识形态的背景下来理解。在下面的段落里，我将拓展 Arthur F. Wright 的工作，考察意识形态、图式与空间结构之间的关系。

15 Fung Yu-lan（冯友兰），*A History of Chinese Philosophy*（《中国哲学史》）, vol. 2, the period of classical learning（第二卷，《古典时代》）, trans. D. Bodde（英译）, London: George Allen & Unwin, 1953, pp.7-87（《中国哲学史新编》，第三册，北京：人民出版社，1995 年）; Kramers, 'The development of the Confucian schools', pp.747-765; Kung-chuan Hsiao（萧公权）, *A History of Chinese Political Thought*（《中国政治思想史》）, vol. 1（第一卷）, trans. F. W. Mote（芮沃寿英译）, Princeton: Princeton University Press, 1979, pp.484-503.

16 冯友兰，《中国哲学史新编》，第二卷，第 46 页。

17 同上书，第 49 页。

18 Chan（陈学霖）, 'The Yung-lo reign'（《永乐时期》）, pp.218-221（"正统意识形态的建立"一节）。

19 W. Theodore de Bary（狄百瑞）, *Neo-Confucian Orthodoxy and the Learning of the Mind-and-Heart*, New York: Columbia University Press, 1981, pp.50-54;冯友兰，《中国哲学简史》，北京：北京大学出版社，1985 年，第 338 页。

20 W. Theodore de Bary（狄百瑞）, *Neo-Confucian Orthodoxy and the Learning of the Mind-and-Heart*, pp.63-66；万明，《开国皇帝朱元璋》，第 21 页。

21 以下叙述基于：Chan（陈学霖）, 'The Chien-wen, Yung-lo, Huang-his, and Hsuan-te reigns, 1399-1453'（《建文，永乐，洪熙，宣德，1399—1453》）, 以及 Wolfgang Franke（傅吾康）, 'Historical writing during the Ming', in Mote and Twitchett (eds) *The Cambridge History of China*, vol.7, p.184, pp.218-221, p.729; 以及毛佩琦《成祖文皇帝朱棣》，第 66 页。

22 Frederick W. Mote（牟复礼）, 'Introduction', in Mote and Twitchett (eds) *The Cambridge History of China*, vol.7, p.3, pp.1-10; John K. Fairbank, 'State and society

under the Ming' and 'Traditional China at its height under the Ch'ing', John K. Fairbank, Edwin O.Reischauer, Albert M. Craig (eds.) *East Asia: Tradition and Transformation*, London: George Allen & Unwin, 1973, pp.188-193, pp.228-234.

23 冯友兰，《中国哲学简史》，第 338 页。

24 理学发展与北京建造之间的关系，Arthur F. Wright 在 'The cosmology of the Chinese city' 中已有简要但富有洞察力的见解，pp.33-73。然而，这样一种重要的联系，在现有的有关北京和中国城市的研究中几乎没有得到考察。

25 以下关于理学和中国思想流派的介绍基于：Fung Yu-lan（冯友兰），*A History of Chinese Philosophy*（《中国哲学史》），trans. D. Bodde 英译，vol. 1（第一卷），Princeton: Princeton University Press, 1952, pp.43-75, 106-131, 379-399, and vol. 2（第二卷），pp.7-87, 407-433, 498-532, 533-571, 596-622; 冯友兰，《中国哲学简史》，第 48—60、83—96、197—209、306—322、323—336、337—351、352—364 页；Willard Peterson, 'Confucian learning in late Ming thought', in D. Twitchett and F. W. Mote (eds) *The Cambridge History of China*, vol.8: the Ming dynasty, 1368-1644, Part 2, Cambridge: Cambridge University Press, 1998, pp.708-788.

26 Fung Yu-lan（冯友兰），*A History of Chinese Philosophy*（《中国哲学史》），vol. 2, Chapter XIII, 'Chu His'（第二卷，第八章，朱熹），pp.533-571; 冯友兰，《中国哲学简史》，第 25 章，"新儒学：理学"，第 337—351 页。

27 Ian Mcmorran, 'Wang Fu-chih and the Neo-Confucian Tradition', in W. Theodore de Bary (ed.) *The Unfolding of Neo-Confucianism*, New York and London: Cojumbia University Press, 1975, pp.413-467.

28 Hok-lam Chan（陈学霖），'The Chien-wen, Yung-lo, Huang-his, and Hsuan-te reigns, 1399-1453'（《建文，永乐，洪熙，宣德，1399—1453》），in Mote and Twitchett (eds) *The Cambredge History of China*, vol.7, pp.218-221；高翔，《康雍乾三帝统治思想研究》，北京：中国人民大学出版社，1995 年，第 16—22、24—33、106—107 页。也可在 Jonathan Spence（史景迁）的著作中得到一个概貌，*Emperor of China: Self-portrait of Kang-his*（《中国皇帝：康熙自画像》），New York: Alfred A. Knopf, 1974, pp.xvii-xix。另一部有益的著作是 Thomas A. Metzger, *Escape from Predicament: Neo-Confucianism and China's evolving political culture*, New York: Columbia University Press, 1977, pp.181-185.

29 Chan（陈学霖），'The Yung-lo reign'（《永乐时期》），pp.218-219.

30 Jullien, *The Propensity of Things*, pp.235-238, 241-246; and Ian Mcmorran, 'Wang Fu-Chih and the Neo-Confucian tradition', pp.413-467.

3

城市的社会空间

城城相联

我们已经在形式化的平面与真实的空间，以及前者作为意识形态的表现与后者作为社会实践的构造之间作了区分。我们也已在上一章考察了北京的形式化平面如何表现了帝王意识形态。本章中，我们将考察真实空间如何构成社会实践。"真实的"空间被视为一个空间层面，容纳并被嵌入日常生活与社会实践中。这是在真实的社会运作中展开的空间层面，但它往往不显现在城市平面的表层。它隐藏在表面之下。如果说表层象征或表现了一种理论话语，那么这个真实的空间则架构并容纳了一个杂乱而"隐晦"的实践的场域。这些实践是非象征性或表现性的。为了开启这个空间层面，我们首先将进行初步的考古发掘，以在物质的层面上揭示这一空间的构造。然后对之进行社会性的考察，也就是说，把它作为自上而下赋予的国家空间，和从社会体内部发展出来的社会空间来加以考察。

当然，形式化的平面和真实空间都是"真实的"：它们是压缩在一个复合实体中的两个空间层面，尽管它们之间存在着系统的差异。关键的问题在于两者如何联系，并且也许还相互支持和巩固。更具体的是，人们会问：象征着王权地位的对称、集中和同中心的布局，在实际的社会与政治事务中如何与王权等级化统治的空间相联系。这个问题作为中心话题贯穿本章。从这里开始，我们也将把注意力集中在清朝，特别是清盛期的乾隆朝，这是一个稳定的时期，可以找到很多文献与地图并将之关联起来。绘制于 1750 年的北京地图，以及之后其他的北京中心区的地图是我们主要使用的材料。

墙：切割，围合，统治

众所周知，中文中"城"这个字，既指城市本身，也指城墙。学者们认为，各种尺寸与形式的墙的使用在中国的建筑活动中是一个普遍的现象。[1]从单体建筑到院落，到城市，到长城这样更巨大的地理构筑，这一要素无处不在。在中国传统的概念中，墙是建立空间形式的一个关键要素。在城市的形成中，墙的运用是构成的：它界定了城的最基本的意义。

让我们从另一个角度，并以北京为例，来看这个问题。在北京，最具挑战性和最成问题的现象是缺乏空间的连续性。除了皇帝、皇室和高级官员使用的中心区域，没有哪个地方让人觉得自己终于"到达"了北京。没有可供社团在中心聚集的开放的空间场所。在帝都北京，没有具有流动性和连续性，具有聚集和形成向心性趋势的开放空间。相反，这一空间被城墙切割、粉碎。这是一个切割与围合空间的墙的世界，它没有开放的空间，也没有连续而集中的自发的都市性空间（natural urbanity）（图 3.1）。北京是一座由城组成的城。它的基

图 3.1　北京的城墙和城门。这张照片显示了北墙西门德胜门瓮城箭楼，1900 年代。

来源：喜仁龙，《北京的城墙和城门》，1924 年，原书此照片无页码。

本构成要素不是开放的空间，而是物质的墙。也就是说，在结构的层面，它由一个墙的系统，而不是彼此自发联系和聚集的开放空间领域所构成。

在这个层面上，北京由四个围合体组成：宫城（紫禁城）、皇城、都城（内城）和外城。高大的砖墙包围着每一个围合体，从而将之定义为城，并将它们以特殊的方式联系在一起，形成整个北京城的结构。北京城的这个整体结构，这些城墙建筑，是垂直的或等级化的。从内向外，宫城、皇城、都城和外城，以及更远处的开放的乡村空间，形成一个社会地位和空间定位（positioning）依次降低的序列。对此我们首先从社会角度加以评论，然后是空间的分析。

紫禁城，皇帝使用的宫城，有重兵把守，普通人无法进入。只有高级官员、侍从、宫女和嫔妃，以及皇子、贵族才能到达这个北京深处的中心。其外一重城，皇城，是中心宫殿的延伸。皇城中围合着有山有湖的园林，还有寺院，皇子和一些官员居住的宫殿、衙署、作坊，以及皇室仓库。这里也有重兵守卫，公众不能进入。但是清朝在北门、西门和东门里，每月有开放的集市，允许一些住户居住在这些门内。

再向外一重是都城，这个区域容纳了最多的城市机能与市民阶层。都城中有政府部门衙署、国家机构、府县衙署以及府学县学、皇家坛庙与地方祠寺，以及皇室贵族和高级官员的住宅。城墙同样由治安部队重兵把守。九座城门昼启夜闭。看守这九座城门的治安部队与军队对于维持公共治安以及城市防御起了重要的作用。清初，汉人作为被满族人征服的民族，不允许居住在都城之中。当汉人在满清社会与官僚体系中地位逐渐上升后，就不再强制实行这一规定了。有些属于"汉人的"生活方式的城市机能，被满族统治者视为颓废，特别是晚上围绕着戏庄的城市生活，在晚清的都城中被一再地取缔。

另一座城，在社会地位的递降序列中处于最低一级并且远离中心，即外城，也被称为南城。清初汉人被从都城中驱赶出来后，大部分人定居于南城，因此又称为汉人的城市或是英语中的"Chinese City"。它原本是城郊和乡村地区，但在 1553 年被城墙围了起来，它包含社会地位和道德地位都较低的城市机能：沿街市场、商店、作坊、茶馆、饭店、戏庄、客栈、妓院、小寺院、乡村祠庙等等。外城中的人口主要由商人、工匠、寄寓、外地的学生与官员组成。外城也有人守卫，城门启闭时间和都城一样。

在都城和外城之外是城郊和乡村。在城门附近，以及沿着城门外的主要道路，可以发现有些与外城一样的城市机能，比如商店和作坊，它们非常缓慢地逐渐散布到乡村地区巨大开放的空间中。尽管在城郊和乡村的社区，我们会遇到部分商人和工匠，但是如果走得更远，那么主要的人口就是农民，以及一小股地方精英，包括地主、乡绅和地方官员。

在这一从中心到边缘的空间扩散中，社会与政治方面有明显的等级差异。一方面，更接近中心的较小的围合体，占据较高的社会政治地位；另一方面，由于向心围合的政治地位的梯度增长，每一个内部的空间对下一级的外部空间，都有一个相对的高度和支配性。这里有两种图式（图 3.2）。一个是从中心到边缘的、封闭的向心布局；另一个是高地或金字塔式构成，其中内部的点地位较高，而最终、最里面的点地位最高。自然这两种图式或图解属于同一个事实。然而，作为图解，它们揭示的是空间和社会机能的两个层面，它们彼此不同，但又相互关联。如果说前者抓住了城市平面的形式化布局，象征性的表现了皇帝的神圣地位，那么后者则揭示了从中心到边缘的，相对的统治和等级定位的内部断面；如果说前者标示了一个同心圆的意识形态，

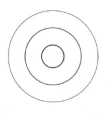

"形式化的"平面　　　　"真实的"空间

- 表面的同心圆式布局，代表着一种神圣化的王权意识形态

- 宇宙的中心

- 内部的等级化结构的剖面，揭示出一种有效的政治统治

- 高地/金字塔

图 3.2　北京城空间的两个层面及其社会机能。

那么后者则暴露出一个统治的政治实践。接下来的章节将逐步揭示这种高地或金字塔作为社会和政治实践的真实空间的运作机制。

在空间的层面，城墙只是物质的和基本的要素，它界定着整个向心的、等级化的构成。进一步的观察，可以看到在此有两个关键要素：墙本身，以及开口，即附着于墙上的城门。城门本身看上去只是一种简单的设施，但在对墙的两侧施行权力的过程中，它们起着关键的作用。开口是空间与人流穿越或征服墙体的突破点。自然地，它是控制与防卫被强化的节点。这里还加入了动态的运行：治安部队对人流的检查，以及城门的启闭和对人流的放行和截止这两个基本控制手段的运用。此外，如果说内部的社会政治地位高于外部，那么这种控制和防卫的姿态更多的是针对外面而不是里面，针对进入的人流而不是向外的人流。于是，在城门运作设施的控制和维持之下，内外之间的不对称关系被建立了起来。

只有在墙完全围合内部空间的情况下，门才是有效的。在这种情

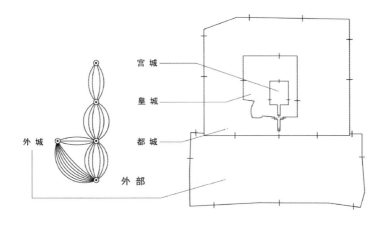

图 3.3　北京城墙结构：等级深度的增长。

况下，我们注意到，不仅在门而且在沿墙的所有的点上，存在着普遍的内外不对称关系。内部于是凌驾于外部，建立起相对的优越和统帅地位。由内向外的控制和行进的权力，可以安装在门墙体系上，同时又被门墙体系所强化。另外，门墙体系又产生一种距离的效果。墙本身就构成了一种距离。[2]它区分内外，把外部推出，推开，推远。当内部对外部的优越具有了社会和政治的意义和规范时，这种距离的效果，可以强化和放大原有的不平等关系。

　　当这些效果沿着整个边界，沿着连续围合的墙体和运作的门在现实中累积起来时，它的总后果是内部凌驾于外部的实际的权势和主导。当完全围合的边界竖向层叠，一个完全在另一个内部时，凌驾于外部的相对权势以及建立相对高度或优越性的效果，也沿着指向中心的内向或深度的单向维度，达到最大程度的积累。结果是一个完全的强力建造的等级制度，由同心圆平面，和城墙上内部凌驾外部的内在权力关系的金字塔，一起组成。北京这样一个墙的系统，作为帝都社会空

89

间的基本结构，可以用一个图解来描述（图 3.3）。[3]这张图里只记录了北京的城墙和城门。左边的图表示并解释通过城墙和城门联结的城与城之间的空间关系，其中指向中心的深度通过高度来表示。[4]垂直的上升，也就是整个城市的等级构造，也就不言自明了。

图底地图（A figure-ground map）

如前所述，北京首先由墙的体系组成，而不是开放的空间领域。是墙提供了基本结构，框定和容纳了开放空间的零碎片断。开放空间如何被切割并被作为空间片断容纳在墙的里面？用图底关系图来描述北京可以说明许多问题。制作这样的地图首先会碰到的困难是找出北京的"底"，即 0 层的城市空间，那个真正开敞、围绕并容纳所有的墙和街区，并延伸到外部的开敞区域。在北京，这个空间已经被切割、片断化，并被墙围合：它已经不复存在。除了外部的乡村也许可以被视为 0 度的"底"，北京所有的空间都变成了内部的，而且在等级上高于 0 度。在每一个闭合的城中，任何被界定为 0 层底的开放城市空间都只能是相对的。其他的困难也与此有关。北京的所有城市空间都已局部化（localized），并被围合在墙和门中。北京的任何一个这种空间，都不可能全天候向无限开敞的乡村野外真正开放。被切割的北京的"开放"空间已经永远是闭合的、局部的和相对的。

有这些限制，我们就只能绘制一张特定条件下的北京图底地图。让我们挑选其中一层空间作为 0 层的底：那是平民百姓在白天，也就是都城和外城的 16 座城门都开启的时候，可以进入的开放空间。这就是都城和外城中的开放城市空间，它也延伸到乡村的开敞空间，但受到皇城外墙的限制（图 3.4）。

这张图显示了北京的有趣特征。第一个特点就是片断化的形状或

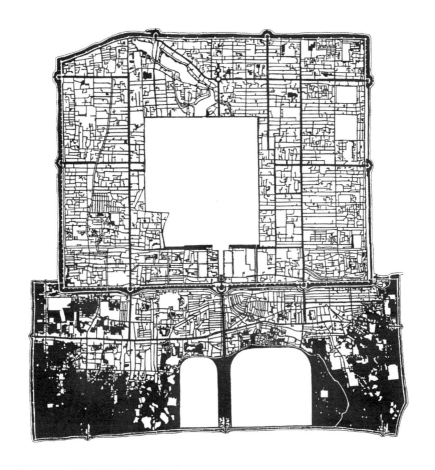

图 3.4　北京的开放城市空间。

者说格局。黑色的空间，即开放的城市空间，从未能形成十分紧密的
关联并聚集成具有自我中心的体系。被墙切割的城市空间，也受到中
心的、尺度超大的紫禁城地盘的统治，不得不退到一边，散落在四周
边缘。由中央体块即宫城和皇城所表达的、皇室和国家机关的中心的
竖向的统治，是再明显不过了。如前所述，这既是同心圆平面上的象
征性表示，又是等级或金字塔空间配置中真实的政治统治。就有效的
等级统治而言，尺度如此巨大的中心的确有助于在任何方向都方便地
进入并控制外部空间。此外，由于它的独特形状与周边地形特征，这

种控制与统治的姿态相当强盛。在南面，顺着紫禁城中央轴线的道路一直延伸到都城南面中央的城门。在北面，巨大的湖面从皇城一直延伸过去，阻碍了东西两侧的联系。中心体块及其南北两侧的延伸，削弱了城市东西部分的联系。它实际将城市分成了东西两半。

作为网络的开放空间

在这张图底地图中还能看到另一个重要特征 : 这里缺乏一个中心的、可聚集的、在西方被称为"广场"（agora，piazza，square）的空间。众所周知，中国传统城市空间中缺少欧洲城市中那种围合界定的开放的空间。但是，在中国传统开放城市空间中，有关键的节点，是市民和社团的活动的领域。它们包括街道的交叉口，衙署、民俗和宗教建筑（比如县衙和地方寺观祠庙）前部的空间，城门周围的空间，桥周围的空间，沿河岸的空间，以及城市边缘的其他空间。这些节点是地方社会生活的焦点，承担了类似于西方城市中市场、教堂和市政厅前面的广场空间的作用。

在抽象层面上，构成图底地图的不只是节点，还有街巷胡同构成的线。这些线被街区限定和挤压 ; 这些线穿越城市，构成城市空间的网状肌理。线形的街道和节点区域一起，界定了城市的整体景象。街道促进了线形的流动，而节点容纳了地方民众的商业、文化与宗教生活。两者大规模的叠加，创造出一幅拥挤而充满活力的景象。在中国，市民的城市生活压倒了建筑布景，这与欧洲的情形不同，在那里，建筑布景占着主导地位，尤其表现在高大立面上的丰富的设计。人们甚至可以推想，在空间布局的层面，中国都市形态发生的轨迹以线和节点组成的网络为基础，而欧洲的轨迹则以集会广场的核心为基础。前者源于整体的规划和对效力的强调，后者则具有地方成长、地方自治

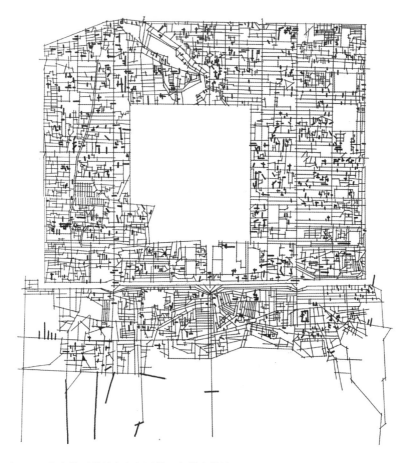

图 3.5　北京的开放城市空间网络：都城和外城。

与竞争的传统，而且强调立面展示和形式的、建筑的景观。

　　从图底地图中又可以做出有"轴线"的地图。[5] 它记录线以及线与线相交的节点构成的肌理（图 3.5）。从这里可以找到更多有关北京的信息。长线或者说大街与整个城市的正方直角形状及主要方向一致。都城中两条最长的线是南北向的，平行于中轴线。长线也与城门直接相连。这些长线的交点常常形成对于地方城市生活，特别是商业活动意义重大的节点。在都城东半部，南门（崇文门）和东墙中门（朝阳门）"放射出"两条最主要的大街（南北向和东西向），二者形成的交叉口是北京东城主要的商业区域，商店和沿街市场围绕着这个点聚集（称为"东市"）。东墙北门（东直门），和皇城北墙中门（地安门）也延伸为两条大街，并界定了一处主要的十字路口。它包括鼓楼和后面的钟楼，并共同形成北京中轴线强有力的终点。这也是一个重要的节点，周边聚集着商店市场。在都城的西部，南门（宣武门）和西墙中门（阜成门）同样放射出两条最主要的大街，它们的交叉路口限定了另一处商业节点（西市），与北京东部的东市形成对称格局。在更局部的层面，可以发现其他许多充满了商业、文化与宗教活动的节点。

在外城，北面三座（与都城相通）的城门放射出三条主要的南北向道路。三者都与一条波浪形的东西向道路交会（这条道路连接了东门和西门）。这三条线，每一条都联结起一个北侧的节点与一个南侧的节点。每条线的两个端点之间，以及两个端点周围，都聚集着商店与货摊，并沿着线形的街道分布。它们也进一步延伸至周围的线与节点的网络中。沿着这些线和邻近的节点可以看到饭店、茶馆、客栈、寺庙，以及各种各样的商店。商店和商业生活最集中的地方是当中的南北向街道，它是中轴线的一部分，在最富丽的城楼和城门（正阳门）之南。这里是北京最著名的商业中心。

等级结构中的开放空间网络

现在让我们把每一重城看作一个单独的系统，一个有轴线的单独的网络。让我们对它们加以比较，并把它们置于北京整体的等级体系中。我们将观察外城、都城和皇城（紫禁城被视为皇城内部的一部分，将在后面的章节中加以考察）（图3.5，3.6）。我们将进行三种测量，并在三个城之间加以比较。

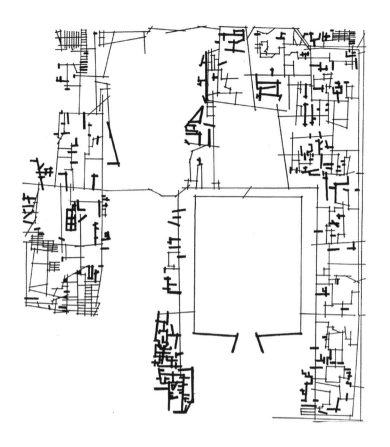

图 3.6 北京的开放城市空间网络：皇城。

1 每个城中都有两种线："尽端"与"通过"线，也就是死胡同和能连接回外部的较大街巷。前者只有一个端点，而后者则至少有两个，从而可以再次与系统连接。三个城的前者与后者之间的比例如下所示：

外城 0.205（140/683）；

都城 0.350（666/1903）；

皇城 0.965（362/375）。

　　这个比例揭示了每个特定布局的"分散"度或空间"自由"度。当然，比例越高，整个系统就越是受到尽端线的限制，也就意味着，分散更少，更缺少移动的自由。很显然，沿着这个顺序，当人们进入更内部或更中心的围合中时（即从外城到都城，再到皇城），空间也就受到更多的限制和控制。

　　2　第二种测量在系统更深的层面检查类似的性质。如果去掉所有局部的死胡同，就可以得到整个系统更基本的网络。以此为基础，可以量度所有连接（交叉）点和所有线之间的比例。这个比例表示在系统的基本全局网络（basic global web）中线的平均连通度。当然，比例越高，网络的连通性就越高，在其中运动也就更自由。事实上，高比例显示了网络的高"环圈性"（ringy-ness）：它表明有更多的选择或者"逃逸路径"。三个城的比例如下所示：

　　　　外城 2.075（1417/683）；
　　　　都城 1.863（3546/1903）；
　　　　皇城 1.611（604/375）。

　　显然，越是内部和中央的围合，对连通性的限制就越高。这两种测量产生了三个城的相同的排序。它们证实了一个结论：人们进入更内部、更中心的城，空间也就受到更多的控制，死胡同更多，而交会点更少。它们当然与这些城沿着这个排序上升的社会政治地位相一致。它们是空间内在的差异属性，必然支持了北京各城的整体的等级制度，也成为其中的一部分。

　　3　另一种测量考察了网络更为全局性和结构性的特征。它来自

"空间句法"理论，用于评价"整合度"（"integration"）。[6] 它只以此抽象网络的内部联系为基础，测量从一条特定的线出发到所有其他的线的可接近程度（the degree of accessibility）。换句话说，它测量的是这根线对于整个系统的整合度。不同的线有不同的整合度，从而揭示这些线在空间上的不平等性。对整个系统来说，所有线的平均值代表这个系统总的整合度。不同的系统也有着不同的总整合度，从而暗示了这些系统之间各自内部空间结构的不同。就实际测量值而言，较低的值意味着较高的整合度。在北京，如下所示，这个值的升序，也就意味着整合度的降序：

都城 0.745 ；

外城 0.810 ；

皇城 1.400。

这意味着相对而言，都城空间分布有较好的内部整合，外城稍差一些。都城中的很长的街道必然对其内部较高的整合度有所作用。围绕着中心空洞（皇城）的完全连通的巨大环状线，可能也对此发挥了作用。另一方面，外城又长又窄的形状必定限制了它的内部整合。然而，与皇城相比，这两个城之间的差别并不显著，皇城的整合度显著下降，也就是说，它的隔离度，就像测量值所表示的，高至另外两个城的两倍。这意味着皇城内部相当隔离。密集的大型建筑组群和宫殿"挤压"必然造成这种隔离，或是对空间联系与整合的限制。在社会政治实践中，在空间上限制和控制人们移动的需求，也必然导致这一结果。这些城的整合度当然也与我们关于这些城在整个社会等级中的真实地位和功能的历史知识相符合。

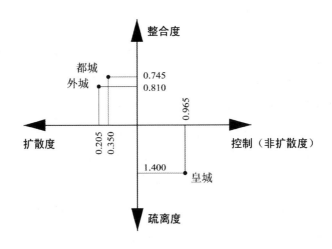

图 3.7　　北京三个城之间两极分化的趋势："自由"空间与"受控制的"空间。

　　至此，我们可以从上文得到的测量值为两根坐标轴，定出三个城的总的地位。这里，水平轴使用第一个比例，表示从分散到不分散的程度（它也表示第二个比例，因为第二个比例的排序同第一个一样）。垂直轴线代表整合与分隔的程度，依据最后一个比例（图 3.7）。沿着水平轴线，三个城的排序顺从了其不同的社会、政治等级。沿着垂直轴线，外城和都城位置接近，与皇城形成鲜明的对比，这也与后者政治重要性的上升相符。事实上，在这三城的总体地位中，在两个方向上，重大差异存在于皇帝领域和公共领域，及皇城和另两个城的两极化上，暗示着"皇帝"和"臣民"之间的垂直差异及二元分化。人们在这个坐标中所看到的，是比早先对墙的观察更内部化的空间布列的特征。它揭示了物质的空间分布的一个层面，这个层面与各城中实际的控制相对应，也必然是这些社会实践的一部分。它揭示了与总的等级秩序一致的空间分布与社会控制的分布。在墙的排布中，我们

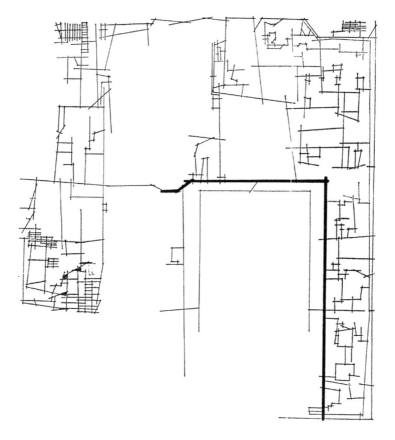

图 3.8　皇城中集合度最高（1%）的线所形成的"集合核"（integration core）。

看到城与城之间差异与等级的制造。在网络的空间分布中，我们看到各城中对于分散和整合的内部控制与限制的制造。在两种情形下，物质空间的分布都对应并支持着社会的功能运作和总体等级秩序的制造与维护。

　　最后一个测量度，即整合度，可以进一步研究。由于每条线都有自己的整合度，在一个系统中就有所有线的整合度的分布。如果将其按照升序排列，我们就能看出哪条线比别的线更整合。尽管这能引出对系统极为细致的研究，目前第一步的分析至少可以从一些关键的线

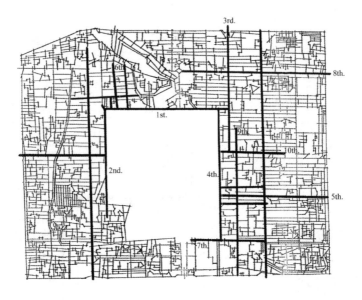

图例

1st. 地安门外大街	6th. 德胜门内大街
2nd. 西安门外大街	7th. 长安左门外东街（长安东街）
3rd. 安定门内大街	8th. 东直门内大街
4th. 东安门外大街	9th. 兵马司胡同—台吉厂（王府井）
5th. 烧酒胡同—禄米仓胡同（灯市口）	10th. 隆福寺街（弓弦胡同—头条胡同）

图 3.9　都城中集合度最高（1%）的线所形成的"集合核"（integration core）。

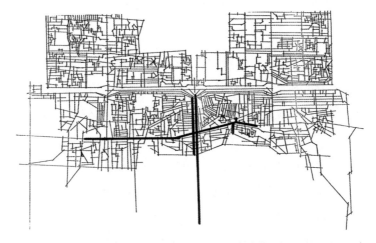

图 3.10　外城中集合度最高（1%）的线所形成的"集合核"（integration core）。

开始。如果挑出了第一组线（如最具整合度的 1% 或 10% 的线），并在网络地图上标记出来，就能看出系统中一个基本的整合"核"，因为这些线形成一个小而集中的网络，掌握着对整个系统的主要整合能力。[7] 图 3.8，图 3.9 和图 3.10 中标出了外城、都城和皇城中百分之一的整合度最高的线。

这些核线（core lines）既可以读作全局图形，也可看作局部现象。作为全局图形，核的形状很大程度上符合（follow）城市的形状，表明并证实了核线统筹整个系统的中心性。在这个层面，核线的分布也揭示了另一个重要的结构特征。在所有的情况下，城都将自己的核线提供给下一个在等级秩序中社会政治地位更高的城。外城的核线与通向都城的中间城门相联系（在 10% 的核线中更是如此）。都城中这种倾向更明显：核线紧紧"拥抱"着下一个更高一级的城：位于中心的皇城。这些线实际上就是紧沿着皇城城墙和城门的街道。而接下来皇城同样也为宫城提供了整合度最高的线。形成这一图形背后的直接原因既是物质的，也是空间的。都城向外延伸发展成外城：前者引发后者，并且自然使那些从前者延伸至后者的线获得较高的整合能力。也就是说，后者的核线很自然会靠近"母城"。皇城和其外较低等级的都城的关系，以更极端的姿态出现，尽管这里没有历史的延续关系；前者对后者保持了同样的上下等级关系。前者在后者中的绝对中心性，确保了前者直接占据了后者的核心区域。接下来，宫城和皇城之间也保持了同样的等级图形。这种布局形式显然对应而且必然用于权威统治的社会政治实践。这是先前所确认的各城的总体构成所带来的结果：更高且更内部的城，有效的垂直叠加在较低且更外部的城之中心。我们在此所见证的是总体等级秩序制造中空间整体布局的一个更抽象的特征，即具有内在中心性和垂直性的总体构造。

在局部的层面，我们可以揭示出有关北京的许多具体的信息。例如在皇城，核线是景山和宫城之间的大街（这是整合度最高的线），以及宫城的东边（以及景山西侧的北大街），被称为景山前街和北池子—南池子（北长街）。这个图形显示了宫殿与北部花园之间的连接，以及进入皇家其余设施的西北入口的重要性。它同样也揭示了宫城空间对东侧的强烈倚重或偏好，是全北京对东部偏好的关键的一部分（在以后章节中研究宫城时这一现象更明显）。

都城中整合度最高的线是皇城北侧的地安门大街，这是唯一一条把城市东半部和西半部连接起来的长而直的大街。其他整合度最高的线也都紧紧围绕着皇城：整合度第二、第四和第七的线在皇城的西、东和东南侧。核线也分成东组和西组。从整个城市看，东组线更多并且比西组整合度更高（10% 整合度最高的线更清楚地显示了同样的格局）。换句话说，北京东城在空间分布上更优越也更受欢迎。如果我们观察社会和功能的使用，这个格局确实是有意义的：东部比西部有更多重要的功能和公共机构。大型寺院（比如隆福寺）、国家考试机构（东南部的贡院）、政府部门和衙署（在东南部靠近轴线）、皇家学院（东北部的国子监）、府衙和县衙（东部和东北部），以及许多贵族和高级官员的大型住宅，占据了北京东城的大部分地方。物质空间的整合度和社会对"好"地点（location）的使用之间的关系，必然是一种循环：两者在漫长的历史发展中互相改造，互相对应。

在北部区域，把城市东西部连接在一起的整合度最高的大街（地安门大街），也是北京地方政府最高衙门顺天府所在，这将在后面做进一步讨论。这些核线也拾取了通向或来自城门的主要大街：安定门、东直门、崇文门、宣武门和阜成门都与 1% 的核线相连；而所有其他的门则与 10% 的核线相连。这些核线进一步发展为一系列节点核，其中大多数都起着地方城市生活中心的作用。

外城 1% 整合度最高的线是中间东西走向的街道（从菜市口经过小市街到三里河），和中间的南北走向的街道（正阳门外大街），以及另一条与之平行的粮食夹道。10% 的核线把这核心向外伸展，在中心形成密集的网络，并连到都城的另两个城门（崇文门和宣武门）。核线获取了"好"的地点，并且随着时间流逝使之成为北京最繁忙的商业区域。

国家的空间

1380 年，明朝第一个皇帝废除了宰相制，并采用了中国历史上最专制的统治后，不得不建立秘书（大学士）组成的部门，以处理政府部门源源不断递给皇帝的奏章，并起草皇帝答复的圣旨。这种部门很快就制度化，被称为内阁（Grand Secretariat），它是皇帝与政府上下间的中转枢纽，这一制度一直延续到 1911 年清朝灭亡。明清两代政府本身包含继承自过去制度的标准的三元结构：民政官僚制度、军事等级制度，以及独立的层级制的监察机构。[8] 民政官僚机构承担了政府的主要功能，包括著名的六部，把所有的政府事务分成六类：人事（吏部）、税收（户部）、礼仪（礼部）、征战（兵部）、刑罚（刑部）、公共工程（工部）。这一由六部分组成的行政框架重复应用在较低层级的行政机构中，直至县一级。

另一个与民政机构平行的等级制度是军事系统。明朝军队由兵部统辖，以卫所方式组织，驻扎在全国各地的战略要地。清朝则由兵部和满洲八旗管理，明朝遗留下来的军队被编入"绿营"，作为维持公共治安的地方警察部队。满族人把自己的旗营编为真正的军事力量。

在占据中国北部之前很久，武装的满族人就被组织成民事与军事合一的单位"旗"。共有八旗，每一个都以一种颜色的旗帜来区分（黄、白、蓝或红），全色或镶色。到清朝建立的时候，每一旗都扩充到包含三个组成部分：满族人、蒙古人和汉人。二十四旗共同组成直接效忠于清廷的攻击力量，并分布驻扎在全国各处的战略要地和人口聚集的中心。

第三个平行于民政与军事的等级体系是由都察院领导的监察机构。督察御史和其他监察官员设在都城，也有一部分官员分派到六部（六科）。他们被定期地派到各省，调查所有官员的行为，并搜集地方民众的申诉。监察官的意见直达君主，他们的首要职能是检举官员，并对皇帝进谏。实际操作中这种实践可能受到许多不同因素的制约。

在纵向，帝国政府的庞大体系表现在民政结构的空间地理组织。清帝国被划分为十八个省，比明朝时多三个。[9] 各省在驻于省会的巡抚和总督统辖之下，平均有七至十三个府，因此总共有一百八十个以上的府（以及同级别的州或直隶州）。在每个府的知府和道员的管辖下，有七八个县，有时候还有一些同一级别的行政区（厅或直隶厅）。县和相当于县的机构共有约一千六百个。[10] 为最底层的管理单位，每一个县在地方官员的领导下，负责管理周边几百个村庄，以及其中的大约二十万人口（18世纪末）。[11] 在每个级别的行政区中，行政管理的六种职能由衙署的六个部门负责。军队则遵循另一个独立的纵向指挥链。监察官也构成另一个纵向的等级体系。这三个体系的结构和机能最终会聚于帝国的顶端。在这个会聚点上，皇帝在内阁的协助下协调所有机构的机能。

国家的这种等级体系清晰地反映在地理表面。一千六百个县覆盖了所有地区，形成这一体系最大量和最底层的基础，作为国家和广大乡村社会之间的中介点，构成最终的和分布最广泛的网络。其上是三个管理层级，府、省和天朝帝国，或者"天下"。每个层级都有由边界和治所所界定的地理平面布局。四个层级的每一个层级的治所也都包含着较低层级的管理单位。[12] 例如，除了外围其他县，府治本身包含着两个县。同样，省会中包含有府和县的管理机构。

我们可以有两种方式看待国家的空间等级体系。一方面，它是物质的和水平的构成，这是对土地和人口的大尺度划分。另一方面，它又是抽象的和垂直的构造，这是统治的层级体系，以中心城市层级以及官员地位的一路上升至顶端，即帝国政府和君主为标志。有了这样的分布，我们就可以想象一个国家的抽象地貌。如果我们继续使用地理的比喻，帝国的整体就可以被描述为一座大山，它包括同时又依托于不同层级的大片的高地。

在这个框架的逻辑中，每一个治所都是一个高地，城市在整个等级体系中的层级越高，地形就变得越垂直，因为它涉及更多的层级。以这样的方式，帝都北京就成为所有城市中最高也最垂直的城市。在这里，四个管理层级交叠为一个地理场所。君主和中央政府直接控制着京城所在的省，有一个府和两个县位于京城中（除此以外，更远处还有别的县）。尽管省会在别处，但府和两个县的衙署都在城中，离宫殿和中央政府部门不远。[13] 四个层级的叠加，以及空间政治距离的相邻与密集，使得北京城市空间强烈的差异与等级化处理成为必要。换句话说，北京必须设置和压入许多空间隔断来获得急剧的等级差异，从而可以在相对小的区域内制造并维持帝国整个等级体系的高度和跨度。本研究认为，北京的社会空间分析，必须考虑它在国家等级体系中所处的逻辑位置，以及反映和支持帝国高山的、城市作为高地的这种图景。

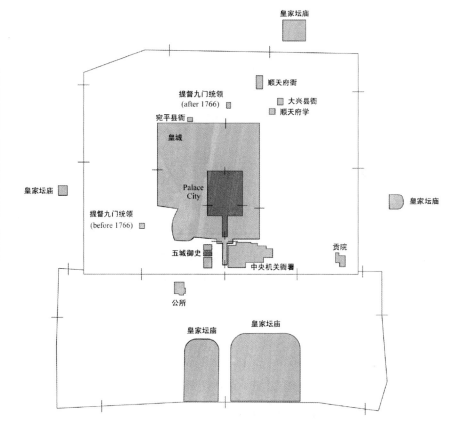

图 3.11 国家之躯体：清代北京宫殿、国家机构、府衙、县衙，以及附属机构位置图。

在墙的围合之中，北京容纳了皇帝的宫殿、政府机构和部门、顺天府衙，以及大兴和宛平两个县的县治（图 3.11）。[14] 作为帝国君主所在地及其象征的正殿（throne hall），坐落在中央巨大的宫殿即宫城之中。在围绕着宫城的皇城里，如前所述，是皇室的各种机构。

接下来的都城，在南部当中的区域是作为主要民政与军事部门的六部，以及监察院和所有其他相关下级衙署。顺天府衙及其附属机构（包括著名的顺天府学）位于都城的北部。大兴县和宛平县的县衙则分别在府衙附近的东南方和西南方。这两个县属于顺天府管辖，两县人口大多数是都城内外的城市人口。顺天府同时也管辖京城外的另外十七个县。在明清两代，贵族、大臣和大量官员都居住在都城中。尽管有民族组成上的变动（不在旗的汉人被从都城中驱赶出去，而后来又回到都城中），都城仍然是社会地位较高的人聚集的地方。明朝把都城划分为二十八个城市行政区（称为坊），每个坊包含较小的邻里单位。清朝则划分为八个区，八旗按照行军中八个军事单位的标准排列分布在八个区。每个区又进一步划分为三个次一级的区域，分别分配给满洲、蒙古和汉军旗人，因而总共构成二十四个城市区划单位。

都城之外是城郊和乡村地区，人口和商业活动集中在靠近都城城墙和城门的地方。这个区域也在顺天府两个县的管辖之下，这个地区既非城市也非乡村，由此获得了城乡之间的特殊地位，而且兼具城乡的特点。当人口增加，商业活动进一步发展之后，就像南城所发生的，这种混合的特质会更显著。南城在 1553 年被城墙围起，自此以后被称为外城。随着混合特质的增加，城市和乡村间的社会空间距离也随之扩大。

在这个区域还能发现工匠、旅居者，以及各种生计的平民的聚集，其中许多人参与了商业与手工业活动，这使这个地区成为北京最大的商业中心。它在两个县的管理下，明朝时被分为八个区，清朝作为不属于二十四旗的汉人的聚居区，分为五个区域。在两种情形下，它都被归类为京城的外围区域，无论就人口的社会经济地位而言，还是就其职能的道德文化地位来说，它都属于地位较低者。另一方面，它又为京城北京提供了重要的城市功能，尤其是商业；并且在治安管理的等级次序中获得了高于乡村的地位。

威廉·施坚雅（William Skinner）认为北京和其他中国城市具有一种双核（nucleus）结构。[15] 他认为，在许多城市如北京，有一个像集中在都城（东城更明显）那样的贵族与官员活动的中心，以及像集中在外城（特别是中部地区）那样的商业与手工业活动中心。前者掌握着重要的权力和资源，具有较高的地位，并且占据大量空间，在居住布局上采用更清晰的几何形式；后者表现出较低的地位，在强制的限定中发展成密集的、空间布局随意的居住区。这两个核标志着社会机能和空间形态上的等级化和结构性的两极分化。尽管这个模型很适合等级化层级较少的地方城市，但在解释北京这样层级较高、内部包含许多等级化层级的城市时却遇到了困难。双核结构不容易将比贵族层级更高的城市区域，以及都城外部层级更低的城郊地区包含进来，后者是整个组成结构的一部分，不能被忽视。更进一步，"核"这个概念也需要讨论。中国大多数较高层级的行政城市，是包含了一个等级体系的一个完整工程，而不是从某些独立的中心或核逐步有机发展而成，北京就更是这样。为了遵循施坚雅关于社会空间差异的想法，并在北京这个案例中加以进一步扩展，我认为这里有一个五层的等级体系（a five-level hierarchy）。这些层无法简化为两个中心，而且每一层都需要与其他层级识别区分开来。每一层都有自己的社会空间地位（position），自己的空间位置，以及自己的形式化布局特点。这五个层是：集中于宫殿的皇帝层；集中于南部和东南的政府机构层；位于都城其余地方的贵族层（集中于东部）；位于外城的商业与工匠层；以及散布于郊外的乡野层。与这些层级的社会政治地位依次降低的顺序相应的，是空间位置类似于同心圆式的蔓延，以及空间布局从形式规则到自由而不规则的跌落。他们一起形成了一个宏大的等级体系，如巨大而陡峭的高地。下面，我们将考察这一等级构成中的几个重要方面。

　　北京由三个独立的机构管理：民政部门、治安机构和军事系统。[16]

第一个是顺天府，由相当于六部的六个行政部门管理行政，负责京城中所有的民事和行政事务。第二个属于都察院，负责公共安全和某些行政事务（这并不完全符合都察院的职能，不过它被置于这一自主的部门之下，一定程度上获得了相对于民政与军事体系的独立性）。第三个属于另一个等级体系，即满洲八旗的军事系统，负责京城和周边地区的武装治安与防卫。就所负责的区域来说，第一个直接管理包括两个附郭县的京城以及其他十七个县。第二个集中于外城，但在协助别的部门时，也将管辖范围扩展至其他地区。第三个集中于都城，但是为了京城的安全和防卫，可以完全进入所有其他外部区域。从职能来说，第一个和第三个属于两个极端：即民政事务与武装的安全控制。然而这三者的职责范围有大量的重叠，特别是在治安的广泛领域，它要求三者的合作。现在让我们更仔细地看看这三者的职能。

顺天府

顺天府管理北京的两个县，以及外围的另外十七个县。[17] 它在北京统领城市西部及其周边的宛平县；同时直接管辖城市东部及其外围的大兴县。府和县都按照中央政府的六部设置有六个部门。它们实际上覆盖了京城军事治安与防卫以外的地方社会管理的所有职责。他们的主要职能包括：维护公共治安；监督户籍与人口登记；控制税收与徭役；听取并裁决法律诉讼；规范文化与宗教习俗；支持儒学研究并促进道德教化。

这些职能都有空间焦点。为了维持治安、管理户籍与收税，基于空间与人口统计的关键机关（device）是著名的保甲制度。清完善了这一继承自宋明两代（初始于汉）的制度：每一百户为一甲，每十甲为一保。[18] 除了人口登记与课税，这一制度也用于确保在道德管理和公共安全方面，同一保甲中各家各户的连带责任。尽管保甲大多位于乡村地区并且以村庄的形式出现，在空间上，它仍覆盖了国家整个地理表面与人口。在北京这样的城市，明清两代城区中都应用了保甲制，虽然清代都城中同样的职能以旗的形式来承担。在社会空间实践方面，这一制度精确划分了巨大的连续的城乡空间与大规模的人口。它将空间表面与广阔的社会肌体水平地切割成细小的片断，并以行政与空间的边界将之仔细围合。通过这种水平的划分、破碎化与区隔，社会肌体受到严密的监视与管理。这确实可以与早期现代欧洲的实践加以比较，即 17 世纪晚期"隔离城"（quarantine cities）的形成，以及随后发展起来的所谓"规训社会"。[19] 这样的规训社会，米歇尔·福柯著作中这样一种充满问题的现代性的典型特征，在中国也许更为系统化和彻底，更具有文化上的内在性，而且发展得远比欧洲为早。这样一种与欧洲发展之间的比较将在第七章，即在历史背景下对帝王权力的分析中进行。

在北京，在这一广阔的规训空间中，我们可以识别出施行行为和道德管治的关键节点和中心。衙门是关键的节点（图 3.11）。作为地方行政的首脑机构，其典型的对称的建筑群组包括位于中央的大堂（主要的行政大厅）和庭院，用于正式的会见，也用作法庭；后面是官厅和庭院，其中有官吏办公的房间；东边是城隍庙；西边是临时关押犯人的监狱；还有架阁库、粮仓和库藏；里面部分则是知府或其他地方官员的私人区域。[20] 行政机构的所有职能都直接或间接地通过建筑群运行，其中有一些涉及官员与百姓（主要通过年长的代表）的直接接触，比如大堂中的审判以及庙宇中的供奉仪式。

这种互动也延伸到空间的其他地点。针对地方士子文人和乡绅讲授儒家经典的官方讲课在文庙中举行，文庙可能紧挨着府衙，也可能与府衙分开。在府衙的大门前，以及在许多地方佛寺与道观中，官员们定期主办或参加重要的仪式，并负责支持与促进良好的信仰和习俗。[21] 迎接春季的"咬春"是在顺天府衙前举行的最著名的公共典礼，其主导者为顺天府尹及其僚属，以及地方社区与周边乡村年长的代表。[22]

其他的焦点包括遍布全国各府、各省会的贡院。北京的贡院位于都城的东南角，另外还包括宫城中的保和殿（图 3.11）。[23] 肇始于汉，普及于唐，中国发展出一套遍及全国，向所有人开放的考试体系，以选拔文官官吏、高级大臣或大学士。考试有县、府、省三级，以及在其上的乡试、会试、殿试三层，明清时期每三年举办一次。位于各地的省城和中央都城的贡院，以及宫城内的保和殿，构成由关键节点组成的等级秩序。沿此等级秩序，民众向上进入士大夫阶层的流动，这与以官方儒学为准的道德文化话语的向下控制，互相交叉汇合。

其他重要的节点包括村庄与城市某些中心的公共空间，每月一日和十五日百姓聚集在此，参加圣谕宣讲的仪式。[24] 作为规范民众行为的道德教化，它从宋明时期的"乡约"制度发展而来，而现在已成为一种公共仪典，官员或上层公众人物主持宣讲，并且也会发表关于圣谕的讲演。这些圣谕是康熙颁布的，基于儒家经典的有关道德行为规范的格言，并且又得到其后继者雍正的补充。北京城中这一场所，是外城中的"公所"，位于都城中门正阳门的西南。这是城市街区内部被周边建筑围绕着的一个开放场所，最初是废弃的工场庭院，通常被称为"琉璃厂"（图 3.11）。[25] 这些地方是水平的社会与垂直的国家相互接触的重要节点，向上对于教条和道德范例的遵从与向下的道德教化传播，在这里得到联结和实现。

五城御史

这个部门的管辖范围与职能有些不明确。[26] 空间上它直接负责"五城"的公共治安，也就是外城五个地区和周边的郊区。另一方面，又要求它协助顺天府和军事机构负责京城地区整个都市与郊区的公共治安及执法。在职能方面，它的角色类似于警察，作用介于民政与军事之间；在许多情况下，它不得不同时与这两个部门合作。指定给五城御史的工作包括：监督外城和郊区的所有保甲；听取这些地区的法律案件；维护这些地区的公共秩序；控制谷价；为穷人提供食物；遣返乞丐和流民；调查嫌犯并逮捕罪犯。另一个职能是组织这些地区的民众参加每月两次在外城公所举行的圣谕宣讲。尽管这一仪式在京城外由各县组织举行（也遍及全国），在北京却特别由五城御史来组织。

考虑到外城（及都城城墙外的郊区）独一无二的情形，我们就能察觉五城御史的独特地位。首先，这个区域人口密集，商业活跃，得到很好的发展，并在城市大本营和乡村旷野之间形成一个巨大的中间地带。它扩大了城乡的等级距离，并使自己获得了特殊的地位。其次，这里靠近城市大本营的众多人口与生机勃勃的商业文化，使之对于城市大本营发挥了重要的作用，但也引出了如何控制此地区的问题。第三，在清代这是未被旗人占据的京城区域，构成一个在种族冲突方面对清廷的潜在威胁因素。这些因素使得对于此地区及周边给予特别关注和治安控制成为必要。

对北京整体而言，这个机构标示了区分的、多层次等级中的一个层面，从而增加了这个隐喻性高地的总高度。这一机构在此层面上与顺天府的职能与管辖区域交叠；它维持了水平向的切割、粉碎和包围（通过保甲制度），又支持了道德教化和君王意识形态传播的垂直联系

（通过公所）。另外，作为警察力量，它有能力灵活运动，侦察案件，逮捕罪犯，监视一个广泛的社会地理区域。

九门提督

九门提督的职能包括系统运用军事武装力量，以维护京城的治安和防卫。作为满洲八旗部队最重要的任务之一，它的整个运作得到精心的安排；它由皇帝挑选的几个满族大臣协调，并最终由皇帝本人监督。[27] 它与上述两个机构合作，职责涵盖许多方面：维持公共秩序，保卫宫殿和城门，在遇到真正的威胁时，为保卫京城部署战斗部队。其部署简述如下：紫禁城由上三旗（正黄旗、镶黄旗和正白旗）中满族人组成的精锐部队保卫。皇城由八旗中每一旗的满军守卫。都城及周边区域由八旗中每一旗的所有（蒙、满、汉三种）军队守卫。[28] 随着时间的流逝，在这基本配置框架的基础上渐渐又增加了许多部队，特别是骑兵和特种武器部队，布置在城市围合的两侧，即在皇城墙和都城墙的东西两处的外围，与已经部署在那里的军队重叠。除了宫中的军队部署（这会在第六章中解释），清中期即17世纪中期至18世纪初期，京城地区主要军队的配置如下所述。[29]

城门是重点部署区（图3.12，3.13）。都城九门每门两名城门领，两名城门吏，两名千总，门甲三十名，门军四十名；每个门都配备有十门信炮和五个信号旗杆。外城七门每门两名城门领，一名城门吏，两个千总，门甲十名和门军四十名，每座门有五门信炮和五个旗杆。[30] 他们负责城门及周边地区的公共秩序，特别是晚上七点和早晨五点城门的关闭和开启。[31] 其他规定也得到严格遵守，比如晚间为特殊信使通过，以及为进都城参加宫中早朝的官员开门。当某一座城门或附近面临安全威胁时，守门的士兵应该通过点燃信炮及在旗杆上升起信号

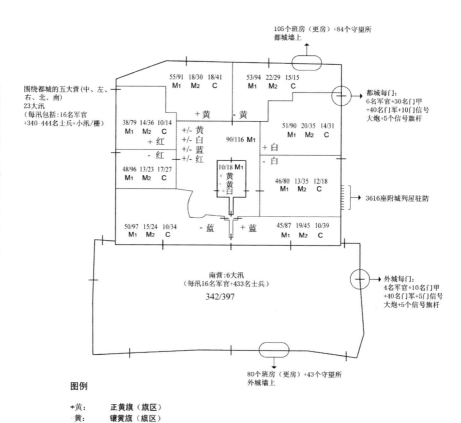

105个班房（更房）+84个守望所
都城墙上

围绕都城的五大营(中、左、
右、北、南)
23大汛
（每汛包括:16名军官
+340-444名士兵+小汛/栅）

55/91 18/30 18/41
M1   M2   C

53/94 22/29 15/15
M1   M2   C

都城每门：
6名军官+30名门甲
+40名门军+10门信号
大炮+5个信号旗杆

+ 黄   - 黄

38/79 14/36 10/14
M1   M2   C

+/- 黄
+/- 白
+/- 蓝
+/- 红

51/90 20/35 14/31
M1   M2   C

+ 红

90/116 M1

+ 白

- 红

48/96 13/23 17/27
M1   M2   C

10/18 M1
+ 黄
黄
白

- 白

46/80 13/35 12/18
M1   M2   C

3616座附城列屋驻防

50/97 15/24 10/34
M1   M2   C

- 蓝   + 蓝

45/87 19/45 10/39
M1   M2   C

南营:6大汛
（每汛16名军官+433名士兵）

342/397

外城每门：
4名军官+10名门甲
+40名门军+5门信号
大炮+5个信号旗杆

80个班房（更房）+43个守望所
外城墙上

图例

+黄：   正黄旗（旗区）
-黄：   镶黄旗（旗区）
55/91：   小汛(哨卡)/栅(木栅栏)数量(每处分别驻扎12和3名卫兵)
M1：   满军小区
M2：   蒙军小区
C：   汉军小区

图 3.12 国家的战争机器：清中期北京治安和军事部队布局（17 世纪晚期至 18 世纪初）。

旗（或者晚上用灯笼），向其他所有城门、宫殿和驻扎在京城周围的部队传递警报，其他每座城门以及皇城宫殿后的白塔山顶（山顶上也布置了五门信炮）都会重复这一警报。[32]

卫兵警卫与士兵配置在城墙上及周围。紧贴在都城城墙外围一整圈的是三千六百一十六座驻防列屋。在都城和外城的城墙上分别设有一百零五个和八十个班房（更房），以及八十四和四十三个守望所（图 3.12，3.13）。[33] 他们将城门的治安与防卫职能扩展到整个连续闭合的城墙，与布置在城门与城墙上的军队一起，构成城市边界坚固的防御工事，这就强化了内部与外部的划分，以及前者凌驾于后者的等级的统治关系。

军队也被系统地布置在城市的开放空间中。在复杂的街巷构造内，关键路口布置了大量的哨卡（汛）和木栅栏（栅），以维护公共秩序，并在都市地理上覆了一层监视与控制的系统（图 3.12，3.13）。紫禁城和皇城分别有十个和九十个哨卡，以及十八和一百一十六道栅栏。[34] 都城中的这个系统最为详尽，哨卡和路口栅栏被组织在二十四个分区之中，分别隶属于按标准军事队列部署的八大旗区中的满、蒙、汉三军小区管辖。例如，在属于正蓝旗的东南大区，满、蒙、汉三军管辖的三分区中各有四十五、十九和十个哨卡，以及八十、四十五和三十九道栅栏（图 3.12）。在 19 世纪晚期（到 1885 年），整个都城中共有六百二十六座哨卡和一千一百九十道木栅栏。[35]

标准的规格是，每座哨卡有十二名步军，每道栅栏有三名步军。[36]他们的首要职能是在晚七点到第二天早晨五点之间关闭栅栏，并禁止行人通行，也就是在这段时间中强制实行宵禁。[37] 尽管在某些限定条件下允许通行（如求医、参加葬礼、婚礼及其他聚会，以及官员去衙署），整个城市处于"净街"状态，不允许人们在街道上来回走动，许多十字路口和所有的城门都被关闭。在每个小区内，卫兵负责保护所在地区：他们在区内巡逻，将警棍交给下一个哨卡的步军，如此循环传递警卫巡逻的职能，直到第二天早晨栅栏和城门开启。

八旗控制和协调的这些部队，驻扎在城市里、城门上下周围，以及城墙上和外围沿线，共同负责维护都城及周边区域的治安。除了履行上文提到的这些在空间上固定于驻扎地点的职能，他们也要作为机动力量来使用，包括与不同的单位协作。当皇帝及其随从的人马队伍

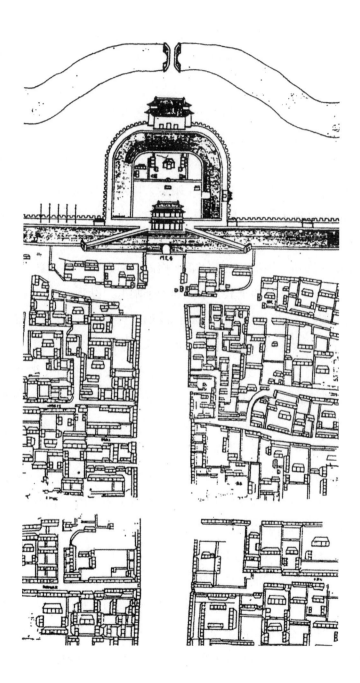

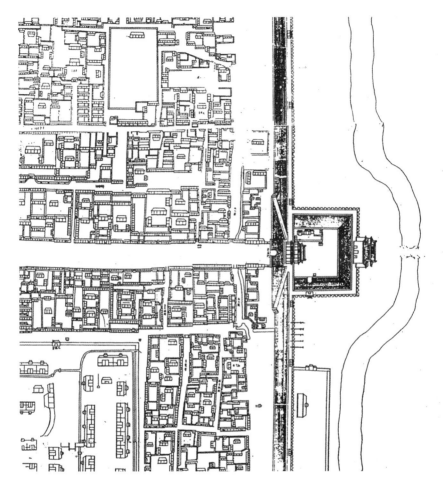

图 3.13　1750 年北京都城的两个区域：（a）安定门（北墙东门），以及（b）东直门（东墙北门）。地图显示了城门和城墙上驻兵的"更房"和"守望所"，以及街道交叉口的"栅"和"讯"（栅栏和哨卡）。

来源：兴亚院，《乾隆京城全图》，1940 年，北京。

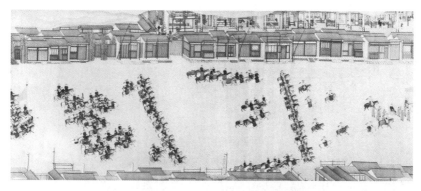

图 3.14　国家的宏大场面：皇帝及侍从从中国南方巡视回来进入北京的场景。街道两侧的所有交叉口都用木栅栏封闭。所有面向街道的商店也都关闭了。卷轴画《康熙南巡图》局部。王翚（1632—1717 年）等。

进出宫殿而经过城门和街道，或是经常性的到都城外的皇家郊坛举行仪式时，这些部队负责在沿途设置新的哨卡，并以木栅栏和新增的幕布隔断沿线两侧所有的交叉口（图 3.14）。[38] 在每月的朝会日，皇城外的街道，特别是南门前靠近皇城的场地，受到严密的护卫。[39] 部队也要负责镇压犯罪及扰乱公共秩序的行为。在与别的机构的合作中，他们协助参与对保甲的调查、抓捕强盗与罪犯、帮助并监督流民和乞丐、平抑米价，以及其他相关的工作。

都城外五个八旗大营（巡捕五营）驻扎在邻近的不同地点。其中中营的五支部队（大汛）驻扎在远郊的皇家园林和山庄离宫。左、右

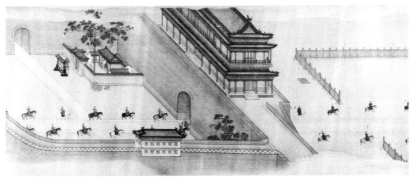

和北营各有四大汛，驻扎在紧靠都城和外城外侧的周边地区。南营有
六大汛，位于外城内，也就是都城的南侧（图 3.12）。平均而言，每
大汛的部队有十六名军官和三百四十至四百四十四名步兵和骑兵。[40]
驻扎在京城城外，主要是在郊区和乡村地区的这些军队，其职能纯
粹是防卫京城。但是外城，以及紧挨着都城北、东、西墙的城郊，同
时采用了两种方式。一方面，如同在开阔的乡村，大规模的兵营出
于单纯防卫的目的驻扎在此；另一方面，小股部队、哨卡和木栅栏
被安排在街道之间，如都市地区那样，维护公共治安。在外城，有
六十二和八十二座讯或哨卡，分别由步兵和骑兵管辖，另外还有一百

零二座位于交叉口的栅栏。[41] 而围绕北京的整个周边地区，则总共有三百四十二个这样的哨卡或驻地，以及三百九十七道栅栏。[42] 这个地区军事力量配置的混合方式，确实反映了它半都市、半乡村的特质。

从空间的观点看，在整个都市地带所采用的这一体系造成了一个大规模的防卫态势，一种精确的军事布局（formation）。在这一刻，都市空间成为"战场"，成为一个危险地带，需要谨慎和系统的军事力量的覆盖，以识别、抑制、镇压任何真实或潜在的敌对力量。在这样一种军事力量对都市社会地理的压制中，武力的配置采用了三种空间形式：边界线、出入点与基地区域（base area）。第一个是城墙与大区及较小区域的边界，在不同层面限定与围合了空间片断。第二个是城门，以及由哨卡和栅栏标示出的交叉路口，它们控制着封闭空间内部以及之间的流动。第三个是主要驻扎在城郊及都城周边乡村地区的兵营与大营，构成对中心宫殿进行战略防御的重兵守卫的大型要塞，而且能够在任何地方有需要时提供机动的打击力量。

在都城中，前面两种形式是最重要的。抽象地说，边界线将空间切割成碎片，并以物质及人为军事的边界将其围合与相互隔离。另一方面，出入点通过允许暂时的进入与周期性的封锁，形成一定程度的对连续自然空间和人流移动的压制。两者互补又互相强化对方的效力。在一个层面上，城墙与城门围合成为各个"城"。在另一个层面上，大区与较小区域的交叉路口和边界线，形成无数的大小空间片断。具有切割—围合功能的边界，与具有检查—封锁功能的出入口，协同工作，使整体军事布局成为压制自然空间和自由人流的严密的结构。这个体系有效地成为一个城市化的国家战争机器。它的逻辑或者基本原理，就是摧毁自然空间，并尽可能压制都市社会空间以及社会肌体中充满生机的等高曲线；这一实践在贯彻宵禁的夜晚得到周期性的实现。

国家的空间

事实上，三个管理系统，顺天府、治安机构和军事部门，彼此重叠并相互强化。三个系统的控制形式都可以用"空间划分"（spatial division）一词来概括。这里有垂直的划分：城墙和城门划分出高层内部与低层外部，以及高级内城与低级外城及更低更外部的地区。这里同样也有水平的划分：大区（内城的八旗和外城的"五城"）、小城区（八旗中的满、蒙、汉小区及外五城的里坊），以及保甲单位（或内城同性质的邻里单位），形成社会政治地位平等的同一层面上的空间划分。前者直接造成等级化的空间框架，而后者在广阔的社会空间之上密集精细地切割和包围，最终也支持了全面的垂直向的等级化。换句话说，两个方向的划分都有助于造就帝都北京整体的金字塔关系。

这两种制造等级的方法具有一种自然的逻辑。在垂直划分中，划分与区隔的墙插入越多，造成的垂直层面就越多，中心也就变得越高。通过将所有的国家管理层面压缩到一座城中，北京结合了高度密集的垂直划分，为凌驾于周边地区的中心造成巨大而崇高的纬度。在水平的划分中，对社会空间和社会肌体的切割和包围越多，就越能解除百姓大众的武装，并削弱其社会政治地位。也就是说，水平划分越多，顶端凌驾于基层社会的纬度就越高。两种划分形式共同构造出帝都北京的一座高地建筑，一座金字塔。

在国家的这种空间政治逻辑中，有一种效果或力量的双向流动。沿着高地的斜坡，以管理与治安实践形式出现的对民众的道德、社会和物质的控制力量，从上向下流动。高地同样也有向上的支持，以确保政治力量的向下流动；这种向上的支持，其形式就是城市的空间、社会、政治建构中的水平与垂直的划分。这两种流动是互相依赖的。

帝王权威设计了整体等级的构造和从顶端向下流动的秩序与力量，确保社会空间划分的系统构成，由此又自下而上支持了各种高地，包括等级构造、京城的总高地，以及与此同理在更大尺度上的天朝大国的宏伟山峰。

社会的空间

现在让我们转向这幅画的另一面：一个没有政府机构直接干预的，自发而自行组织的北京城市居民的社会文化生活。在寻找北京的这样一种都市社会生活时，有许多问题需要提出。人们如何相遇，又如何互相交往？社会相遇与社会交往的确立的空间形式是什么？北京是否存在"市民生活"与"公共领域"？其社会空间是如何构造的？将北京视为整体，一个作为国家领域的城市和一个作为都市市民社会领域的城市之间呈现何种关系？让我们先来做一些初步的观察。

在墙的开闭之间，在将空间切割成碎片，与再次将空间碎片联系并整合之间，存在着一种辩证关系。尽管北京的确是一座空间被墙所切割与压制的城市，但在白天，在向民众开放的都市与乡村地区，它又是"平滑"、连续和开阔的空间。就像早先所确认的，每座城中都有街道网络。都城、外城，以及城墙外的城郊与乡村地区的街道网络，白天通过城门彼此相连，在街道网络内部则通过交叉路口、哨卡与栅栏互相联系。这个此刻完全开放的空间，也进一步延伸到城墙与紧邻地区以外的无限广阔的自然空间中。这是一个巨大的网络的场地。这是全体社会成员都能使用的空间。任何社会文化生活形式，在通过人的移动来完成的过程中，都必然被这一空间包容和导引。这是领域最宽广、差异度和区分度最低的社会空间。作为本质上开放而连续的空

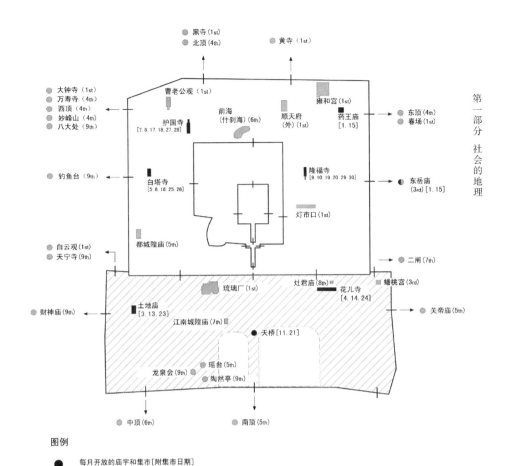

黑寺 (1st)
北顶 (4th)
黄寺 (1st)

大钟寺 (1st)
万寿寺 (4th)
西顶 (4th)
妙峰山 (4th)
八大处 (9th)

曹老公观 (1st)
雍和宫 (1st)

前海
（什刹海）(6th)
护国寺
[7. 8. 17. 18. 27. 28]
顺天府
（外）(1st)
药王庙
[1. 15]
东顶 (4th)
春场 (1st)

钓鱼台 (9th)

白塔寺
[5. 6. 16. 25. 26]
隆福寺
[9. 10. 19. 20. 29. 30]
东岳庙
(3rd) [1. 15]

灯市口 (1st)

白云观 (1st)
天宁寺 (9th)

都城隍庙 (5th)

二闸 (7th)

琉璃厂 (1st)
灶君庙 (8th)
花儿寺
[4. 14. 24]
蟠桃宫 (3rd)

财神庙 (9th)
土地庙
[3. 13. 23]
江南城隍庙 (7th)
关帝庙 (5th)

天桥 [11. 21]

龙泉会 (9th)
瑶台 (5th)
陶然亭 (9th)

中顶 (6th)
南顶 (5th)

图例

● 每月开放的庙宇和集市 [附集市日期]

● 每月敬神时开放的庙宇、集市和朝圣地 (附开放的月份)

▨ 会馆、戏庄与戏庄—酒楼集中的区域

图 3.15　市民社会空间节点：北京 19 世纪主要庙宇、集市、朝圣地，以及会馆、戏庄、戏楼—酒楼分布图。

间，其潜在的趋势是联系与整合，允许人群随意的相遇以及运动流线的混杂交差。它可以产生新的相遇与交往，以及不确定的行为与活动。它具有潜在的颠覆性。它有时是混乱无序的，对社会秩序与国家控制构成威胁。在这种情形下，在开放与闭合之间，在为了自由的社会生活而释放空间的需求，与为限定的和秩序化的社会实践而强制划分空间的需求之间，必然存在辩证的张力。北京显然同时具备这两方面。

它既是一个被划分的空间，同时也是一个相对开放的空间。如果说市民社会生活包容在开放的空间领域里，那么国家与社会间的关系就应该在这一重要的辩证关系中展开。

在这个网络的场地中，人们可以辨识出三种容纳都市社会生活的空间形式：街道，节点和节点区域，以及店铺沿街的界面。前者容纳社会生活的能力是不言而喻的。街道自然是社会空间的最普遍形式，它构成网络全局的样式，并容纳都市社会生活的一切流动。节点，或是作为街道的交叉口，或是作为庙宇这类公共建筑周围的区域，是社会生活的另一种空间形式。节点构成独特的空间布局，可与欧洲的公共节点相比较，并与之形成对照。像我们早先所讨论过的，欧洲与中国遵循不同的都市发展途径：前者以集市广场为中心生长空间，而后者则以网络为基础规划空间。于是在欧洲出现的是街道加广场的类型，在中国则是街道加节点的类型。我们从前者看到的是公共机构巨大的石构立面，比如教堂与市政厅，它们界定了以广场、集市为基础的中心空间。而在后者，我们看到的是低矮的木构构筑，比如独立的牌坊与街上的栅栏，还有城市街区的表面，如砖墙与木门，它们共同界定了更为模糊的节点或节点区域。在都市生活集中的节点区域，在庙宇这样的公共建筑的前面，人们可以辨识出一个"凹进的空间"（recess space）。这里，导向这一建筑的门、凹进的墙、周围的木栅栏，以及门前沿街对称放置的牌坊，界定了这个节点区域。凹进空间是其后部的公共建筑与其前面的城市开放街道之间的连接点（joint）。它对于公共空间与都市景观的形成起了重要的作用；而这一空间和景观，在该地点内外定期举行的集市与宗教节日中，会变得戏剧化而充满活力（图 3.16）。

都市生活的另一种空间形式是街道两侧店铺正面的连续边界。所有的街道，无论大街小巷，两侧都由三种主要要素来界定：墙、门与

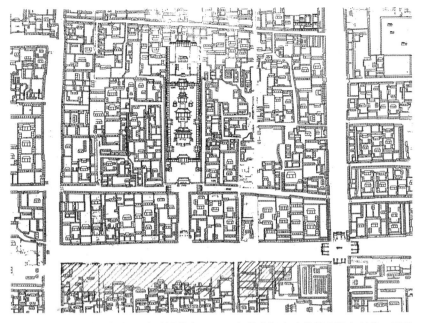

图 3.16　市民社会空间的一个关键节点：1750 年的隆福寺及其周边城市环境，可以看到寺院前部的庭院，外面的入口空间，以及附近的街巷。

来源：兴亚院，《乾隆京城全图》，1940 年，北京。

店铺正面。墙和门掩盖了后部的建筑，主要是住宅，有时则是庙宇和政府机构。第三种要素则是许多店铺长而连续的立面，一个紧挨着一个，沿着主要的街道和大街展开。它们在都城东部、西部和北部的中心区域聚集成群。在外城，它们覆盖了大部分街道，并密集于外城中心区。提供不同种类货物与服务的店铺，常常与后面的作坊和仓库连在一起。每天在主要商业街道的店铺的前面，以及在定期集市和宗教节日中的凹进空间的附近或里面，临时性的货摊和小贩被安排在路的一侧或两侧，为线状街道沿线及节点区域的周围增加了更多的层面。这些后面是作坊，前面是流动货摊的店铺前沿地带，构成巨大的都市社会空间，包容了商业交换与社会交往的进行。尽管受到府县地方官员的监管，它们仍构成一个人们随意混杂的、相对自由的巨大空间。

更仔细地观察这一场景，我们发现用于特定社会交往的各种中心或焦点，它们或是临近沿街店铺的前沿一带，或是在其后部。这些中心点状分布于巨大的都市网络场中，与街道、节点区域及商店前部密切联系，它们在城市经济、社会和文化生活中形成重要的焦点。我们可以辨认出这些中心的三个类型：1. 行会与会馆；2. 戏庄和有相关功能的茶馆饭庄；3. 寺庙，尤其在庙会和节日期间。

行会与会馆

在政府机构及其直接的国家控制领域之外，城市社会中的民间结社有三大类型。它们是关于宗教、行业和同乡的各种社会团体。[43]第一种（通常称为"会"）基于对某种特定神灵的崇拜，并希望得到信仰相同者的支持协助。[44]第二和第三种结社，都被视为"行会"（guild），是以不同理由建立的世俗团体。职业商业性质的结社（称为"会"、"行"、"行会"、"公会"），其成员从事同样的行业，以手工业与商业为主。此外，同乡结社（会馆）的成员来自同一省份，通常由来自该省的大商人或高级官员出面组织。[45]但是有些同乡会馆也是商业行会，因为来自某一地区的成员经常垄断某一行业。[46]

后两种结社类型在职能上也不同。行会主要是在生意上帮助成员，控制价格，并在市场上维持行业的垄断。而同乡会馆本质上是社交俱乐部，也为该地区的来访者以及在北京的同乡们提供旅舍等设施。两种结社也有一些共同的职能。它们都与某种宗教文化及对特定神灵的定期参拜有关，这种神灵或者被认为是该行业的守护神，或者是故乡的土地神或城隍。二者都为祭神和生意商讨而定期举行集会，这也是非正式沟通与社交的场合。二者都为地方社区提供慈善服务，而且都会在诸如税收与公共福利等问题上与府县官员商讨，有时也与之对抗。[47]

　　到 19 世纪末，北京已经有一百多个行会与大约四百个同乡会馆[48]。在四百个同乡会馆中，至少有将近二十个也是明确的行会。[49]考虑到北京作为京城吸引着来自全国的官员、学生、商人和工匠，这个巨大的数字是可以理解的。两种社团的办公场所大多数位于外城（图3.15）。但是它们采用了不同的定位形式（forms of localization）。大多数同乡会馆在外城有自己的建筑物，为来访者提供出租的房舍，也为商业事务及宗教参拜提供房间或屋舍。行会则有更多的形式。大型而富有的行会有自己特别建造的会所，会所有庭院、大厅和厢房；其他许多行会在庙宇的偏殿设立办公场所，使他们可以举行会议，并履行对祀奉在殿中的神灵的崇拜；较小的行会把办公场所设在该行会某高级成员的作坊中；更小的行会则没有永久性的办公场所，他们租用庙宇、饭庄或茶馆中的房间里举行会议。[50]

　　所有这五百个地点，流动的或固定的，小型的或大型的，独立的或采用其他设施的一部分，都位于商业前沿的后面某处，并嵌入北京的街道网络中，而且倾向于外城边缘与城郊地区。它们打开了一个大量而聚焦的、相遇交往的焦点和中心的大网络，以发生在各地点的行会尤其是祭祀神灵和商业业务聚会的形式出现。尽管是特定的社会团体，而且必须在府衙和县衙登记，并受到官员的监管，他们仍在广阔的水平面上，提供了一个由许多允许成员交往和互助团结的接触点组成的大型网络。他们暂停并侵蚀了自上而下的对水平面空间的切割，因此在一定程度上，对国家的整体的等级统治提出了挑战。

戏庄与酒楼

　　中国戏曲经过几个世纪的逐步发展，至晚到北宋和南宋，已出现了世俗的、有叙事结构的戏曲表演，而且在大城市中也建起了向民众开放的永久性戏楼或戏园。[51]17—19 世纪，许多地方戏曲都很兴盛，而且在京城及其他大城市中互相竞争，最后集中成几种主要的流派。19 世纪初，北京实力最强的戏社或剧团（大多数来自安徽省）为了获得优势地位而竞争，而且从这些流派和许多其他风格中积极吸收新的元素，从而出现了一种主要的表演艺术形式，称为皮黄剧和京剧，后来以"京剧"（Peking Opera）而为国际知晓。[52]在京畿地区，不同类型和特点的戏剧社团在各自的圈子中都相当繁盛；表演的场所多种多样而且不断扩散，戏庄戏楼也随着热情观众的增加而越加普及。[53]

戏剧社团的表演都是流动的，但是名声和技艺彼此差异很大，因此演出的场所和场合也极不相同。比较有乡村背景的杂家戏团提供了从节日庆贺（如舞狮子和杂技）到正式戏曲的各种演出，并且演出场所常常是在村庄谷场、干涸的河床、露天场地、街角、地方庙宇，有时候也会在饭庄与会馆。[54]而实力强大的戏团演出特定种类的剧目，通常在城市设施中表演，包括庙宇、会馆、各种饭庄酒楼，以及专门建造的戏园。最强的剧团则在最著名的戏园或戏庄之间巡回演出，有时则在高官的府邸或皇宫内演出。[55]

撇开乡村与街角的随意临时的场所，正式的演出地点有以下几种：官员府邸和皇宫私家园林里的戏台；许多庙宇建筑内的戏台；会馆和饭庄的平台；以及正式的特意建造的戏楼戏庄里的戏台。这些特意建造的建筑物包括三种设施："杂耍馆"、"戏庄"和"戏园"。前者是有定期戏剧演出也有说书表演的饭馆，在都城和外城中有许多这种饭馆。[56]第二种是戏楼和饭馆酒楼的综合，顾客往往是商贾、士子和官员，他们租用场地举行聚会与宴会，这些场合中有时会请好的剧团表演合适的戏剧。在 19 世纪初，这种戏庄大概有十个，都坐落于外城，其中包括著名的文昌会馆和昌盛会馆。[57]第三种也许可以看作正式的剧院，这里只提供茶点，不提供酒菜，对来这里观看著名戏团表演的民众开放。不可避免的，这也是会见朋友并在音乐和吵闹声中喝茶交谈的场所。1816年有二十一座这种剧院，都位于外城（图3.15），并簇集在沿都城中门正阳门外南北向大街两侧的中心地区。其中有北京尽人皆知的著名戏园，如广和楼（查楼）、广德楼、三庆院和庆乐院。[58]

从专一的到兼容的，从正式设施到半正式的地点，再到最随意和流动的场所，这些空间焦点为大众提供了观看戏剧的时空场所，这使他们可以聚集、相遇并互相交流。特别是街角、庙宇和戏庄戏园，成了北京城中人们可以比较随意混杂的最开放的地点。他们对于社会秩序和稳定，对儒家道德的维护，对居住在都城和皇城里包括满洲官员在内的旗人生活方式，都造成了威胁，这成为中央朝廷持久的心病。[59]面对戏剧表演在包括满洲贵族和官员在内的人群中越来越流行，以及戏庄在都城中分布越来越多的情形，中央朝廷在1671年、1781年、1799年、1802年和1811年多次颁布法令，反复禁止在都城内建造戏楼和戏园。[60]另外一些法令更为严厉，比如禁止满洲官员在外城看戏，禁止妇女进入戏楼和戏园，禁止晚上演戏，限制外城中新建戏楼戏园的数量，并对贵族和官员私蓄男女演员加以限制。尽管有这些约束，戏剧表演和看戏的行为不仅继续存在，而且更加兴盛，并由于京剧的形成及越来越受欢迎而在19世纪达到顶点。随着这种发展，戏庄和其他地点继续作为活跃的公共场所，维持了都市民众生活中最生机勃勃的舞台。

庙宇、集市与节日

中国民间宗教信仰的教义最折衷而繁杂多样，涵盖来源不同的崇拜对象。它包括历史上及历史传说中的英雄和圣人；所有家族的祖先和皇族的祖先；至圣先师孔子和其他儒家先贤；佛教众神；阴阳宇宙论中的自然力和神灵；道教的自然神与守护神；以及这些信仰共同祭祀崇拜的其他神灵或鬼魂。如果说学者和士大夫的兴趣是阅读研究这些传统（如儒家和阴阳家）中的经典论说，那么平民大众的注意力，则是集中在一个最横向和"异序"（heterotopic）的也就是"后现代"的共生框架里，对这许多传统中的各种各样神灵崇拜和取用。人们常常会发现同一座庙宇中有与大殿主神不同的神的祠宇的存在，佛教的菩萨（比如观音）、自然界的山川神、历史上的英雄和圣人（如关帝或关公）常常同现于一座庙宇中。[61]

院落形式的庙宇是大众信仰的主要场所。它们称为寺、观和庙。在北京，它们分布于都城、外城、周边地区和远处的乡村中（图3.15）。它们星罗棋布于都市、郊区和特别引人注目的乡村野外的风景中，而一些最大的道观和佛寺坐落在京城外东部和西部的山林中（比如东面的东岳庙和西面的白云观）。作为信仰中心，它们也吸引了不同规模的社会与商业性聚集。庙会、集市和节日在这些地点，在年历中特别标出的重大日子里，一月一次或是一年一次定期举行。

这些庙宇的民俗生活有一个时间框架。几乎每天，大部分的庙宇向所有人开放，人们进入庙宇，向神灵探问运数，供奉物品，祈求保佑。每个月，不同的庙宇在不同日子举行集市。商贩、工匠、戏剧社团，以及一般大众会轮流去各个庙宇。在19世纪晚期，有名的庙会按以下时间表排列：外城西面和东面的土地庙和花市，分别在每月三日、十三日和二十三日，及四日、十四日和二十四日举行。在都城，西面的护国寺庙会在每月每旬的七、八日举行，而东面的隆福寺庙会则在每月每旬的九、十日举行。其他地方，如都城东北的药王庙和东面的东岳庙庙市，都在每月的一日和十五日开放。[62]这些时间与地点构成北京民众公共生活中某些最激动人心的时刻。全家或个人来到这些庙宇敬神，并且也许更重要的，是来参加集市，购物，与人相遇，观察人群，观看戏剧表演以及享受整个节庆的欢愉，这被描述为"看热闹"。

其他的许多庙宇，尤其是在乡村中的寺庙，组织一年一度的集市和节日，时间往往是在包含主神诞辰的一段日子或其他具有宗教含义的日月。这些日期倾向集中在中国农历的一月到九月之间，也就是从初春到晚秋。并且在安排上有这样一些趋势：第一个月（春节的时候）集中在城市庙宇，四月（初夏）多集中于乡村庙宇，七月（初秋）集中于城乡各地的佛寺，而九月（晚秋）又聚集于乡村庙宇。最著名的庙宇节日包括：一月十三日雍和宫的驱魔（打鬼）；一月一日至十九日的白云观庙会；三月十五日至三十日的东岳庙庙会，以及四月一日至十五日的妙峰山庙会。[63]

年历中又有一个独立的关于节庆的时间框架。其中只有一部分定位于庙宇中。在庙宇中举行的这些节日，大多数是在一月和七月。从元旦到元宵节，许多庙宇以及其他一些场所开放作为集市或市场，包括雍和宫、黄寺、黑寺、大钟寺、白云观，还有琉璃厂及灯市口地区的街道。[64] 在七月十五日，也在这个月的其他日子里，佛寺在殿宇、街道以及河流和运河岸边的空地举行最重要的节日盂兰盆会，即普度仪式。[65]

寺院有自己独特的空间构架。在一个较大的范围里，它们标出了都市和乡村的大地景观中星罗棋布的焦点，并且强调了乡村野外的重要性；在那里，大型的道观和佛寺往往坐落于具有历史或神话意义的山林之间。城墙内的庙宇规模较小，有特定的布局。每一座庙宇在中轴线上都有几座主殿，小殿和其他房屋则在两侧，一系列庭院将它们连接在一起（图 3.16）。在建筑群的最前面，通常是一个开放的、用于庙会和宗教表演的前院。门外通常是某种形式的城市"凹进的空间"，由门、墙、栅栏和牌坊界定，它将庙宇进一步与周边的街巷，或者乡村地区的某些开放空间联系在一起。尽管这一套内外之间的空间联系可以在许多别的建筑类型中看到，比如会馆与戏庄（还有府邸和国朝机构、衙署及宫殿），但在开放的公共建筑中，庙宇建筑对这套布局有最明确丰富的展现。在更大的都市环境中，这些庙宇也倾向于占据与城市主要大街有优越的、有时是直接联系的位置，从而确保与都市网络其他部分良好的整合（图 3.16 中庙宇前的大街都是内城中 1% 整合度最高的街道。参见图 3.9，3.15）。这种与更大的网络结构之间有力的整合，与内外空间之间的连接点（joint）一起，构成中国城市中都市空间布局的关键节点（node）。

在庙宇举行节日的时候，节点区域的边界都被开启。拥挤的人流进进出出，穿过连接内部大殿和外部街道公共空间的门和节点区域。这些空间共同构成一个连续流通的场域（field），容纳了人群，以及人群繁忙和混乱的"热闹"的活动。在隆福寺，每月每旬的最后两天开放，集市从内院蔓延到前院、前部凹进的空间和附近的街道，并进一步延伸到附近大街的两旁（图 3.16）。[66] 在雍和宫每年一月的打鬼表演中，群众聚集在前院和街道上。驱魔舞从庭院中开始，变成行进的队伍，移动到街道上。另一方面，货摊和小贩阗塞于附近的街道，稍后移进了庭院中。[67] 集市与这一壮观的场景进一步延伸到附近更大的空间中。在著名的盂兰盆会中，许多佛寺的前面以及在河岸及运河岸边"二闸"（京城东部运河第二个水闸）的开阔场地，大批人群聚集在一起观看"诸如踩高跷、舞狮子这样的娱乐表演"。"晚间，沿着运河岸边点燃了灯笼，这称为'放河灯'"。"数百支小蜡烛固定于漂浮物上，被放在水面上随波漂流……以引导溺死的鬼魂，而大人与孩子都提着莲叶灯，沿着河岸缓步行走着……这是中国最美丽的节日之一"。[68]

对民众来说，庙宇是最生机勃勃和引人入胜的公共生活场所，它们构成中国社会中民间公共领域中意义最为重大的核心。尽管在庙宇的维修建设和崇拜行为中有官方的参预和控制，还有官方对于公众集会的种种限制，但庙宇与庙会依然是容纳民众交往和公共生活动态流动的最开放的地点与时间。[69]

社会的空间

社会交往的三种焦点，会馆、戏庄和举办集市与节日的庙宇，事实上并不是彼此分离的，它们在功能上互相重叠。会馆的集会包括敬神的活动，常常伴随戏团的戏剧表演。另一方面，戏团在庙宇和其他场所间巡回，为不同的团体和结社的集会演出。宗教崇拜是更普遍的实践。在家庭、宫殿、衙署、会馆和庙宇中，敬神的活动以不同的规模展开。在位置方面，三种交往类型的集中和正式的地点，在一定程度上也是重叠的。许多会馆在庙宇内部；许多戏团在会馆、饭庄和庙宇内部的固定戏台上表演；另一方面，庙宇可以容纳这两种类型的事件和其他相关的功能，比如行会的交易和戏剧社团对大众社会的展示。与这三种社会交往基本形式相联系的是其他的相遇，包括在茶馆、酒楼、饭庄和开放空间中正式或随意的种种会面。三种社会交往基本形式之间存在着流动、重叠和有机的关系。相遇和交往的社会实践也散布在整个城乡空间中。

在空间方面，这三种焦点有许多固定地点，但是它们都置身于、同时又以某种关系存在于整个街道网络之中。这些相遇和交往的地点存在于商业沿街一带的左右里外，于是都被纳入街道网络的大场域中。我们由此可以提出北京社会空间的基本框架（framework）：它包括作为社会相遇与交往结构性支点的上述三种主要焦点，三者相互重叠，而其中又以庙宇显示出最重要的作用，是民间社会公共领域的主要中心。这三种焦点被置于由沿街商业前沿、尤其是店铺前沿组成的图式关系中。而这又被置身于由街道和街道网络场域构成的、从城市延展到乡村的更广泛的社会空间中。

社会与国家的关系

如果我们仔细观察国家的和社会的实践，就会发现两种非常不同、事实是对立的操作路线。国家在水平面上切割并包围民众与都市空间，又在垂直方向上区分民众各部分和各种围合的空间领域，从而造成整体的垂直的等级制度，这种政治高地使力量与控制能够向下流动，而这又强化了水平和垂直的划分，支持了高地的全面建构。另一方面，都市社会在广阔开放的网络场中展开，助长了被分开的民众和空间各部分之间横向的相遇与联系，从而混淆了社会秩序和分级，抹平了整体的垂直的等级制度。国家划分和控制社会，而社会将被划分的各部分重新整合，破坏分级，危及国家的等级制度。保甲制度对土地上的人口进行的分隔，强制的治安管理，武装力量的部署，以及其他种种制度，可以将民众及其潜在的危险置于控制之下。晚上街道强制的宵禁，对剧场、庙会和街道表演的限制，正是两种运作互相对抗的情形，在此国家反复实施着自己凌驾于社会生活与社会空间之上的权力。

但这两者也彼此需要。没有一个广泛（comprehensive）和多层次的社会作为生产与再生产的基础，国家将无法生存。而另一方面，没有国家建立和保卫的安全、稳定与秩序，社会也将无法发挥作用。在这两者的辩证关系中，本研究认为，国家和社会的内在属性，提供了一种自然的和"良好的"格局，使两者互相适合，其中国家在顶端统治，而社会则生存于基层的水平面上。在这个自然的格局中，统治是相对的，有一种在一定限度内的重要的宽容，使社会存在和繁荣。虽然我们可以把整个政治高地描述为"专制的"，但它在行使统治时不可能是绝对的专制。会馆、戏庄、饭店和庙宇的存在被容忍，集市与节日活动溢出于街道，而在某些限定日子里，人们可以在街上一直闲逛到夜晚。[70] 在春节正月前十五天以及其他一些节日里，街道晚上并不实行通常的强制性宵禁。[71]

有一种时间的和空间的延迟（deferment），在国家和社会之间打开了一个松动的余地。在时间维度上，延迟循环发生：相对的自由总是在"另一个"时间周期性得到发放。城门和街道交叉路口每天白天都开放，晚上的宵禁也是同样的每日循环。在月和年更长期的循环中，庙会和节日的时段这些管理规则也都会松动。也有更长期的线性的历史时间中的延迟。19 世纪中晚期所发生的这些延迟，从国家的角度说是不希望发生的。出于很多原因，清末国家的总体权力下降了，允许社会生活和社会空间有更大的自由，见证了戏园生活的普及与京剧的兴起。[72] 在空间的维度上，如果我们把北京视为一个整体，那么也有一种对社会生活领域的外化和远推，也就是空间上的延迟。民众使用的戏园和戏庄被推迟到"另一个"空间，也就是外城，甚至城墙以外更远的地方。大部分会馆也都被推到外城中。庙宇则相当分散，每年举行大规模集市的大型庙宇及庙宇组团，倾向于分布在城郊和乡村空间，许多是在偏僻遥远的山中。

在延迟和推远社会空间领域的过程中，我们发现一个对郊区和乡村空间的重要使用。为了寻求国家和社会之间的松动余地，寻求社会生活可以繁盛而又不正面挑战国家的宽松领域，郊区和乡村空间的使用成为一种补充。都市社会生活空间被延迟并重置于城郊和乡村地区。在这种情形下，国家与社会之间的关系，被城乡关系取代，并通过城乡关系来联络调和。于是北京的外城，就呈现出了独特的地位。作为城郊和半乡村地区，它的作用意义重大。它作为补充和延迟空间，作为"另一个"空间，调节着都市和乡村、国家和社会间的关系，同时也扩展了它们之间的距离。以类似的方式，在距离更远的乡村环境中，庙宇发挥着同样的职能，并且表现了同样的关系。尽管庙宇建造在僻远的乡野有宗教上的原因，但它们在那里也扮演了政治的角色；在此，都市生活落户于也许是最恰当的乡野地带。

　　尽管在国家的这种相对统治中对社会生活有着延迟和宽容，统治仍然是无可置疑的。人们必须承认北京城中存在丰富而有意义的社会空间。但是，在总体格局和更大的地缘政治背景中，在这个帝国的京城，人们不能不意识到国家和皇权的控制和统帅这一基本的、决定性的结构。换句话说，北京首先是一个国家的空间。

注释

1 朱文一,《空间·符号·城市:一种城市设计理论》,北京:中国建筑工业出版社,1993 年,第 119—122 页,第 124—128 页。

2 比尔·西利尔教授已经在他教授的硕士课程中(Advanced Architecture Studies' in 1988-1989, Bartlett School of Architecture, University College London),提出这种看法。也可参见 Hillier and Hanson, *Social Logic of Space*, pp.143-147, 256-261.

3 这张以及后面的关于北京的各种地图、平面图和分析图,由我本人在伦敦大学博士研究期间(1989—1994)制作。关于这些和其他图的绘制步骤和分析及进一步的解释,可参考我的博士论文《空间与权力:作为中央集权空间构造的帝国晚期北京建造形式研究》(Space and power: a study of the built form of late imperial Beijing as a spatial constitution of central authority),未出版的博士论文,伦敦大学,1993-1994,pp.85-134.

4 进一步的解释参见 Hillier and Hanson, *Social Logic of Space*, pp.143-175.

5 同上书,pp.90-97.

6 同上书,pp.108-114.

7 同上书,pp.115-116.

8 John K. Fairbank(费正清),'Introduction: the old order', in John K. Fairbank (ed.) *The Cambridge History of China*, vol.10: Late Ch'ing, 1800-1911, Part 1, Cambridge: Cambridge University Press, 1978, pp.1-34,特别是 20-29,以及 Fairbank 'State and society under the Ming' and 'Traditional China at its height under the Ch'ing', pp.177-210, 211-257.

9 以下叙述基于:Fairbank, 'Introduction: the old order', pp.20-29, 'State and society under the Ming' and 'Traditional China at its height under the Ch'ing', pp.184-188, 222-230;Susan Naquin(韩书瑞)and Evelyn S. Rawski, *Chinese Society in the Eighteenth Century*, New Haver and London: Yale University Press, 1987, pp.3-21; Gilbert Rozman, *Urban Networks in Ch'ing China and Tokugawa Japan*, Princeton: Princeton University Press, 1973, pp.59-68.

10 Rozman, *Urban Networks in Ch'ing China and Tokugawa Japan*, pp.63-67.

11 Naquin and Rawski, *Chinese Society in the Eighteenth Century*, p.8.

12 Rozman, *Urban Networks in Ch'ing China and Tokugawa Japan*, p.65.

13 当时有两座京城:北京和南京,分别为首都和陪都。北京和南京所在的两个省的省会在两座都城以外。因此十八个省会和两座都城构成清代中国最大的二十座行政管理城市。参见 Rozman, *Urban Networks in Ch'ing China and Tokugawa Japan*, p.65.

14 侯仁之编,《北京历史地图集》,第 29、31、39、41 页;Rozman, *Urban Networks in Ch'ing China and Tokugawa Japan*, pp.63-68.

15 G. William Skinner(威廉·施坚雅),'Introduction: urban social structure in Ch'ing China', in G. William Skinner (ed.) *The City in Late Imperial China*, Stanford: Stanford University Press, 1977, pp.521-553.

16 北京大学历史系编写组，《北京史》，北京：北京出版社，1985 年，第 249—252 页。

17 以下关于顺天府结构的叙述基于北京大学历史系编写组，《北京史》，第 249—252 页；侯仁之编，《北京历史地图集》，第 29、31、41 页；吴廷谢编，《北京市志稿·明代政治》，北京：燕山出版社，1989 年，第 1—13、328—329、370—400 页；周家楣等编撰，《光绪顺天府志》。

18 Fairbank, 'Introduction: the old order', p.29, 'State and society under the Ming', p.187; "Traditional China at its height under the Ch'ing", p.230; Naquin and Rawski, *Chinese Society in the Eighteenth Century*, p.16.

19 Foucault, *Discipline and Punish*, pp.195-228.

20 John R. Watt, 'The Yamen and urban administration', in G. W. Skinner (ed.) *The City in Late Imperial China*, Stanford: Stanford University Press, 1977, pp.352-390.

21 Stephan Feuchtwang, 'School-temple and city god', in G. W. Skinner (ed.) *The City in Late Imperial China*, Stanford: Stanford University Press, 1977, pp.581-608.

22 北京大学历史系编写组，《北京史》，第 274—280 页。

23 同上书，第 249—252 页。

24 Fairbank（费正清），'Introduction: the old order', p.29; 'Traditional China at its height under the Ch'ing', p.230; Watt, 'The Yamen and urban administration', p.357, p.361; Naquin and Rawski, *Chinese Society in the Eighteenth Century*, p.19.

25 公所作为这样一种场所是吴廷榭编《北京市志稿》中提到的，第 341—371 页。这个地方在被称为"琉璃厂"的区域中。参见北京市古代建筑研究所编辑，《加摹乾隆京城全图》，北京：燕山出版社，1996 年，第 12 排第 8 部分，第 12 页。

26 吴廷榭编，《北京市志稿》，第 341—343 页；《北京史》，第 249—252 页。

27 吴廷榭编，《北京市志稿》，第 328 页；《北京史》，第 249—252 页；周家楣等编撰，《光绪顺天府志·兵志》，卷一，第八章，第 213 页。

28 周家楣等编撰，《光绪顺天府志·兵志》，卷一，第八章，第 213—278 页；吴廷榭编，《北京市志稿》，第 333—334 页。

29 我主要参考了有关军队部署的两种资料来源：吴廷榭编，《北京市志稿》收集了至乾隆四十六年（1781）的大部分资料，周家楣等编撰，《光绪顺天府志》收集了直至该书出版的光绪十年（1885）的大部分时期的资料。它们合起来涵盖了有关 17 世纪中期和晚期及 18 世纪初的十分可靠，而且本质上相同的军队部署体系。

30 周家楣等编撰，《光绪顺天府志·兵志》，卷一，第八章，第 225—226 页；周家楣等编撰，《北京市志稿》，第 330—331 页。

31 吴廷榭编，《北京市志稿》，第 328—329、331—332 页。.

32 周家楣等编撰，《光绪顺天府志·衙署》，卷一，第七章，第 205—206 页；周家楣等编撰，《北京市志稿》，第 330、340—341 页。

33 周家楣等编撰，《光绪顺天府志·衙署》，卷一，第七章，第 205—206 页。

34 周家楣等编撰，《光绪顺天府志·兵志》，卷一，第八章，第 225—278 页；吴廷榭编，

《北京市志稿》，第 333—336 页；《北京史》，第 249—252 页。

35 周家楣等编撰，《光绪顺天府志·兵志》，卷一，第八章，第 225—278 页。

36 周家楣等编撰，《光绪顺天府志·兵志》，卷一，第八章，第 225—278 页；吴廷燮编，《北京市志稿》，第 334—336 页。

37 周家楣等编撰，《光绪顺天府志·兵志》，卷一，第八章，第 225—278 页；吴廷燮编，《北京市志稿》，第 332、337、340 页；北京大学历史系编写组，《北京史》，第 249—252 页。

38 吴廷燮编，《北京市志稿》，第 339 页。

39 同上书，第 332 页。

40 周家楣等编撰，《光绪顺天府志·兵志》，卷一，第八章，第 226—227 页；吴廷燮编，《北京市志稿》，第 329—331 页。

41 吴廷燮编，《北京市志稿》，第 337 页。

42 吴廷燮编，《北京市志稿》，第 337 页；周家楣等编撰，《光绪顺天府志·衙署》，卷一，第七章，第 205—206 页。

43 John Stewart Burgess, *The Guilds of Peking*（北京的会馆）, Taipei: Ch'eng-Wen Publishing Co., 1966（初版于 New York: Columbia University Press, 1928), pp.12-18.

44 Burgess, *The Guilds of Peking*, p.16.

45 Burgess, *The Guilds of Peking*, pp.16-19.

46 Niida Noboru, 'the industrial and commercial guilds of Peking and religion and fellow-countrymanship as elements of their coherence', *Folklor Studies*, no.9, 1950, pp.179-206, 特别是 197-201.

47 Burgess，*The Guilds of Peking*，p.145，174，190，211； 以 及 Sidney D. Gamble, *Peking: a social survey*, London and Peking: Oxford University Press, 1921, p.199.

48 Burgess, *The Guilds of Peking*, p.17, 108; Rozman, *Urban Networks in Ch'ing China and Tokugawa japan*, p.96, 294.

49 Noboru, 'The industrial and commercial guilds of Peking', pp.187-190.

50 Burgess, *The Guilds of Peking*, pp.108-109, 143-146; Gamble, *Peking*, p.175.

51 Colin P. Makerras, *The Rise of the Peking Opera 1770-1870: social aspects of the theatre in Manchu china*, London: Oxford University Press, 1972, pp.192-193.

52 William Dolby, *A History of Chinese Drama*, London: Paul Elek Books, 1976, pp.164-168; and Mackerras, *The Rise of the Peking Opera*, pp.124-130, 145-153.

53 Dolby, *A History of Chinese Drama*, pp.158-161, 189-196; and Mackerras, *The Rise of the Peking Opera*, pp.197-211.

54 Dolby, *A History of Chinese Drama*, pp.184-189; and Mackerras, *The Rise of the Peking Opera*, pp.194-197.

55 Dolby, *A History of Chinese Drama*, p.189; and Mackerras, *The Rise of the Peking Opera*, p.206.

56　Mackerras, *The Rise of the Peking Opera*, pp.199-200.

57　Mackerras, *The Rise of the Peking Opera*, pp.197-199.

58　Mackerras, *The Rise of the Peking Opera*, pp.200-207.

59　Dolby, *A History of Chinese Drama*, pp.134-141; and Mackerras, *The Rise of the Peking Opera*, pp.211-218.

60　Dolby, *A History of Chinese Drama*, pp.134-141; and Mackerras, *The Rise of the Peking Opera*, pp.211-218.

61　Loyd E. Eastman, *Family, Fields, and Ancestors: constancy and change in China's social and economic History 1550-1949*, New York and Oxford: Oxford University Press, 1988, p.42, pp.41-60.

62　Tun Li-Ch'en, *Annual Customs and Festivals in Peking*, trans. and annotated by Derk Bodde, Peiping: Henri Vetch, 1936 and Hong Kong: Hong Kong University Press, 1965, pp. 18-24 (first published in Chinese, Beijing, 1900). 也可参见 Gamble, *Peking*, p.475.

63　Tun, *Annual Customs*, pp.10-11, 14-16, 28-30, 38-40.

64　Tun, *Annual Customs*, pp.1-24; Naquin and Rawski, *Chinese Society in the Eighteenth Century*, pp.84-85.

65　Tun, *Annual Customs*, pp.60-62.

66　Tun, *Annual Customs*, pp.18-20; L. C. Arlington and William Lewisohn, *In Search of Old Peking*, Hong Kong and Oxford: Oxford University Press, 1991, p.183, 352（初版于北京：Henri Vetch, 1935）.

67　Tun, *Annual Customs*, pp.10-11; Arlington and Lewisohn, *In Search of Old Peking*, pp.190-196; H. Y. Lowe, *The Adventures of Wu: the life cycle of a Peking man*, Princeton: Princeton University Press, 1982, vol.2, pp.187-189（初版于北京：Henri Vetch, 1940）.

68　Tun, *Annual Customs*, p.62; Lowe, *The Adventures of Wu*, vol.1, pp.235-239.

69　关于官方对庙宇娱乐和崇拜活动的参与、支持及控制，参见 Feuchtwang, 'School-temple and city god', pp.581-608. 关于庙宇作为中国社会大众社会文化生活的主要焦点，也可参见 Naquin and Rawski, *Chinese Society in the Eighteenth Century*, p.42, 58, 62; Eastman, *Family, Fields, and Ancestors*, pp.57-59.

70　例如可参见：Tun, *Annual Customs*, pp.1-12, 7-8, 101; Lowe, *The Adventures of Wu*, vol. 2, p.185, 186.

71　这可以从下述论述中推知：Tun, *Annual Customs*, pp.1-12, 7-8, p.101; Lowe, *The Adventures of Wu*, vol.2, p.185, 186；《北京史》，第 274—280 页。

72　Dolby, *A History of Chinese Drama*, p.160.

第一部分结语
城市与大地的建筑

　　1420 年的北京，标志着中国都城发展轨迹上的一个转折点。在很长的一段历史中，中国的都城都在向东，然后是东南移动，而现在这个轨迹却突然转向了以北京为标志的北方。从全球范围来看，这次移动，与向北方与西北派遣远征军队，以及向东南亚、南亚，并且最后到达非洲东海岸的海上探险一起，在亚洲的大部分地区建立起新的地缘政治格局。它重新确立了中国在这一地区的中心地位。在大陆内部，北京以一座巨大的地缘建筑构造成为明帝国的新首都：这一工程包括重新开通大运河，以及对长城的重要扩建。这个设计显现出一种构成图式（composite diagram）：北京是北方长城的弧线与南方延伸到中国东南的运河的曲线之间的关键点。这一构成源于为应对北方与西北方游牧势力的威胁，以及运用东南部丰富的资源而采取的策略。巨大地理版图上的各种关系，而非局部条件（如地方经济、人口增长、可用的水源、都市物质状况等），决定了北京的地点被选作国家首都所在地。中央政府调动起来的社会与自然资源，改变了地方本土的状态，从而建立起符合整体设计思想的新地点。这里有宏大整体布局相对于地方局部条件的优先考虑，以确保对广阔地理空间的策略性控制。这里也有一种人工的和建造主义的态度，以建立一种新的地理面貌和新的物质社会场所。在洪武帝（朱元璋）和永乐帝（朱棣）的雄心壮志的蓝图中，我们也看到了对工程想象和严密施行中的一种超额和过量。遥距的远征、新地貌的形成，以及北京的地理构筑的建设，都清楚地揭示了这种宏大蓝图。

城市本身可以从两个层面来加以研究：形式化的平面，以及真实的空间。第一个层面是帝王意识形态的象征性表现。中国早期的帝王意识形态包括规划理论，以及在汉代和汉代以前发展起来的儒家学说。阴阳宇宙观与儒家的道德说教综合在一起，主张君主作为天人的中介，应位于中心。君主位于中心使得宫殿必须位于城市的中心，而都城必须位于帝国的中心。因此规划理论制定出一种中心和对称的模式。在宋明理学中得到发展的帝王意识形态，提出了更为复杂精致的论点。它说理性和道德本质上是一致的，所有的人和"天"都具有善，所有人都能成为圣人，君主必须成为"圣王"（sage ruler）。理学中的唯理论和道德主义倾向规范了北京的形式化平面，使之具有整体性，具有整体性和整体主义（极权主义）特性，同时又严格并具有高度的仪式性。

理学中的理性主义和道德主义倾向，影响了北京的形式的平面布局，使之完整而一统、严谨规整而高度仪式化。这里有王道的儒家圣王理想化模式的象征空间在城市平面上的自觉投射，同时也不可避免地包含了王道与霸道、圣人统治与强权统治、儒家与法家、象征主义与现实主义的相互综合。

实际上，同时采用彰显的儒家学说与实用的法家学说，一直是帝国朝廷的传统。但是，理学对于伦理、实际条件、权力运用，即"理"、"气"、"势"之间无法避免与无法摆脱的联系，有着更为敏锐的理解和更复杂的观点。更进一步，就像北京所反映出来的，帝国统治的这种双重性与形式平面和实际空间的双重性互相对应。平面形式明显地表现了儒家关于天之下圣人统治的话语，而实际上真实的空间布局却反映了社会政治关系的更复杂的画面。

在北京的这个第二个层面上，我们看到了一个支配性国家的空间构造，但同时也发现了一个生机勃勃的社会。这里最重要的是边界，特别是各种不同种类的墙的大量使用。它们把空间分割成片断，并在社会政治地位方面造成垂直方向和水平方向的差异。高等级的中心区域相对于低等级的外部区域具有持久稳固的支配性。国家通过三套体系（民政管理、公共安全、军事防御）进行控制，其中包括户籍制度和警卫力量在城市空间中的严密部署，以及用各种门槛、栅栏、哨卡对城市空间的隔断和人流的检查控制。另一方面，尽管有这样水平向的片断化，以及垂直向的控制，却仍然有活跃的都市社会生活在城市空间的水平面上展开，把街道、节点和地方城区连接在一起。都市市民生活在三种类型的节点周围与节点之间成长起来，这些节点星罗棋布于整个街道网络，它们是：会馆、戏庄和寺庙。街道中人流交通与商业和宗教生活重叠，在寺庙为核心的地带尤其突出，构成中国城市舞台上令人印象最深刻的一幕幕街道景观。这与欧洲情形相反，在欧洲，支配景观的是物质的场景和高大的立面，特别是在市集和广场的周围。另外，在中国，尽管有活跃的社会生活，支配基层社会的始终是居于顶端的国家。

我们可以用两种图解来描述这两种布局。关于表达了理想化意识形态的形式化平面，我们可以想象一系列同心圆，其中的中心性和对称性界定了君主的位置。关于容纳了社会政治实践的真实空间布局，我们可以用高地或金字塔来描述等级秩序，以及顶端所维护的自上而下的控制。前者显示宏大理论的"外部"形象，而后者则揭示了一个隐藏的结构及其运作的"内部"断面。北京是二者的结合，并且可以从这两个方面来分析理解。

北京既是整体的，也是复杂的。它的复杂性来自两种人为的、结构性的综合。在一个层面上，新地形构成的图式，即长城、京都和大运河组成的图式，在结构上将地理的整体与都市建筑的整体结合在一起；在此，第一种整体性的蓝图暗示了第二种的整体性规划。在另一个层面上，通过宋明理学的话语和实践，另外两种整体，即形式化的平面和实际的空间布局，也结合在一起。天人和谐的思想，以及作为天子的君主的大一统的道德合法性思想，都要求了宇宙论的神圣性在平面上的形式表现，以及社会政治实践在空间中的真实建构。同样，前者的整体性也暗示了、也必然要求了后者的整体性。除了这种人为的结构性的复杂性，还存在着有机的和历史的复杂性。它在国家与社会之间的联系中展开。尽管有国家的整体的一统的等级制度，但仍存在着市民社会生活成长与繁荣的空间，这是在五个多世纪中逐渐发展起来的领域。北京这个如此长期发展起来的极为丰厚的复杂性，不应在国家的重压下被忽略。

关于整体性的形式，我们可以发现其中对于主体定位和布局的一贯的理性。在地理、意识形态平面和政治空间这三个层面上，都有一个一贯的、为获全局成效而强调的对大型整体设计的优先考虑。首先，北京的地理的构造建筑（geo-architectvre），是君王构想的帝国战略格局中的一部分。其次，都城的政治空间的金字塔，服务于君王的统治。另外，都城的意识形态的平面表达，完成天人合一的概念的和象征的整体构图。在所有这些情形中，设计都是谦恭而整体主义的，以求天下或君王的一统。整体设计是政治的、象征性的以及宇宙论的。独立的个人的主体在此消亡，然后在大整体中，也在复合的社会生活关系中，重新浮现。

第二部分

政治的建筑

4

墙的世界

紫禁城宫殿

宫城，或者说紫禁城，是位于北京中心的一座巨大的、水平伸展的建筑群。它呈长方形，有一条南北向轴线，南北长九百六十一米，东西宽七百五十三米，面积约七十二万三千六百平方米。1420 年到1911 年的五个世纪中，明朝的十四位皇帝与清朝的十位皇帝在此生活，并在此中心的深处统治着广大的中华帝国。

从上往下看，它在很多方面引人深思（challenging）。它以超常的尺度感，挑战着我们，提出了作为有组织、有意向的工程构筑的人为设计的最大限度的问题。宫城如此巨大而又组织得如此完善。这是一座建筑？还是一座城市？它挑战了二者之间的常规界限。它是一座具有建筑特点的城市，一个单一而完整的设计。同时，它又是一座具有城市复杂性的建筑，多种职能并存聚集成大规模的群体。另一方面，这座城市建筑的设计又是宏伟而严格的。七点五公里长的南北轴线穿过这个群体，把中间的建筑和庭院组织成对称的格局。这条轴线又延伸出数条次轴线，以控制这个群体的各个部分，限定并架构起数百座对称的庭院及较小的地块。一个屋顶的海洋在我们面前展开：大约一千座建筑在轴线的控制下规则地排列在一起，从空中看，形成令人惊异的景观。[1]

在这片屋顶海洋的底下是一个巨大的、由墙构成的世界。墙不仅包围着从整座城市到最小的房间和小巷的空间，而且在抽象的层面，也切割、内化和深化着空间。宫城中的这一过程得到高强度而系统的推行，达到了一个极限。也造就了 15 世纪初，世界上最深、最片断化的巨型城市建筑。墙体在造成分离的和深度的空间中的使用，确实是这个建筑群中有待于密切观察与分析的一个最重要的特征。

宫城也抗拒着历史的变迁。这座城确实随着时间发生了某些变化。有无数次局部的增建，以及某些部分使用上的变化。尽管如此，整个宫城作为一座构筑物，完整统一地留存下来，如初建一样。与空间的稳定及整体的丰富复杂相比，时间上的变化变得相对渺小。在宫城中，空间容纳了时间：空间将历史压缩至建筑、城市与社会地理之中。北京紫禁城与其说是空间的历史，不如说是历史的空间。

以下的章节将考察这一空间。我们将回顾这座宫城的地图，并考察宫城的空间构造。清初和清中期是我们的重点，主要使用制作于 1750 年至 1856 年间的地图。[2] 在对宫城空间构造的"考古学"描述之后，我们将继续在随后的章节中把紫禁城作为社会和政治的机器来研究。墙体的使用，它们对深度空间的营造，以及它们在政治实践中的介入，都将得到考察。关于尺度及大型战略格局的运用等问题，在随后的研究中将一再出现。

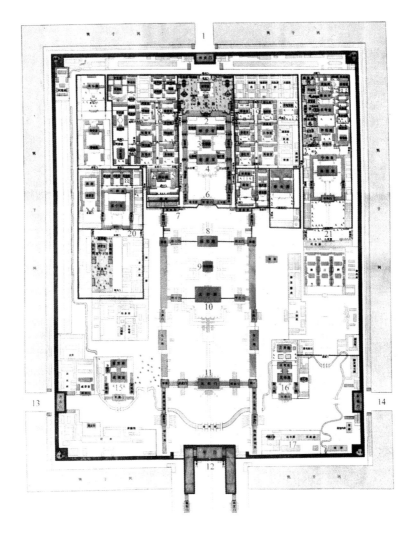

图例

1. 神武门
2. 坤宁殿
3. 交泰殿
4. 乾清宫（皇帝正寝）
5. 养心殿（1720年代以后皇帝的真正寝宫）
6. 乾清门（内廷外朝之间的分隔点）
7. 军机处（从1720年代开始）
8. 保和殿
9. 中和殿
10. 太和殿
11. 太和门

12. 午门
13. 西华门
14. 东华门
15. 武英殿
16. 文华殿
17. 内阁
18. 西六宫
19. 东六宫
20. 西宫
21. 东宫

图 4.1　紫禁城地图（1750—1856）。

来源：修改自侯仁之（主编），《北京历史地图集》，北京出版社，1988 年版，第 46 页

宫城

让我们先来总览一下这个地区的方方面面。长方形宫城的四周被墙和护城河围合（图 4.1）。[3] 四边各有一门。城市沿南北向中轴线形成对称布局，而东西向轴线将城市分为两半：北部和南部，或者说内廷和外朝。前者指内部宫殿，后者指外部听政处。前者是私密性的居住区域，后者是用于正式上朝、大型典礼和某些官僚职能的公共区域。[4]

在南北轴线上，外朝有三座大殿，内廷有三座寝殿。外朝的最后一个庭院也是进入内廷的前门。这是宫城内外世界之间的关键空间，实际上是一个转折的区域。这道门称为乾清门，是宫城中两个世界之间的结构性的或战略上的中转点（strategic joint）。关键性的联络交流发生在这一点和这个区域。"御门听政"是指皇帝在这座门及门前会见大臣及其他高级官员，接受朝拜处理政务的制度。这个定期发生的事件，在皇帝统治政府与整个国家的整体运作中，是内与外、皇帝与官员沟通的中心时刻。

外朝三座大殿从北往南分别是保和殿、中和殿、太和殿。太和殿是宫城中最高大的建筑，面阔 60.01 米，进深 33.33 米，高 35.05 米（包括 8.13 米高的台基）。[5] 太和殿前（即南侧）是宫城中最大的庭院，占地超过三万平方米。[6] 高台上的大殿与其前这一最大的开放空间，构成紫禁城中最神圣和最具象征性及感染力的中心。最复杂和壮观的一些仪式，比如大朝，在此举行。在这些场合，皇帝从北侧到达，坐在大殿中心的宝座上，面向南，注视着平台上和庭院中的表演，接受来自帝国各地的贵族、官员和其他朝拜人员的祝贺。

轴线进一步向南延伸，沿着中央通道是一系列复杂的（elaborate）庭院和门。宫城南部轴线的东西两侧分别是文华殿和武英殿。文华殿中有国家藏书处，武英殿则是刊刻书籍处。[7]宫城外皇城的南部，东为太庙，西为社稷坛。再往南，皇城外都城内，轴线东西两侧为六部及其他政府机构。在这条轴线上，午门标志着宫城的南入口。再往南的天安门和大清门，则标志着前往帝国神圣中心的漫长的北行路线中的两个最南端入口。

回到北部，乾清门的后面是三座寝宫。从南往北是乾清宫、交泰殿和坤宁宫。前者是皇帝的正式居处，后者是皇后的正式居处，而中间的大殿用于储藏皇家印玺。一圈厢房围绕着三座大殿，形成一个私密性庭院。这是内廷的核心，即"大内"。这组建筑物后面是一座园林，北端以宫城最后一座门神武门为界。中心建筑群组东侧的五座门和西侧的五座门，分别通向东六宫和西六宫，它们是皇帝妃嫔居住的两组大型建筑。西六宫南侧，大内西南门外的一组宫殿是养心殿。这是皇帝的第二座寝宫，从雍正开始，成为清朝历代皇帝的真正寝宫。[8]中心建筑群组中的第一座寝宫（乾清宫）就成了接见官员、皇子和贵族的内部的听政殿。在大内西南的这座深宫中，清代皇帝以不同的沟通渠道和决策过程，来强化对政府和国家的直接统治。从这里到内廷门外的过渡转折区域，到外面的廊庑与门，再到宫城内外一些机构之间的空间联系，是皇帝统治的关键的运作路线，我们将在随后的章节对此加以考察。

东六宫南、大内东南门的外面，从东到西有三组建筑：奉先殿、太子宫和皇帝斋宫。东六宫和西六宫之后，东、北、西面是数百座容纳各种皇家日常功能的小院子：小型居住院落，戏楼，花园，庙宇，官署，还有内务府的许多大大小小的仓库。这些宫殿从大内向外，在宫城北部构成一个巨大对称的群体。一道连续的墙将其围合，南、北、东、西各有一座主要的门（分别是乾清门、顺贞门、苍震门和启祥门）。

东北和西北部是供皇太后和先皇妃嫔居住的两组大型建筑群。大多数时候，这些宫殿大部分被用作花园和仓储。周边还散布着一些其他功能的建筑：东南是皇子居住的小型宫殿，西南是内务府办公处，在其他许多地方还散布着内务府的作坊与仓库。

有少数几个重要的政府机构位于紫禁城中。一个是内阁，它的办公处和储藏朝廷奏章的大型档案馆位于东南部，靠着南墙排布，紧邻宫城东门，即东华门。另一个是军机处，位于宫城内廷外朝之间战略过渡区域（乾清门外中转院落）的西北角。[9]

形式化的平面与真实的空间

宫殿的名字象征着宇宙。紫禁城，指的是"紫薇星座，北极星，至高无上的神的住所，紫薇宫……位于天穹的顶端……其他星座忠诚地围绕它旋转"。既然皇帝"是天之子，占据着人世间中心和最高的地位，那么这种类比的意义就是重大和显而易见的"。[10]其他名称更丰富了神话和宇宙论的含义，创造出有关宫城的一个丰富的象征性的世界。[11]它们与汉代的作为帝王意识形态的、阴阳宇宙论与儒家学说的综合体系，有着直接和间接的联系。在新的历史条件下，它们又被纳入视皇帝为天下圣王的理学的论述体系中。

人们能够辨识出语义的象征表达的两种方式。一种是宫殿平面的布局形式。对称、集中、同心关系和两条基本轴线的几何格局，构成布局形式的基本层面。对各场所的命名，以其丰富的语词与语义，如我们在此所见，也在平面布局上增加了表意的另一个层面。第二种表现意识形态的方法，是通过在形式化平面的关键线和点，比如中轴线和宫城中心的院落中展开的仪式与宗教实践。这些精心安排的仪式和祭奉的反复上演，象征了普天之下的圣王的神圣性，表现了帝王统治的意识形态。从上俯瞰，两种方法都以大地表面上的平面的几何形式为基础。更重要的是二者都属于"形式化平面"的象征与表现的秩序。我们已经考察过平面的各个方面，即表现的第一种形式。在本书的后面（第八章），我们将考察宗教实践方面，即表现的第二种形式。在本章及随后的三章中，我们需探究真实的空间及其与作为政治机器的宫廷的实际运作之间的关联。在此，我们首先要继续对宫殿空间构造施行考古学的观察和检验。

墙和空间：深度的空间关系 1

我们可以在宫城的许多层面上打开水平的断面，施以彻底的发掘。可以说，挖掘的层面可以一直推向更深处，揭示出一幅包含所有空间片断和物质结构碎片的更复杂的画面。为了控制发掘工作，我们会选择从一个特定的层面开始，这个层面不能太浅，以致遗漏微小的信息，也不能太深，以致混淆整个基址的整体画面。紫禁城的建造确实运用了所有物质的边界要素：柱子、各种尺寸和规模的隔断与墙体。这些边界，或者说各种"墙"，首先界定了单体建筑，然后是建筑组团、单个院落、院落组团，最后是一座被完全围合的建筑群，也就是宫城。这是一个由围合（enclaves）和院落组成的体系，完全通过各种形式的边界墙来界定。我们首先选择宫城的这一由边界所限定的院落体系作为开始发掘的层面。现在让我们把整座城从这一层切开，剥离上面的覆盖物。然后用两种分析性图表绘制出这个水平断面。首先，让我们描绘出所有包围和界定空地的边界，这些空间是院落空间，不过也有其他的空间碎片。所有的入口，也就是门，也都加以标注。让我们称之为紫禁城的"院落边界图"（图 4.2，4.3）。以此为基础，我们现在把所有的空间单元作为细胞（cells）表示出来，并把两个相邻空间

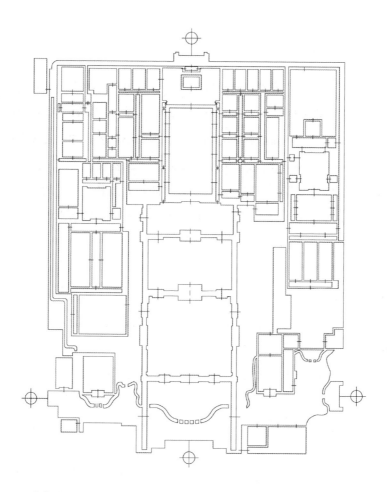

图 4.2　紫禁城"院落边界图"（1750—1865）。

或细胞之间实际已有的穿墙过门的联结，连接起来。于是就产生了一张紫禁城的"细胞图"（图 4.4）。[12]

　　如在两张地图中都绘出的，紫禁城中有 123 个空间或细胞。实际上这两张地图反映了同样的空间现实，尽管第二张图（图 4.4）去掉了尺寸和形状的信息，从而获得空间关系的抽象的、拓扑的结构。它把空间作为细胞（cells），空间关系作为连接（links），表达出一幅更为清晰的画面。第二张图也清楚地表现了完全、仅仅由墙和入口界定

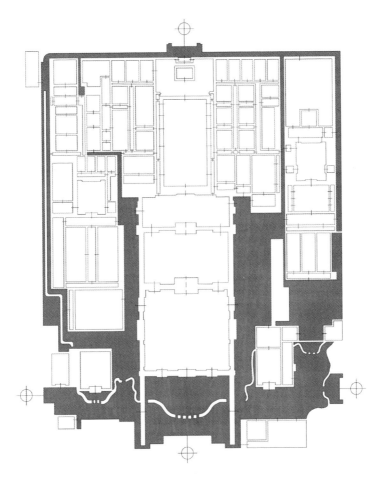

图 4.3　紫禁城"院落边界图"（1750—1865），其中的 U—空间（Urban-Space）用黑色表示。

和表述的空间现实。在把第一张图转换成第二张时，人们可以观察边界墙的动势和影响力。最重要的是，这道带门的边界墙，创造了过门穿墙、从一个空间到另一相邻空间旅程中的一个连接，一个步骤，和一个空间距离的基本单位。这一连接和这一步骤，构成了建设整个空间的深度性和复杂性的一个基本单元。

看着这张细胞图，人们会注意到细胞以组团形式联系在一起，而与外部的联系则较少：它们形成了"岛"（islands）或"城市街区"

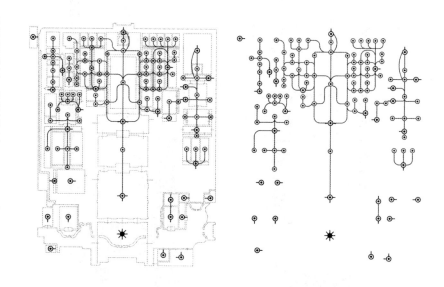

图 4.4　紫禁城"细胞图"（1750—1856），其中的"U—空间"已经标出。

（urban blocks）。另外还有一个细胞，是一个大而无形的空间，围绕着上述的细胞组团。它统领着所有这些细胞组，如大海围绕岛屿，或图底地图中城市的"底"围绕着城市的"图形"那样。实际上，与常规地图相对照，人们会认识到这是唯一一个包含了所有街区组团的宫城的基底空间。与较早时期及明代地图相比较，人们也会发现这个空间是缓慢而逐渐形成的，其过程包含了阻隔墙体的逐步拆除，以及最后在不晚于 1750 年的清代中期该空间对所有组团的全部包围（所形成的状态一直在清代延续，并保持至今）。[13] 由于这个空间的特殊性质，以及在随后研究中的重要性，我们将它命名为"城市—空间"，或者"U—空间"。为了表明它的存在，我们在院落边界图上以黑色空间表示，在细胞图上用一颗星来标示。

　　为了揭示深度的布局关系，让我们仔细深究一下细胞图。我们假

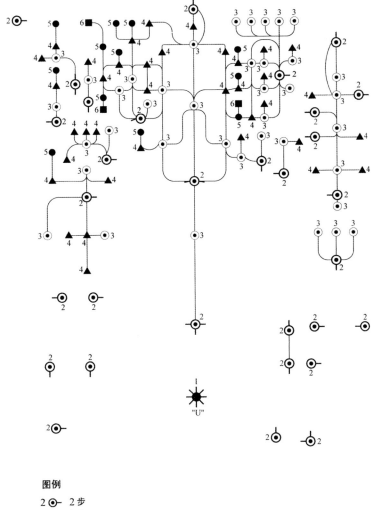

图例

2 ⊙– 2 步
3 ⊙ 3 步
4 ▲ 4 步
5 ● 5 步
6 ■ 6 步

图 4.5　以细胞图为底图标注的从四座门算起的所有空间的深度值。

设宫城的四座门，对内向运动开放，其深度值为 0，然后标出从 0 层开始沿最短路径向上到达并覆盖所有细胞的、向内的深度层级数。结果得到一张从四座门开始的、宫城内的深度分布图（图 4.5）。最深的细胞在第六层，也就是说最深的空间离外部（从四座门算起）有六"步"。仔细探索这个分布图，我们可以发现两种分布图式。

观察 1 总的纵向深度级数无一例外地沿着如下的线性秩序展开：外部（四座城门），U—空间，组团入口内第一个空间，然后是组团内所有内部空间，深度值分别为 0、1、2、3 和 3+。换句话说，U—空间的作用非常关键：它是人们进入宫城后进入任何内部空间之前都必须穿越的过渡空间。

观察 2 沿着中轴线，我们可以把宫城分为东西两部分。类似的，从这条轴线的中间一点〔较高的分支（tree）和较低的轴线之间的点〕，我们也可以把宫城分成南北两部分，分别覆盖了"内廷"和"外朝"。如果比较北部和南部细胞的深度，很明显北半部的平均深度比南部深。这样的分布与宫城"内部"私密和"外部"公共的职能是对应的。比较东西两部分时，差别较微妙但还是可以察觉的。西部比东部有更多较深的细胞（步数四、五和六），而在四、五、六的每一层上，西部的细胞都比东部多（每一层分别是 20 > 15，9 > 3，2 > 1）。换句话说，紫禁城的东部比西部浅而且更容易进入。将这两种图形重叠，宫城最深的区域必定在西北，而最浅的是东南区。于是可以得到一条从东南到西北走向的对角线，显示了宫城的整体深度级数（图 4.6）。它揭示了空间结构的不对称关系，隐藏在表面的对称平面布局下。更重要的是，它符合北京的总体的布局关系，即东部比西部浅、可达性更

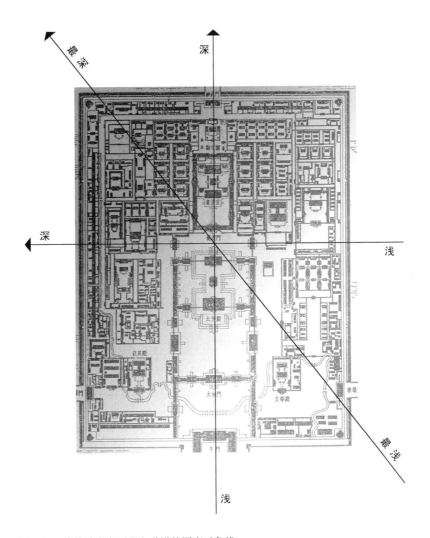

图 4.6 　紫禁城中向西北方递增的深度对角线。

高。它使东部和东南部的门与通道获得优越的地位。它与从东南向西北的一条关键的对角线相对应，沿着这一路线，大臣和官员们在为帝国政府的运作（这一运作过程将在以后研究）而向内的旅程和沟通中，向着顶端皇帝的所在攀升。

　　现在让我们从另一个角度来考察细胞图。在实际的具体情况下，

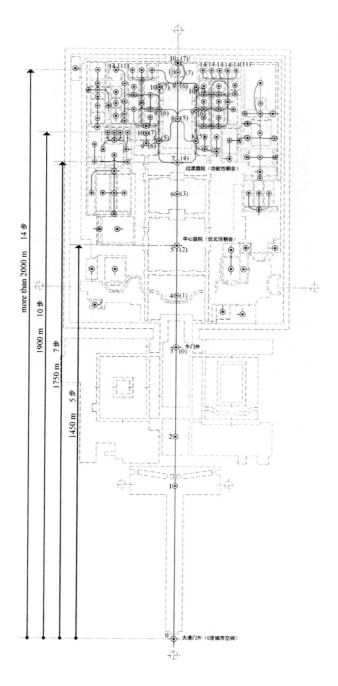

图 4.7　由南向北的路径，以及从南端的门（大清门）算起所有空间的深度值；以紫禁城细胞图为底图。

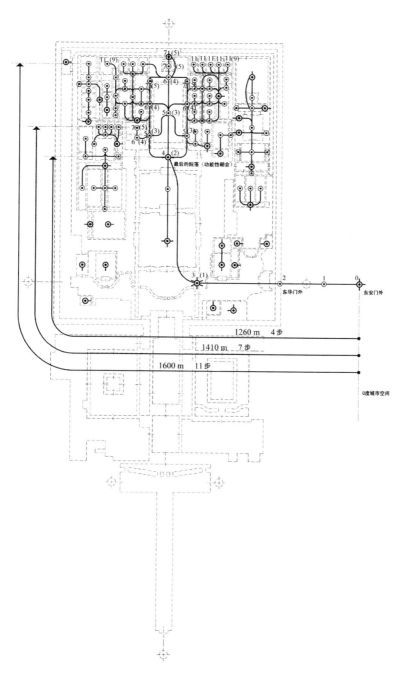

图 4.8　由东南向西北的对角线路径，以及从东南侧的门（东安门）算起所有空间的深度值；以紫禁城细胞图为底图。

四座门中只有一座是开启的。我们可以确认官员常用的两条向内路径上经过紫禁城的两座门：1. 沿中轴线从南往北经过的午门；2. 从东南往西北的对角线方向路线使用的东华门。前者引导官员进入举行"大朝"（以及其他正式典礼）的中心院落，而后者引导他们进入并穿越 U—空间，穿过外朝最后一个院落的东门，到达大内的前门（乾清门）参加议政，即"御门听政"。[14]

在紫禁城外面，第一条路线根据具体情况，或开始于大清门，或左边的长安左门，或右边的长安右门。[15] 然后人们在到达午门之前还必须先经过另两座门。在第二条路线，人们不得不从皇城的东安门开始，穿过三座门，才能到达紫禁城的东华门。

这是清代上朝所使用的两条截然不同的标准路线。由于这种差异，前者可称为"仪式"（ceremonial）路线，后者可称为"功能"（functional）路线（清初康熙时期，也要求官员到中央的南北向路线上最后的院落参加实际的朝会，为到达最后的院落，要穿过中左门和后左门两座门。[16] 康熙朝以后不再有这种上朝的记载）。

让我们来看一下，从这两条路线上的门算起的宫殿的深度。在第一张图（图 4.7）里，深度值从午门和大清门开始算。第二张图（图 4.8）中，深度值从东华门和东安门开始算。

观察 3 尽管在早先的计算中宫城深六步（所有的门都开放时），现在在仪式路线上从午门算起它有十一步深，或者在功能路线上从东华门算起有九步深。从更外部看，从都城 0 值都市空间的大清门（第一种路线）或东安门（第二种路线）算起，宫殿的深度值分别是十四步和十一步。在第一种路线中，为了到达外朝中央院落、外朝最后院落、内廷皇帝的真实寝宫，以及宫城最深的庭院，人们必须分别跋涉 1450、1750、1900 和 2000 米，穿过五、七、十和十四道入口。在第二种路线中，为了到达外朝最后院落、内廷皇帝的真实寝宫，以及宫城最深的庭院，人们必须跋涉的距离和穿越的门洞分别是 1260/4、1410/7 和 1600/11。这些值指出了两种格局。一方面，紫禁城在空间上确实是"禁地"。它极度深奥而遥远，要求人们付出极大的努力和自制力，才能企及和征服。另一方面，一个系统的区别是，东侧的对角路线相对来说比中轴路线更轻便易达。仪式路线犹如朝拜的路径，必须遥远而曲折，从而激发人的谦卑、恭敬和崇拜心理；而功能路线，在频繁的使用中，必须是有效的、支持或服务性的，以利实际事务的高效运行。

深度的空间关系 2：内部的、相对的深度与浅度

北京都市各体系中每条线到达所有其他线的整合度的测量，也可以在此使用。这里，所测的值是系统内部某一细胞单元到其他所有细胞单元的深度（而不涉及作为绝对零度的外部，所以是"内部的"、"相对的"）。相对的深度或浅度也可以看作相对的隔离度或整合度。值越低，细胞单元在整个体系中就越整合。每一个细胞单元都有自己的整合度。我们可以根据整合度分布把所有的细胞单元排列起来，例如，从最低到最高，也就是说从最整合的到最疏离的，从而揭示出空间体系的差异结构。[17]

将此方法应用于故宫细胞图上，就可以得到这样一个整体图像：123 个细胞有 72 个值（有些细胞具有同样的值，因为它们相对别的细胞的位置相同）。值的范围在最低 0.29823 到最高的 1.27998 之间，平均为 0.741。将它们与细胞图、边界图与常规地图联系起来，就可以揭示出深度的空间分布的一系列重要特性。

　　观察 4　如果把所有的细胞按照从最整合的到最疏离的顺序排列，就会发现疏离度或深度的级数明显按此顺序增长：U—空间、内部入口细胞，以及组团内部的细胞。换句话说，U—空间最整合、最浅。此顺序中随后的细胞，其值从第二位排到第十六位，是连接 U—空间和组团内部细胞的三十一个入口细胞。然后是第三段，是值位从第十七到第七十二的九十一个组团内部的细胞。这实际上与观察 1 描述的单纯的深度垂直增长是一致的，并且也与进入内部细胞的内向旅程的真实体验相吻合。换句话说，深度的内部的、相对的空间排布，与深度的外部和绝对的分布，紧密对应。最重要的是，这确认了 U—空间作为宫城所有细胞中具有最高整合能力的关键"都市"空间的绝对重要性。U—空间是结构性的中央，尽管它是一个没有正规形态设计的"后院"。

　　观察 5　在 123 个细胞从整合到疏离的所有七十二个值的范围里，可以划分出十个区段，并把第一个区段提出来做更仔细的观察。在最整合一端的第一个区段有七个细胞覆盖了七个值。最有趣的细胞是第一、二、三、四和六，它们分别是：U—空间；中央组团的东侧入口细胞（穿过苍震门）；中央组团的西侧入口细胞（经过启祥门）；内廷外朝之间的过渡院落；中央组团的北侧入口细胞（经过顺贞门，图 4.9）。[18]

　　这表明在这一内在的结构性分布中，U—空间之后的关键整合细胞是这几个入口空间节点，位于以"大内"为核心的内廷中央组团的四边。这尤其反映出这些门的重要性，这些门实际上由经过挑选的护卫部队守卫，特别用来控制这些关键点的人流移动。它也证明了内廷前部的、外朝最后一个院落的重要性，这是宫廷政治生活中内外世界的转换点。

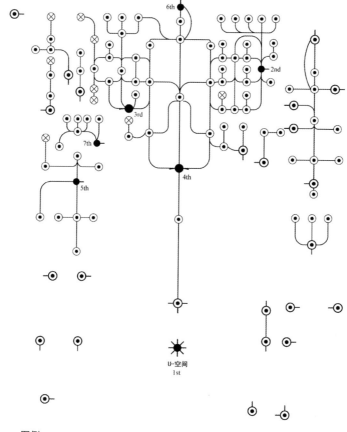

图例

⊗ 前 10% 最疏离的单元

● 前 10% 最整合的单元

图 4.9　紫禁城中 10% 最整合及 10% 最疏离的空间。

观察 6　如果把最后一个区段拿出来，即 10% 最疏离的细胞，可以看出东西部之间相对深度的布局，证明了早先的观察 2。只是简单地将这个区段的九个细胞绘制到地图上，就能看出西边比东边多（图 4.9）。事实上，如果继续从最疏离的一端开始的第二、三、四区段做这样的试验，会看到这一布局的延续。[19] 换句话说，西部比东部更深或更疏离。如果比较南北两部分，北部比南部深的情况，会更加清楚地表现出来。

深度的空间关系 3：四组对照

现在让我们集中关注几个重要细胞。故宫里有四对细胞，在空间位置和政治职能上表现出重要的特性。我们首先对它们进行空间方面的比较。这里的描写，采用基于图形的外部的深度和基于整合度的内部结构的深度。

观察 7 "仪式"中心与"功能"中心（太和殿前中心庭院与 U—空间）。众所周知，紫禁城最大的院落在中心的太和殿前，是朝廷举行某些最神圣仪式的场所。与此形成有趣对照的是，在本研究中浮现出一个新的中心：U—空间。在空间关系方面，它在整个体系中具有最高的整合能力（在从整合到疏离的序列中，U—空间位于第一，中心庭院位于第十四）。二者以相反的方式维护自己的中心性：院落因其可见的、正式的和建筑的性质而具有中心性；U—空间则由于其非正式性，以及几乎隐形的延伸，进入并包围所有的区块（block）或内部细胞组团，而具有中心性。前者在一些最神圣和最仪式化的场合中使用，而后者用于日常生活和真正的宫廷政治事务。后者至今为止依然不为常规的紫禁城研究者所知，尤其需要引起注意。

观察 8 "仪式的"朝会与"功能的"朝会（常朝与御门听政）。"仪式的"和"功能的"朝会分别在中心院落和外朝的最后一进院落（过渡区）举行（图 4.10，4.11）。在从整合到疏离的序列中，前者位于第十四，后者位于第四。换句话说，在内部空间关系方面，最后的院落实际上比中心院落更整合。这给予最后的院落超出前面中心院落的空间特权。在实际距离和结构性距离（步）方面，最后的院落更靠近内廷。对于从外入宫觐见的官员来说，无论是实际距离，还是结构性距离（参见观察3），使用东南至西北的对角线路径到达这个地点，比使用中轴线路径到中心院落，更近且更容易。它实际上是轴线上内廷外朝之间唯一的过渡空间。这是皇帝（来自内部区域）和官员（来自外部）之间议政，即功能性的御门听政最常使用的空间。尽管在平面上看意义不是很重大，但在真实空间内展开的实际事务运行中，它却是处于一个更好而便利的位置上。

观察9 "形式的"居所与"实际的"居所（乾清宫与养心殿），前者（乾清宫）位于大内之中，后者（养心殿）位于大内西南（图4.10，4.11）。我们知道雍正移居后者以之为永久住所，其后约二百年中清代其余皇帝都延续了这一做法。雍正是清皇室中最严厉的统治者之一，他的作为构成了清朝政治制度演化中一些最关键的转折点，我们以后会谈到这个问题。现在让我们先看看这一空间的移位。在通常的地图中可以看到养心殿位于中心建筑群组的边上，因此某种程度上更深也更不可见。在细胞图上，从外部（包括所有三种定义的"外部"：四座门一起，或只有南门，或只有东南门）算起，养心殿比乾清宫深二步。在内部结构性深度的分布中，即在从整合到疏离的序列中（从一到七十二），乾清宫位于第十七（0.58164），养心殿位于第六十七（1.05955）。[20] 在整个范围内的十个区段中，乾清宫位于第三，而养心殿在最后：退寝的居所比正式的居所深得多。根据这样的计算，雍正退到了一个更深和更隔离的地点，而从另一方面看，它离中心的正式寝宫乾清宫，和外面用于"御门听政"的过渡院落都不太远。这

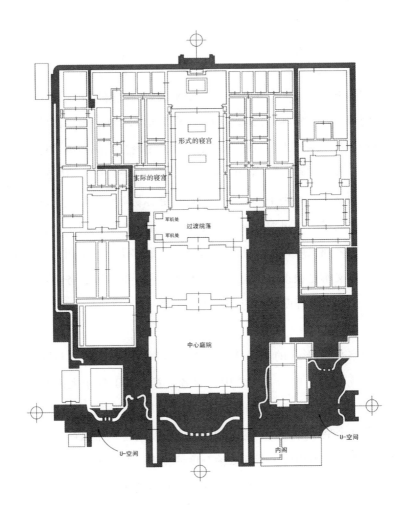

图 4.10　在院落边界图上标注出的关键空间：中心庭院，U—空间，过渡院落，形式的居所乾清宫，实际的居所养心殿，内阁，军机处。

样的安排，一方面大大提升养心殿的深度和秘密性，另一方面又维持了它与外部的直接联系。后面的研究将表明，这是雍正提升凌驾于政府与国家之上的君权的一部分；其中包括空间深度的拓展和政治高度的提升，以及对外部世界直接而有效控制的维持。

观察 10　内阁（Grand Secretariat）与军机处（Grand Council）。

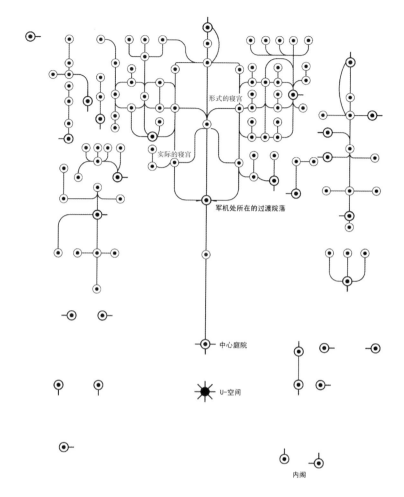

形式的寝宫

实际的寝宫

军机处所在的过渡院落

中心庭院

U—空间

内阁

图 4.11 在细胞图上标注出的关键空间：中心庭院，U—空间，过渡院落，形式的寝宫乾清宫，实际的寝宫养心殿，内阁，军机处。

宫城内部有两个重要的政府机构（图 4.10，4.11）。后者有时候英文也译为"Inner Grand Secretariat"，是由前者扩充而来，虽然变得比前者级别更高。雍正建立起这一规模更小、层级更高，并且与他自己关系更密切的机构，以便于他越过内阁及其官僚程序，与遍及全国的较低级别的机构进行专门的、高效的联络和管控。后者相对于前者在与皇帝的邻近关系上的优越性，是通过空间来构造的。在从整合到疏离的序列中，前者位于第十六，而后者位于第四：后者的内在整合度更高。通常的测绘地图显示出更有趣的对比和有意思的格局（图4.10，4.11）。前者被安排在都城东南角靠近门（东华门）的地方，而后者被安排在外朝最后一进院落的西北角，这进院落也就是"御门听政"的地方。后者的地点与雍正居住的养心殿之间，无论是真实距离还是结构距离都近得多。与养心殿的联系，前者要经过四道门，有640米远，而后者经过三道门，只有90米远。这种空间上的邻近有助于形成制度和政治上的接近。如后面章节中将要证明的，它支持了雍正从内部居处到外部各行省和边疆地区特定官员秘密而高效的直接联络；这一过程通过军机处而越过正式的沟通渠道，从而大大加强了皇帝的统治。

这些关键的地点，也就是宫城的东南门、内阁、军机处，以及内廷中皇帝的养心殿，形成一条线，与官员进宫觐见和参加常规上朝的对角路线重合。它也与整个紫禁城深度级数递增的对角线分布一致。与形式化平面上由象征性内容组成的中轴线相对照，这一不对称的轴线，在隐秘的真实空间中，组织起一个能够有效处理事务的实用世界。

以上所描述的所有空间特性无论哪种都是空间深度的特性。概而言之，有三种相关的深度：简单的物理距离的深度度量；由边界或边界上的开口所产生的相对的结构性的深度；以一个空间到其他所有空间的整合度和疏离度为依据的整体的统计学意义上的深度。因此，比如说，皇帝实际居住的养心殿，从大清门算起，深1900米，同时深十"步"（也可以从东安门算起，距离1410米，深七"步"），但它也是闭合的宫城中最深或最疏离的空间之一（在最疏离的空间中排第六，在0.29823到1.27998的范围中，其整合度为1.05955）。疏离度的统计值来源于相对的结构的深度，而此深度又以边界的层层叠加为基础。最后，深度的所有测法和方面，都来自墙的使用和纯物理的长度或尺度。在紫禁城中，宏大规模所决定的进入内部空间所需的漫长的旅程，以及为切割和内化空间而对墙体高强度的密集使用，造就了一个世界上最深远的城市建筑体系。

注释

1　参见 Yu Zhuoyun（于倬云），*Palaces of the Forbidden City*（《紫禁城的宫殿》），trans. Ng Mau-Sang, Chan Sinwai, Puwen Lee, ed. Graham Hutt, New Youk: The Viking Press and London: Allen Lane & Penguin Books, 1982, pp.20-21.

2　这些地图来自制作于 1750 年的北京首张测绘图（比例 1∶650，尺寸 13.03×14.01 米）：《乾隆京城全图》。关于最近的复制品，参见侯仁之主编《北京历史地图集》，第 41—46 页。

3　细节描写参见 Yu, *Palaces of the Forbidden City*, pp.32-33.

4　除了特别标注之外，以下叙述都基于 Yu, *Palaces of the Forbidden City*, pp. 30-119；侯仁之，《北京历史地图集》，第 41—46 页；编写组编，《中国建筑史》，第 58—66 页；刘敦桢，《中国古代建筑史》，第 286—294 页。

5　参见 Yu, *Palaces of the Forbidden City*, pp.48-49；编写组编，《中国建筑史》，第 62 页。

6　Yu, *Palaces of the Frobidden City*, p.61.

7　Yu, *Palaces of the Forbidden City*, p.49.

8　Yu, *Palaces of the Forbidden City*, pp.72-73; 侯仁之，《北京历史地图集》，第 45 页；Wan Yi, Wang Shuqing and Lu Yanzheng (comp.), *Daily Life in the Forbidden City*, trans. Rosemary Scott, Eric Shipley, Harmondsworth: Penguin Books, 1988, p.124.

9　Wan, Wang and Lu, *Daily Life in the Forbidden City*, p.50.

10　Yu, *Palaces of the Forbidden City*, p.18.

11　Jiang, 'Wuxing, sixiang, sanyuan, liangji: Zijincheng', pp.251-260.

12　Hillier and Hanson, *The Social Logic of Space*, pp.59-61, pp.108, 147, 209, 219; 以及 Hillier, *Space is the Machine: a configurational theory of architecture*, Cambridge: Cambridge University Press, 1996, pp.29-35.

13　明晚期（1627）的一张紫禁城地图清楚地说明了这一点。参见侯仁之，《北京历史地图集》，第 31—36、45—46 页。

14　第一种礼仪路线的使用，参见 Yu, *Palaces of the Forbidden City*, p.49; Wan, Wang and Lu, *Daily Life in the Forbidden City*, pp. 14-15；赵尔巽，《清史稿》，第 2616—2617、2621—2624、2649—2650。关于第二条经过东南门的功能路线，参见 Yu, *Palaces of the Forbidden City*, p.33; Wan, Wang and Lu, *Daily Life in the Forbidden City*, p.50; 赵尔巽，《清史稿》，第 2624—2625、2689—2697 页；郑连章，《紫禁城城池》，北京：紫禁城出版社，1986 年，第 33—34 页。

15　看来这三个入口都可供皇族或官员出入，除了大清门的当中一个门道（大清门有三个门道），只有皇帝和皇后可以从这个门道出入。但皇帝也可以从西长安门出去。参见赵尔巽，《清史稿》，第 2616—2617、2648—2649、2660—2662 页。

16　参见徐艺圃，《试论康熙御门听政》，见《故宫博物院院刊》，1983 年第 1 期，第 3—19 页；Silas H. L. Wu, *Communication and Imperial Control in China: evolution of the palace memorial system 1693-1735*, Cambridge, Mass.: Harvard University Press, 1970, p.21.

17 参见 Hillier and Hanson, *The Social Logic of Space*, pp.108-114.

18 另外两个单元，第 5 和第 7，是进入西部建筑群的入口节点。

19 与此有关的更详细的文献，可参考我的 'Space and Power', pp.204-206, 237-241.

20 参考我的 'Space and Power', pp.204-205.

5

宫廷

政治景观的框定

现在让我们来观察一下北京朝廷的政治生活景象。我们集中在清初和清中期，但也会提到明和清末。我们将关注作为政治力量活动在北京中央朝廷内外的各重要社会人群和组织的所在地点和活动轨迹。我们将追寻这些力量的空间格局、这些空间格局 之间的关系、蕴含在这些关系中的结构图式，以及紫禁城建筑和周边地区的城市结构（fabric）、维持这些力量及其关系的方式和途径。在本章中，我们将观察宫廷的静态"构成"：包括内廷、外朝，以及宫廷各种力量的总体组合。在下一章，我们将处理宫廷的动态"运作"：包括情报控制的机制、防御力量的配置，以及导致危机与历史性衰退的条件。

内廷——身体空间

谁居住在紫禁城中？谁经常造访这个地方？他们如何与皇帝交

往？皇室家族成员，如皇帝的后代或是皇帝后代的亲属，居住在紫禁城外，在都城以及较远行省的大型府邸中。[1] 较亲密的成员，比如皇子和公主，住在皇城内。年轻的皇子，当然还有将成为太子的长子，住在紫禁城内。其他皇子以后移住到外面，而太子留在紫禁城中，并在册立后搬入皇帝的建筑群组中。但是亲近的家庭成员，特别是皇子（或皇叔），仍不断造访宫廷，并且不时影响着各种各样的宫廷事务。由于与皇帝有较亲的血缘关系，他们从身体上说处于宫廷之外，但却与君主保持着亲密的联系，偶尔也会卷入宫廷政治生活之中。

后妃和宫女居住在宫城或者说紫禁城中。她们形成一个不同的团体：她们或者处于皇室家族的门槛上，或者已经是皇室家族的一员。通过性关系和婚礼，宫女成为皇帝的妃嫔，进入皇室家族，并且与君主结成新的关系。所有宫女都选自宫外，其中大部分有意选自社会地位较低的家庭。[2] 她们十三岁时进入宫中，为后妃和皇后皇太后服务。她们中的许多人没机会引起皇帝的注意，可以在二十五岁时离开宫中。那些引起了皇帝的注意，并且与之有了性关系的，经过复杂的婚礼仪式成为他的妃嫔。然后她们根据等级得到一个称号。共有八种称号，包含八个等级，等级越高人数越少：一位皇后，一位皇贵妃，两位贵妃，三到四名妃，五到六名嫔，接下来的三种等级：贵人、常在和答应，作为次要的妾，没有人数的限制。[3] 这一等级制得到精心的维护，但事实上妃嫔的实际数量往往比规定的多得多。皇后地位最高，掌管妃嫔与宫女组成的"后面宫殿"——紫禁城的后宫（harem）。与此相应的是，她的正式居所位于中央的建筑群即大内中，在皇帝的正式居所之后，而其他妃嫔居住在东六宫和西六宫，分别在中央建筑群的东侧和西侧。清朝的皇后也常常住在这十二宫里。[4] 级别较低的贵人等居住在此十二宫或其他宫殿的厢房中。

宫中还有先帝的年老的妃嫔：现任皇帝的母亲被加封为皇太后，祖母加封为太皇太后。有时候前代皇帝的某几个皇贵妃和贵妃也会被加封这些称号。她们常常住在紫禁城内西面的宫殿群中。与后宫相关的还有其他出于各种原因而雇佣的女性，如乳母、艺人和尼姑，她们常常分散住在边上的房屋里。

宫城中另一个与皇帝关系亲密的集团是宦官。去势的年轻男子被召入宫中，他们来自邻近省份社会地位最低的家庭。清初紫禁城和北京附近的离宫中有超过 2000 名宦官，[5] 明代数量更多。[6] 宦官执行与宫廷日常生活有关的实际任务。他们负责照看和清洁宫廷，递送朝廷奏章、辅助上朝、值班、开闭宫门、守卫宫门和其他建筑，照看印玺、衣物和仪式用的道具。其中一些有更专门的任务，包括负责准备晚餐和宴会，在宫廷剧场表演，作为僧侣住在宫殿庙宇中。其中许多人在具体的建筑群组中直接为皇帝、皇子、妃嫔、皇后或皇太后服务。

宦官也有等级。年轻的太监跟着年长的主管或主人（master）做学徒，后者又直接由政府官员监管。官员和高级宦官组成的敬事房位于东六宫后，负责管理、分配、奖赏和惩罚太监们，[7] 这一机构又受内务府管理。[8] 位于宫城西南，以及宫城和皇城中各分支机构和作坊的内务府，负责管理整个宫廷的内部事务，通过敬事房领导着作为主要劳动力的庞大的宦官团体。[9]

紫禁城中也有政府官员。除了内务府敬事房的官员，宫城中还有军机处和内阁的高级官员，他们在宫城中工作。军机处人数较少，位置离内廷近得多。不过还有另一个集团：为数不多的翰林院学士，他们大多数时候待在内廷的中央建筑群南侧的书房中（西边是南书房，东边是上书房）。[10]

宫城中当然还布置了大量防卫人员。大规模的精锐部队驻扎在宫城内外。还有一组侍卫，高级军官和将军在两座寝宫紧密守护着皇帝，并跟随他出外巡行。[11]

这些驻留在宫城中，从某种程度来说很接近皇帝的团体，作为整体卷入了宫廷的政治生活。但是它们的职能分属不同类别，为宫廷提供不同的空间政治维度。防卫力量和官员属于宫廷外政府机构更大空间部署的一部分。而宦官、妃嫔和皇亲皇子，专属于宫廷的内部世界。宦官和妃嫔，以其充斥宫中的庞大数量，对围绕着皇帝的宫廷私密生活的组成起了重要作用。

后宫

到 1722 年康熙六十九岁去世时，他册封过二十五位皇后、妃和二十九位嫔。乾隆在 1799 年八十九岁过世时，有二十四名妃和十六名嫔。这两位皇帝的后宫规模属于清代最庞大的（不过不能与明代皇帝相比）。这些妃嫔的居所继承自明代，在整个清朝相对稳定：即东西六宫的主要宫殿及厢房。从雍正开始，在皇帝居住的养心殿也有供妃子居住的偏房。当她们伴随皇帝居住在北京以外的离宫时，离宫的内殿中也有供她们休息的地方。宫城内的这些场所在院落边界图和细胞图中都做了标记（图 5.1，5.2）。它们离皇帝两座寝宫的步数，也在细胞图中做了标注。从中可以确定这样一些特征：

1 后妃的位置离皇帝的所在非常近，它在内廷的内部。布局井然，占据了一大片空间，并且有意识地与皇帝的两座寝宫毗邻或接近。

2 但是，距离将她们与皇帝分开。他们之间的路径上，既有物理的、可度量的，也有结构的、拓扑的距离。把皇帝和妃嫔联系

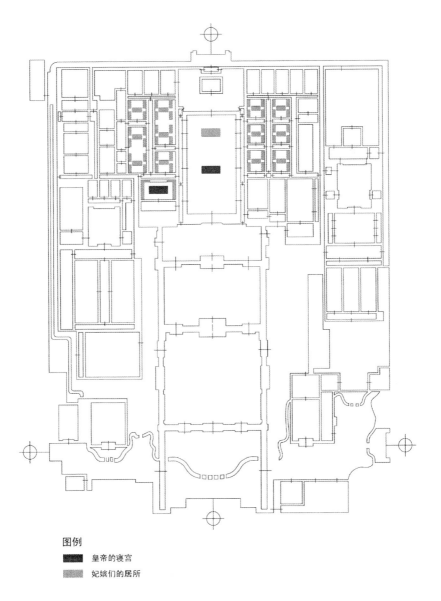

图例

■■■ 皇帝的寝宫

▨▨▨ 妃嫔们的居所

图 5.1　妃嫔居所与皇帝居所的联系：以院落边界图为底图。

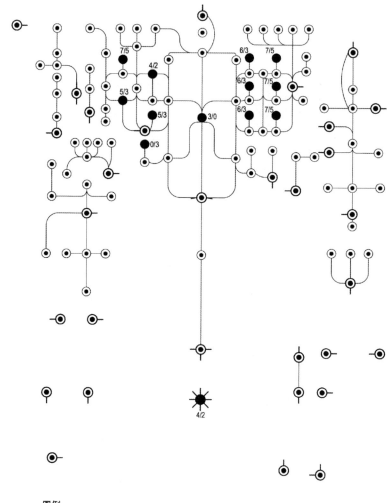

图 5.2　妃嫔居所与皇帝居所的联系：以细胞图为底图。

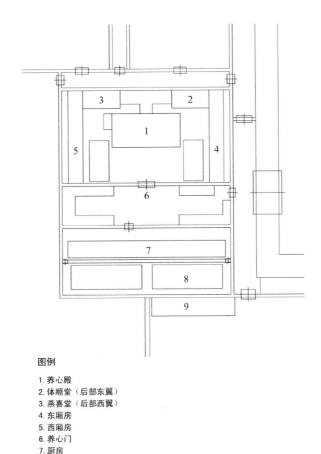

图例

1. 养心殿
2. 体顺堂（后部东翼）
3. 燕喜堂（后部西翼）
4. 东厢房
5. 西厢房
6. 养心门
7. 厨房
8. 储藏
9. 军机处

图 5.3　养心殿平面示意图：皇帝"真正的"居所。

起来的巷道有量化的长度、方向的改变，以及墙与门构成的重重边界。它们造成不同类别的空间距离，从而产生总体上的隔离的效果。它们在男主人和女性群体之间策划了一种精致的"间隔"。它们令空间联系既亲密又疏远，这虽然自相矛盾，但却很有效。

3　在这种空间毗邻的距离中，不同等级的妃嫔之间也有差异。皇后的正式居所在中心。与其他所有妃嫔的居所相比，它规模更大，与皇帝两处居所的距离比其他任何妃嫔都更近。一些记载显示，清代皇后通常并不住在正式的寝殿中，而是住在西六宫西南的长春宫，这属于离皇帝实际寝殿最近的地方。[12]

4 晚间的相遇在某种程度上暂停了这种等级差异，皇帝与他喜欢的妃嫔或宫女在一起。他们仅仅在这一刻，在社会和空间方面"平等"而且相交。这种相遇可以发生在许多地点，尽管中心是皇帝寝宫（图 5.3，5.4）。在养心殿有皇后和妃嫔的休息室：后院东翼供皇后使用，而后院西翼与东西两侧的房间供妃嫔使用。[13]这样方便了皇帝的个人生活，并且界定了皇帝与妃嫔之间亲密相处的空间焦点。然而这也受到谨慎、密切的观察。某一妃子的到达与离开被仔细地记在宫廷的《起居注》中（为了以后确认她可能怀的孩子）。[14]一种照看皇帝个人生活的制度被仔细地围绕这组建筑构造出来。

5 这种便于皇帝和妃嫔之间亲密相处的空间安排，实际上在晚清被用于一种新的关系。它被用于小皇帝和他的母亲或皇太后之间的另一种相遇（encounter），因为前者处于后者的照看或监督之下。众所周知，晚清慈禧太后发动了一场宫廷政变，并制定了一个特殊的议政制度，即"垂帘听政"。这使她可以待在帘幕后，在小皇帝同治的身后，与小皇帝前的官员和大臣讨论国家事务，并给出建议。[15]"垂帘听政"在养心殿东侧的房屋举行（图 5.5）。慈禧也居住在养心殿后院西翼（而另一个皇太后慈安居住在东翼）。同治皇帝成年后，慈禧移居养心殿外的长春宫，但就紧靠在养心殿之后，很容易到达皇帝所在处。

图 5.4　从养心殿前门向内看。

图 5.5　养心殿东边房间，1861 年后是皇太后垂帘听政处。

后宫的职能自然以性关系为中心，或以之为基础。后妃与皇帝之间潜在或真实的性关系界定了一个中心点，它促使她们较早入宫服务，又开启她们步入皇室家族等级制度的道路。皇室家族自然需要她们来延续血脉。感官服务、孕育孩子、母亲对婴孩的照料，必然是妃嫔的重要工作。从皇帝的观点来看，最有力的诱惑来自年轻宫女或妃嫔感官上的吸引力，而这在广阔政治视野中成为他生活中的一个问题。从宫女或妃嫔的观点看，她们最大的特权是与皇帝之间"空间和身体的接近"，这就有可能出于政治目的而被利用。在各时期，通过各种途径，这一特权早晚被该集团的较长者或更有能力者如贵妃和皇后利用。最终，它又被最长者或最有势力者，往往就是皇太后利用。在其他力量的结合下，在不同的历史条件里，她们常常发展成为对君主和国家官僚制度正常运行的严重挑战。

宦官

根据截至 1806 年的宫廷记录，清宫廷中大约有二千二百名宦官，其中大约一千三百名在宫城中。[16] 难以获得更精确的数字，因为这一记录没有详细说明宦官分布的确切位置，他们实际所在的地方也并不完全分得很清楚。一些宦官被同时安排到几个地方，其他地点在现在可以得到的地图中无法确指。尽管如此，我们可以确定所有在宫城中的宦官中，有大约七百六十名在内廷的中央建筑群中工作。我们也可以在院落边界图中标出他们中的大多数（尽管不是全部）所处的地点（图 5.6）。他们在皇帝两座寝宫大院内的更具体的布局也可以标示出来（图 5.7）。这些地点与皇帝两座寝宫的步数距离，也可以标出。这些信息也可以转换到细胞图上（图 5.8）。由此，我们可以得到这样一些结论：

1 宦官"无处不在"。一千三百名宦官被分配在一百二十三个空间中，每个空间平均约有十名宦官（1300/123）。如果去掉走廊和未限定空间这样的交通空间，这些地方通常不安排宦官，有宦官的地方就是八十个终点空间或院落。平均每个这样的院落有十六名宦官（1300/80）。

2 内廷的密度较高。在内廷的中心建筑群内，七百六十名太监照看着五十八个空间和三十二个院落。换句话说，每个空间平均有十三名宦官（760/58），或每个院落二十三名宦官（760/32）。无论按哪种估算方式，内廷的中心建筑群宦官密度都要高于整个宫城的平均值（13 > 10，23 > 16）。

3 宦官人数最多的院落是皇帝的两座寝宫大院，"大内"和养心殿（分别有太监一百七十四和一百零四名）。观察他们在两座建筑群中的位置，并与历史记载核对，我们认识到在整个紫禁城里的单体建筑中，养心殿的中央寝殿太监人数最多（五十六名）。实际上，在1806年，这个地方作为皇帝居所已经有大约八十年了，并将继续作为清宫廷的真正中心一百年。

4 在宦官的空间配置方面，我们看到他们朝向内部中心的贴近和密度的升高。由此形成了"合围"的效果。当服务于中心皇帝的宦官以一定的数量和密度"环绕"（around）和"靠近"（about）时，他们就"围合"并倾向于"封锁"中心的两座寝宫，使之与外部世界脱离。

5 所有的门都由邻近建筑的太监照看。不过有些门由特别安排的太监把守。如果在中心建筑群中将他们标出来，就能显示出这些门紧紧围绕着两座最重要的建筑物（图5.6，5.7）。这些太监在这些点上的任务是"启闭关防"，"稽查大小臣工出入"。[17]

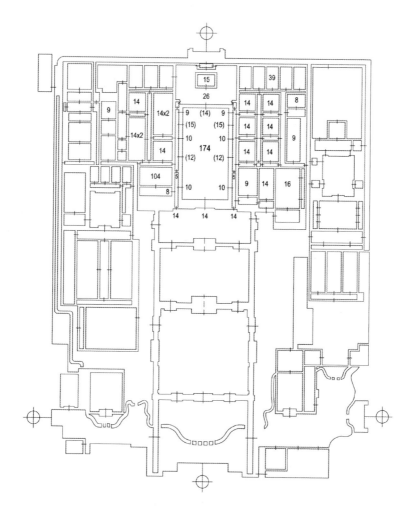

图 5.6　　内廷中心区域的宦官配置：以院落边界图为底图（数字是安排在此地点的宦官人数）。

他们标示着对于内部中心空间服务和保护的一个层面，强化了整个（宦官空间）配置的普遍的围合作用。

6　有些宦官有更专门的任务。在中心建筑群的前门即乾清门，安排有十四名太监"专司御门听政宝座、黼扆，晨昏启闭，稽查大小臣工出入，登记上书房翰林入值，侍卫值宿名单及洒扫、

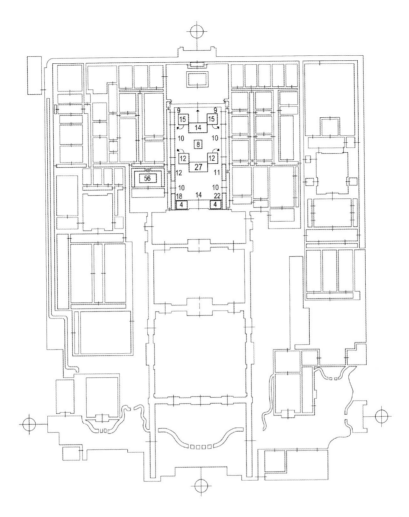

图 5.7 　两座皇帝寝宫中的宦官配置：以院落边界图为底图（数字是安排在此地点的宦官人数）。

坐更等事"。[18] 在这座作为内廷外朝间的中心联系、作为御门听政的中心舞台的门，为朝会和君主的安全，这些宦官是在履行重大的职责。这使他们更接近皇帝与官僚的政治生活。

7　另一个宦官团体也同样接近宫廷政治实践。在中心建筑群内的西南角，是有十八名太监的"内奏事处"（又称"奏事房"）。

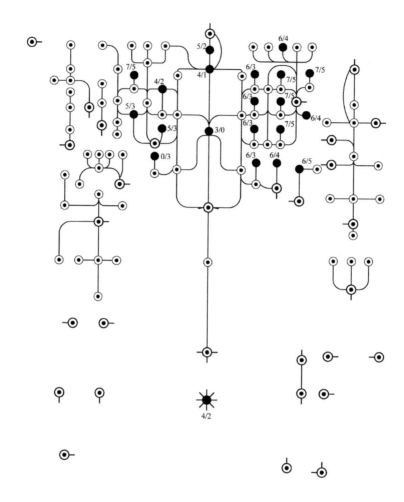

图例

X_1/ X_2

X_1 = 从皇帝真正寝宫算起的距离

X_2 = 从皇帝正式寝宫算起的距离

图 5.8　内廷中心区域的宦官配置：以细胞图为底图。

他们与由官员组成的乾清门外东侧的"外奏事处"（又称"奏事所"）一起，负责在皇帝和内阁大臣及政府部门之间传递文书或"奏折"。在乾清门，奏事所的官员将文件交给这些宦官，然后由他们把文书交给皇帝。他们也负责在门前向官员宣读皇帝的圣旨（假如皇帝在各种可能的沟通方式中选择了这种的话），以及引导官员觐见皇帝（如果是安排好的）。因此记录里说他们的职能是"专司传宣谕旨，引带召对人员，承接题奏事件、随侍及御前坐更等事"[19]。

这些是在平常日子执行的标准规则。宦官尽管在宫廷中接近政治事务领域，但被严厉禁止进入这一领域和干预皇帝与政府的政治事务。他们被禁止离开宫城去会见交结官员，禁止操纵政府事务。在极端的情况下（比如明初），许多太监始终是文盲。[20]一般来说，分配给他们的空间范围和职责是受到严格约束的。尽管如此，在明代的大多数时候及晚清，这一规则被忽视而正规的实践退化。从明代的1420年代和1430年代起，一些宦官被委任起草诏书，这导致宦官权力的增加。同样的景象在晚清再次出现（尽管较慢而且宦官的权力也较弱）。通过种种方式，宦官最终都进入了政治领域，执行了敏感的任务，勾结了宫内的其他集团和宫廷外政府官员的某些派系，与国家官僚机构对抗，最终促进了宫廷和统治机器整体的腐化衰败。

本研究指出宦官与皇帝的空间和身体的邻近，以及将内部中心空间围合封锁，使之与外部隔离，便于宦官们接近并干涉君主和国家的政治事务。特别是宦官承担的内部（皇帝）与外部（官员）之间的空间中介角色，为他们提供了理所当然的特权。总的来说，空间和身体的邻近也导致主人和仆人之间个人的接近，也就是说，亲近和信任。

这些空间的、身体的、个人的邻近，作为政治资源，为干涉正规的政治提供了条件。

身体的空间

实际上，内廷中所有这三个集团：宦官、妃嫔和皇亲，以不同的方式并且相互关联地分享着这些空间的、身体的、个人的邻近。他们共同促进了皇帝身体世界的建设，以及具有身体特性的内部空间及相关政治问题的形成。

1 宦官和妃嫔要放在一起看。对于宫廷内的皇帝而言，宦官的男性性征被阉割，而妃嫔的女性吸引力和服务却增加了。他们共同为皇帝的男性生活提供了巨大的空间。他们共同培养了皇帝的巨大的阴茎的身体。

2 对于亲近的皇族家庭成员，尤其是亲王，与宫殿和君主的接近以血缘关系为基础。一方面，他们与皇帝的身体有生理学上的联系：他们是君主身体的一部分。另一方面，这种基于血缘的接近使得亲王与皇帝之间，空间的和个人的接近成为正当与必须，这为他们进入正式的政治领域提供了途径。

所有这三个集团也许都可以看作是为中心皇帝服务的"身体的"力量（agents），创造出皇帝的综合的身体世界，同时，当条件允许时，他们也为了自己的政治目的利用这种接近。在逻辑的和结构的层面，他们帮助构架了作为身体和内在空间世界的内廷，在这个世界里，身体的性质（性关系，个人的亲密关系，信任，非理性行为，血缘关系）和空间内在化的特征（邻近，围合，深度）密切关联。进一步的，这些独特的状况削弱了皇帝对他们的进犯的抵制，并且加强了他们进入君主政治领域的可能性。在历史的层面看，当这个问题被抑制的时候是"好的"时期，而当它浮出水面的时候就是"坏的"时期。尽管人为的努力一直在维持着良好和正常的状态，异常的、衰败的状况却仍然经常出现。如果仔细地观察，我们会发现，所有这些不正常情形的形成都与这三种身体力量的行为有关。在这些时候，他们以许多不同的方式结合在一起，对君主和外朝官僚机构的正常职能构成了严重威胁。

明王朝尤其受到宦官的困扰。而宦官却是用妃嫔来引诱皇帝的，正德皇帝的堕落就是个恰当的例子。从孩提时代起，他就和宦官生活在一起，而且对他们有个人的依恋。[21] 他十五岁登上皇位，继续与宦官一起过着无拘束的生活，以他所偏好的异常的方式沉溺于宫女和妃嫔，而忽视阅读奏章以及上朝与官员商议国家事务。以刘瑾为首的八个宦官组成的集团利用这一情势，为皇帝提供年轻女性和宫内较远的地方（也就是离外面很深的空间）供他享乐。[22] 他们逐渐攫取了皇帝的权力，最终分裂并压制了国家官僚机构的力量。这就是声名狼藉的明朝"八党"，他们的行为标志着宦官兴起和国家官僚体制衰落的转折点。

清代宫廷更多的受到皇太后和皇室家族的困扰。清末咸丰皇帝是一个"柔弱"和"性格内向的"人，他对兄弟、叔叔和宦官的信任远过于对不熟悉的而头脑敏锐（sharp-minded）的官员的信任。[23] 他死时，他的贵妃慈禧和皇后慈安都成了新的小皇帝同治的皇太后，她们在宦官和咸丰的兄弟（她们的小叔子）的帮助下，于1861年发动了一场宫廷政变，然后建立起臭名昭著的垂帘听政制度。[24] 在随后的四十年中，慈禧太后又从与她有血缘关系的皇室家族成员中选立过另外两个小皇帝（光绪和宣统），这使她可以继续"垂帘听政"，并能以多种方式控制小皇帝。皇太后、皇叔，以及其他皇亲和宦官在这一"血缘"政治中合作。他们拥挤在内部的中央空间，使之窒息，并在清代中国的最后几十年中侵蚀了皇帝统治的心脏。

外朝——制度空间

外朝和外廷在英文中都可以翻译成"Outer court"。外朝，意思是"用于外部听政的场所"，特指用于朝廷公共性和礼仪性职能的宫城南部。由此语义推理，它也可以包括宫城以外的一些地方，尽管这里语义的涵盖是含糊的。外廷，意思是"外面的宫殿"或"宫殿外面的地方"，是一个更通用的词，指位于宫殿外面的整个官僚机构的空间和制度，在皇城和都城南面和东南区域。尽管这个词并没有明确标示任何划分私密和公共范域的精准的、物理的分界线，但它还是提出了两个领域间一种社会的、制度的划分，以及"内""外"间的一般意义的空间差异。我们可以用通用的词来涵盖特定的词，并提出外廷开始于宫城的南部，然后进一步延伸至包括皇城和都城南部和东南部的整个地区。但是我们在这里试图集中讨论的问题并非一条划分两个领域的静态的线的位置，而是外朝与内廷各自的制度运作，及各自的地方场所和运行轨迹。实际上，以这种社会的和制度的方法来看待这个问题，在本章最后我们应该能够清楚的揭示出内廷外朝之间的划分。

自秦汉以来，中华帝国政府就由三个独立的部分组成：民政管理（包括六部）、军事层级体系和监察体系。每一个部分由一个官员领导，他们是宰相、太尉和御史大夫。[25] 三者之中宰相是中心人物，协调帝国政府的大多数职能。他们以"三公"著称，在皇帝之下构成政府的最高等级，也是君主统治政府和国家的中介点。

在这个政府结构中，宰相成了君主绝对统治者地位的主要威胁，在历史上这一情形导致许多后果致命的篡夺和宫廷政变。[26]纵观帝国历史，中国的朝廷始终受到皇帝和宰相之间冲突的困扰。对于许多王朝历史学家和现代的学者来说，这种君臣冲突是宫廷中的中心冲突。对于更具分析性的学者来说，这一冲突来自皇帝统治国家的两种关键需求之间的本质上的矛盾：把权力委托给宰相的需求和同时必须限制他们权力的需求。[27]以这样的洞察，我们可以沿着这一冲突与内在矛盾的线索，追寻帝国政府演化的轨迹。

早在汉代，就发展出以低级官员充任的中朝在宫内直接辅助皇帝，它独立于三位宰相领导的外朝。中朝，尽管在名义上不是正式的制度，实际上却高于外朝，这是皇帝用来限制宰相权力的安排。后来（魏晋时期）对皇帝来说中朝（尚书或尚书台）本身变得权力太大，于是就被制度化，并转变成外朝的政府机构。之后，在中廷或内廷又建立起新的组织（中书），它后来（南北朝）再次转变为外朝，成为正式制度的一部分。这一过程在以后的朝代中持续着。我们可以看到两个重要的发展：1. 一个从内廷中强大而非正式的组织变成外朝中正式而弱小的组织的持续不断的转化；2. 宰相和大臣被移得离中心更远，同时他们的权力受到进一步的限制。一方面，有一个持续的努力，永恒地调和着（君臣之间）委托和控制的矛盾和紧张；另一方面，作为结果，有一个连续的历史趋向：即宰相和大臣地位权力的衰退，以及更为专制的君主的兴起。

在明初中华帝国的复兴中，这一历史趋向在 1380 年有了结局。由于皇帝朱元璋和他的宰相、大臣之间紧张状态的加剧，皇帝在这一年罢免并处决了宰相胡惟庸及其秘密党羽（他们都涉嫌篡夺皇位），并宣布废除宰相和三公制度，永远不得恢复。[28]朱元璋有效地整个去除了政府的最高梯级，由此恢复了对政府三大部门即民政、军事和监察的直接统治。通过权力的高度集中，朱元璋成为中国历史上最专制的皇帝。[29] 在他的统治下，自 1380 年开始，中国历史上最中央集权的政府产生了，并在明清两代延续了五个世纪。从大历史观来看，明和清代表了君主权力上升曲线中最高的高地。

宰相制废除之后的最严重问题，是皇帝每天不得不亲自处理大量的工作。1380 年以后朱元璋平均每天不得不阅读二百份奏章，处理四百件政府事务。[30] 尽管朱元璋非常勤勉和敏捷，他也不可能亲自处理这么多的事情。翰林院的低级学士被任用于内廷，作为"大学士"帮助他阅读文牍。朱棣统治期间，更多这样的大学士被召集来处理文书，许多人被要求"参与机务"。[31] 他们成了宫中的常规团体，被作为一个机构组织起来，称为内阁，并定期在皇帝和政府之间的奏章传递中起着中介作用。1425—1435 年间，连续两位皇帝与三位大学士（著名的"三杨"）之间的建设性的密切合作，使内阁成为强大和高效的联络（communication）中心。这样，一个为文书交流起草的体制就建立了起来：奏章从政府官员上奏给皇帝时，首先由大学士阅读，并草拟回复和批示，经过皇帝亲自书写的认可或是否决，发还给外朝的官员。在随后的一百年中（1436—1521 年），内阁完全建立起来，内阁首辅地位高于外朝的大臣。[32] 内廷中的其他力量确实不时地向它挑战。这些力量主要是宦官，他们利用某些皇帝的软弱或年幼，干涉有时甚至控制内阁。晚明一些皇帝的不负责任，是造成这一机构失灵、内外交流全面削弱的另一个原因。

一般说来，在这个新的制度格局中，明朝皇帝通过这个作为情报传递和控制的中介点的内阁，来统治整个政府。但是内阁不等于新的宰相。内阁与原先的机构不同，它既没有法定的权威，其规模和人员组成也没有任何清晰的规定。[33] 它要承担旧机构中的秘书工作，却没有旧机构那样的权威。在君臣关系方面，这意味着前者地位的进一步加强和后者地位的进一步削弱。

清代从明代继承了同样的制度格局，而且实行起来往往很规范（with good discipline）。但是变化一直在继续。雍正皇帝统治的1729—1732年间，出现了一个新的机构：军机处。[34] 它的字面意思是"处理军事事务的机构"，但却被翻译成"inner grand secretariat"（内部的内阁）或"Grand Council"（大议会）。雍正当时是为了确保北京内廷与中亚地区西北前线的军队之间情报和批示能秘密且有效的传递，而建立起这个小型机构的。这些情报和批示越过内阁及相关的正式、冗长的渠道进行直接传递。后来，雍正用这个"内部的内阁"既处理军事也处理民政事务，实际上所有被认为是重要的、必须高效与机密处理的事务都通过这一机构进行。自此以后，沟通机制和相应的草诏与决策过程就出现了一个双层体系：分别通过军机处和内阁这两个机构在两个层面上运作。前者处理更重要和更实质性的问题，而后者处理例行公事。结果，军机大臣的地位就高出了内阁大臣（而后者的地位又高于外朝的政府各部的大臣）。

雍正被看作清王室中非常严厉和强势的统治者之一。他统治下这一机构的出现，标志着中华帝国晚期制度格局演变的一个关键点。在此我们看到旧现象在新条件下的重现：到1700年，内阁已成为一个太正式、开放并且"远"离皇帝的机构，具备成为内廷不易控制的另一个强力机构的潜在趋势。这样，皇帝需要限制它的潜力并将自己的信任托付给一个新的更接近他的机构，这个机构相对来说更内部并且更有权力。在这个时刻，军机处在一个比内阁更内部的地点建立起来，得到皇帝的信任，获得了接触机密和重要材料以及相关决策过程的特权。这一变化限制了内阁的权力，并相对地外化了它在制度与空间上的地位（尽管并没有移动这个机构的实际物理位置）。这一安排进一步强化了自 1380 年发展起来的皇帝的专制统治，在此后的清代延续了二百年。

这些机构的空间布局是有趣的，需要仔细的观察。在 1750 年地图的基础上，我们能够辨认出 18 世纪中期，雍正之后乾隆皇帝统治时期（1736—1795 年）这些机构的位置。这是清朝的盛期，是中华帝国能力、活力和荣耀的最后顶点。这也是帝国晚期所有制度变化轨迹的一个会聚点。

清代的主要机构都在这张覆盖北京中心大部分地区的地图中做了标示（图 5.9）。由内向外，我们可以发现一系列统治机构在不同层面的各个所在地点。

1 皇帝位于两个地点，即中心"形式的"宫殿和西部"实际的"宫殿（自雍正开始），都在宫城内的北部。

2 军机处，自 1720 年代后期在雍正统治时成形开始，就紧靠在这个内部围合体的外面，位于宫城内廷外朝之间院落的西北角。

3 内阁位于更外的地方：在宫城内的东南角，靠东门（即东华门）内沿南墙而建。它自明初 1420 年代和 1430 年代出现开始就在这个位置，尽管相对军机处它的制度和空间的地位发生了转换。

4 政府机构，主要是六部，但也包括军事部门和监察机构（以及所有相关的和另外的机构），明初聚集于都城南部中轴线附近，在清中期则逐步偏移到东南位置。结果，总体上就出现了不对称的布局。

图例

1. 礼部
2. 吏部
3. 户部
4. 兵部
5. 刑部
6. 工部
7. 理藩院
8. 监察院
9. 六科给事中
10. 大理寺
11. 宗人府
12. 太常寺
13. 鸿胪寺
14. 大医院
15. 光禄寺
16. 翰林院
17. 钦天监
18. 内阁（总部）
19. 内阁（大库）
20. 内阁（办公）
21. 内阁（办公）
22. 军机处
23. 皇帝正式的寝宫
24. 皇帝真正的寝宫
X 八旗都统衙门（分布于八大旗区中）
    注：此图中未显示

X1 銮仪卫

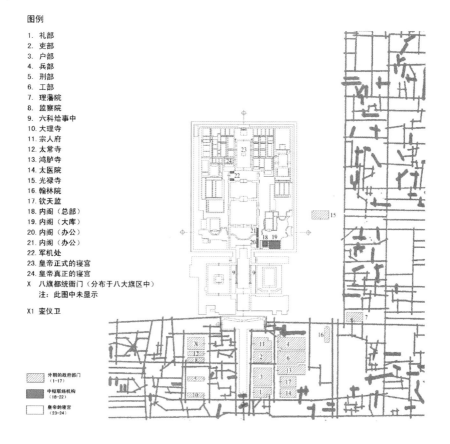

外朝的政府部门
（1—17）

中枢联络机构
（18—22）

皇帝的寝宫
（23—24）

图5.9　　清代国家机关在北京中心区的分布：皇帝（24，23），军机处（22），内阁（21—18），主要政府部门（六部，监察院，军事部门和其他机构）（17—1）。

　　把这些机构放在一起，就可以看出总体上有一条从西北向东南，从宫城内部指向都城城市区域的对角线。尽管肯定像明初所设计的那样，控制建筑空间布局的是南北向中轴线，但是到清中期，官署的真正布局已经非常偏向东侧。这与早先的观察一致：也就是城市东部（包括都城、皇城和宫城）比西部更整合也更易到达。皇城墙的独特形状也使东部的路线更便于官署与宫廷之间的联系。空间肌理的整合与城墙的形状都使东部地区和东部的路线具有了显著的优越性。不过，更有趣的是这些机构在制度、政治和空间上的位置。

1 **空间与制度的对应** 我们可以辨认出制度等级和空间等级之间的对应。皇帝、军机处、内阁和政府各部，沿着从宫殿中心延伸到城市东南角的对角线，分别位于从内向外"递降"的各个位置上。也就是说，从中心开始，沿着这条线逐渐下降，越是外围的点，其制度的地位等级就越低。实际上，"位置"（position）这个概念本身就涵盖了空间的差异和制度的差异。

2 **距离的开拓** 在这个总体的对应中，制度的距离以空间的距离为媒介。从明初到清中叶，出现了两个层面的机构，军机处和内阁。它们位于皇帝和政府之间，这在空间与制度两方面拉开了皇帝与政府间的联络关系。随着距离的拓展，两者间的空白逐渐扩大。到了清中期，这一距离已相当明显，引人注目。在都市地理的层面，整个皇城中没有任何重要的政府机构。皇城的作用就像是宫城中央的皇帝与皇城墙外政府大臣之间的一个宽阔的缓冲区，一个绝缘的空白。都市地理的空白维持并扩展了这种（制度和空间的）距离。从更长的历史时段来看，人们注意到政府机构实际上是逐渐地从皇城中被推出去的，并被重新部署到城市地区（urban quarters），形成明清时期最终确定和巩固下来的布局格式。[35] 在君臣的平衡和冲突关系朝着有利于君主方向发展的过程中，这种外部化的过程当然是协助了宰相和大臣地位的整体的、历史的衰退。

3 **相对的距离开拓** 但是，距离的开拓是谨慎的：它不是无止境开放的距离的延展，而是空间地点的微妙恰当的标注。在清代中期，政府各部门的位置实际上与皇帝的距离既"远离"又"邻近"。它们在皇城的外面，但是又紧靠着皇城。内阁的位置更近一些，但仍远离皇帝；军机处离皇帝更近，却仍在皇帝内寝的外面。这些空间地点仔细而相对的排布，反映了上述的分层的等级结构。在这机关层级的空间化构造中，存在三种空间政治现象：

1 空间中的相对定位缓解了不同机构之间，主要是皇帝和政府间的紧张关系。相对的定位物化在都市地理和建筑的空间中，由此自然化了也巩固了垂直的等级差异。

2 这一相对定位也为皇帝缓和了矛盾，缓和了他必须将权力托付给官员同时又要限制他们的权力的两难局面。它在空间和物质上调解组织官署之间的相对地位，使它们或是被托付权力，或是在历史某个特定时期受到限制和排斥，如军机处和内阁那样。

3 在君臣之间典型的紧张关系和逻辑矛盾的调和中，空间距离和物质边界提供了制度距离的开拓的两种基本手段。真正使这些官署分开的是长长的路途和层层的城墙。它们是打开相对距离的物质手段，它们调和的不仅是权力关系，也是这些关系的两难处境。

4 向内的迁移 让我们更近的观察一下内阁与军机处的历史发展，看一看相对定位 如何在空间中调节（mediate）和自然化（naturalize）垂直向的权力关系。就像上文所勾勒的，在 1380 年皇帝采用最专制的权力凌驾于政府部门以后，需要填补皇帝和政府之间的巨大空隙；新设的机构，不是要像宰相那样有领导作用，而是为了奏章、指示及其频繁的往来，起到秘书和相互传达的作用。内阁于是产生于 1420 年代和 1430 年代，并且一直位于宫城的东南角。由于位于内部并且更靠近皇帝，它的地位高于位于外部的政府部门和各部。随着时间流逝，这个机构本身变得太正式、太制度化和"开放"。尽管在物理上它仍在原来的地点，从制度上讲，它渐渐地离开了内部的皇帝，成为外部的政府。到 1720 年代，皇帝有必要建立一个新的机构——"内部的内阁"，即军机处，并将其安排在空间上和物理上都更接近皇帝的位置。这个机构的"大学士"经过仔细挑选，每天都与皇帝会面，有时一天数次。[36] 他们阅读重要的本章，起草皇帝的指示，就重大问题与皇帝讨论，并负责绕过内阁，秘密高效地传递重要文件。就空间的相对关系和制度与政治的位置而言，这一新机构"推出"并"外化"了内阁（而内阁已经开始游离、出走），并使之在地位上低于新设的机构。

这里存在着双向的移动。一方面是政府各机构从中心的逐渐远离；另一方面是某些小型但重要的机构逐渐向内移动至内部的宫殿。前者总的是为了进一步限制政府部门和官员，以及外面的官僚机构，而后者是为了加强皇帝的权力。它们都达到了强化君主权力的效果，并使典型的君臣冲突的天平历史性地倒向皇帝一边。

对于内廷之中的皇帝，也有一个双向的移动。一方面，某个更小、更近、更有权力，但始终在皇帝控制之下的机构的这种向内迁移，强化了皇帝对外部官僚机构的控制，以及他与外部官僚机构之间的联系；另一方面，这一移动也要求皇帝的生活更理性、更规范，因此，它对以"身体"享乐和安逸为特征的内廷世界提出了挑战。

5 内向运动的轨迹 除了这一重要机构逐渐的、历史性的移入宫殿从而强化了君臣联系，也存在着频繁的、日常的、官员从不同层级的机构和地点进入宫殿的流动。对于进入宫殿的向内流动，有两条主要路线，如早先曾经讨论和比较过的：一条是中轴线上南北向的路线，

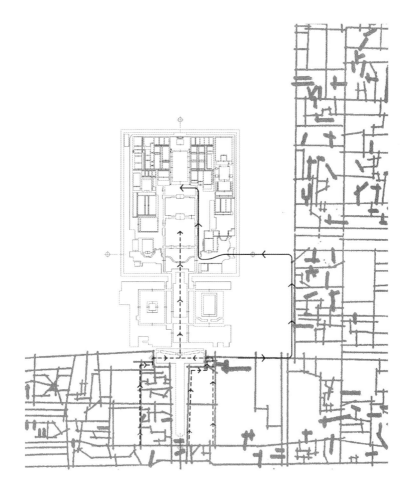

图 5.10 进入紫禁城的两条主要路线：为了仪式的中轴线路线（虚线），用于上朝及其他实际交流的东南对角线路线（实线）。第二条路线构成皇帝与大臣之间的重要联系。

穿过皇城和宫城中间的门；另一条是从东南向西北的对角线路线，穿过皇城和宫城的东门。[37] 在包括大朝在内的主要仪式中，官员、贵族和皇室成员使用第一条路线，按照严格规定的队列聚集于大殿前一个大庭院中，向皇帝颂贺词。在实际的朝会以及其他日常官僚职能中，则使用对角线的路径（图 5.10）。

在这条对角线的路径上，来自北京和全国各地的奏章和官员

"流"入宫城深处。奏章通过内阁或军机处递送到内部的宫殿，或在非常情况下由特别的信使或是官员自己直接把奏章送进去（我们会在下一章谈到这个问题）。官员"流"与文件的传送相互重叠，它们起始于不同地点的不同机构，向内移动去觐见皇帝。会见有几种不同的形式：

1　有实际目的的上朝，皇帝和官员之间相互交流，前者给与后者建议。这一"御门听政"在内廷前门，即宫城北侧内部与南侧外部之间的过渡点，定期举行。所有级别的众多官员，从北京的各部到来自府县衙门的地方官员，参加或被传唤来参加上朝。他们亲自递上本章，并汇报地方的情形，或者陈述他们几天前呈递的本章中的主要问题。皇帝或者在上朝过程中给予建议或指示，或者稍迟在经过仔细考虑和商量之后，发布命令或政令。

2　在同一院落附近的大殿中也举行会审，出席者为来自朝中和政府的高级官员。讨论是为了对上朝时或是特定政府机构无法立刻解决的问题，进行更广泛的磋商。

3　来自宫城南边内阁的大学士，为了以批复或正式命令的形式记录皇帝的决定，出席所有这些上朝和讨论，这些决定稍后会得到确认，颁布并存档。

4　来自这个院落西北角军机处的大学士，出席大多数上朝和讨论。但是，他们每天与皇帝在皇帝自己的私人起居处单独会面。他们向内、向北，进入深宫参见皇帝，讨论机密的奏章，并起草皇帝的指示，指示会直接传递给帝国任何地方的相关官员。

5　**抵抗距离的自律和体力**　总而言之，在被仔细分开的层级上，有许多参见皇帝的官员的向内运动，这些运动促进并巩固了君臣、皇帝与各级官员的联系，而这又强化了君主凌驾于政府和帝国的统治。这些运动共用并会聚于同一条线上：即对角的、东南到西北的路线，穿过皇城和宫城的东门。在这条路线上，官员们重复地努力着；他们用严格的自制力，征服距离和边界，去觐见皇帝，以维持并复制皇帝和官僚机构之间至关重要的联系。在这一通过官员反复的向内和"向上"的旅程而对君臣联系的持续复制中，人为的理性和体力被用来征服距离和边界，以对抗和降服远离的挑战。君臣联系的维持与复制，如早先指出的，有两种效果：它既强化了皇帝的统治，同时也要求内廷中皇帝的生活方式更加规范而理性。

制度的空间

总而言之，我们可以把这整个空间，从皇帝的所在到军机处、内阁、政府部门，以及北京其他官署所在的地方，称为"外朝"，即明清统治机构的领域。它是一个制度的空间，这不仅因为它包括政府的组织机构，而且因为它包含下列本质上理性的和制度化的特性。它是巨大的（包括不同层级的各个位置和历史的远离过程）、开放的（允许关键机构历史性地向内迁移和官员日常的向内旅行）、不连续的（不同层级的机构之间存在着距离）、有计划的（在它的层级结构和历史实践中），以及规训或自律的（在君臣关系的日常复制中，无论对于皇帝还是官员都是）。在庞大而结构化的空间里的统治机器的运行中，大学士、大臣和高级官员是制度的力量（institutional agents）；他们以国家制度正常运转所需的理性和自制力，来维持与皇帝的联络和合作。

力的组合

现在让我们来看看由内廷外朝组成的整个图景。内廷，位于宫城内北侧内部宫殿的中心，是皇帝的私密和家庭的世界，供职并服务于其中的是宦官、宫女和妃嫔，以及某些亲近的家庭成员，如亲王或皇子。而外朝被安排在都城的南部和东南部，但也沿着东南路线延伸到皇城和宫城。这是一个等级制度的世界，皇帝居于顶点，支持并服务于他的是京城中处于不同空间和制度地位的大学士、大臣和高级官员，以及更多的遍及全国的官吏。

在空间和政治方面，内廷与外朝遵循不同的实践逻辑。在空间格局中，前者规模小，而且是内向的，后者规模大，是外向的。前者以深的空间和重重围合为特征，而后者由否定深度与围合的开敞和联系构成。在政治实践中，前者服务于皇帝个人，以舒适和愉悦诱惑他，使他坠入感官享受的深处和非理性的声色犬马之间。而后者规导、训练皇帝的心智和生活方式，要求皇帝做到理性地统治政府和国家，并处理权力平衡的历史演变与眼前的日常听政与奏章。前者培育出沉溺于舒适黑暗中的个人与身体，后者要求并帮助构造出制度的首脑和广大帝国的统治者。

对立的逻辑必然使得它们之间不时出现不同程度的（levels of）紧张状态和冲突。但是，尽管存在逻辑上的和实际的对抗，二者在宫廷的总体构成中，在既是作为身体的个人，又是作为首脑的统治者的"皇帝"的制造中，结合在一起。内廷外朝以其对立而构成一个综合体，即"皇帝"（emperor-ship）的"人身和制度"（human-institutional）构造的必要的两半。它们结合在一起完成君权的建构。

逻辑结构和历史事实之间存在着不同。逻辑结构上的对立并不必然始终浮现在历史事实的表面上。实际上，在历史上"好的"或者"正常的"时期，朝廷的两个对立部分彼此很好的互补共存，尽管彼此之间存在紧张状态。但是在"困难的"时期，它们可以相互对抗，其对抗关系有时甚至是公开而且激烈的。实际上在从紧张状态到全面冲突的发展过程中，特定的历史条件、皇帝的品质，以及相关各派的个性都是很重要的。"正常"的或"困难"的时期，都不是更加"真实"的状态。对于生活在某个时期的人们（agents）来说，"真实"的状态是他们自己的行为以及围绕着他们的特定的历史条件共同形成的。但是，从分析的观点看，表面明显的冲突和潜在的结构性对立之间的联系，必须引起我们的密切关注。

在"正常的"、规范的纪律得到遵循的时期，朝廷的两个部分可以共存，并且都服务于皇帝的作为身体的个人与作为首脑的统治者。这种常态的和规范的实践往往以一个有主见的皇帝为先决条件，他能够自我克制，从而避免堕入内廷的陷阱，缓和紧张状态并维持两者间的平衡，监视并限制相关各派的任何不恰当行为。其他时候，当皇帝太年轻，或是不够警惕，或不够遵守理性的规范时，再加上如果还有其他因素，情况可能会迅速恶化，两者之间潜在的对抗趋势会变得公开而激烈。这往往始于皇帝在内廷舒适生活中的堕落，同时对宦官、后宫（尤其是妃嫔、皇后和皇太后）、皇亲家族成员，或者其中某几方的联合势力更多的依赖。这导致皇帝对官员日益增长的不信任，他关闭宫殿，减少上朝，并在军机处、内阁以及其他政府职位上任用宦官。而这随后往往会导致在宦官或皇太后身边形成一个权力集团，其中也会包括大臣和来自不同政府机构的高级官员，这一局面就会进一步分裂整体的国家官僚机构，最终破坏皇权帝位本身。

可以把内廷外朝之间的紧张状态看作为了赢得与皇帝的"团结

一致"（solidarity）而进行的竞争。服务于皇帝作为身体的个人的内部力量，倾向于在封闭的宫殿里培养一个肉身的、个人的"团结"。外部力量与作为国家首脑的统治者的皇帝一起工作，跨越他们之间的都市地理的距离，在内部宫殿与外部政府机构之间，培养一种理智的、制度化的"团结"。由于两种力量的存在和运行逻辑的不同，自然导致两种"团结"之间的竞争，并倾向在皇帝本身不强大时撕裂皇权帝位。

但是他们之间的竞争是非平等、非对称的。他们各有自己的运行状态，并且在他们之间，作为外部制度力量的官员似乎有一种根本的弱势。内部的、身体的力量并没有接触奏章与决策程序的正规渠道，但有一个关键的优势，即空间的、身体的和个人的邻近。如果皇帝自己比较年轻或者软弱，这一优势就会被内部力量充分利用，以赢得皇帝的信任与依赖。另一方面，外部的制度性力量虽然能够正式地接触奏章与决策程序，但却没有这样的接近。他们不得不依靠纪律的、反复的旅程，跨越他们与皇帝之间的距离，以见到皇帝，并复制他们与皇帝之间的联系与团结一致。在这持续不断，有时相当严酷的竞争中，理性的、制度的联系最终倾向屈服，向黑暗深宫里滋生的个人的、非理性的信任投降。对皇帝身体和个人生活的无限贴近，以及皇帝本人可能具有的本质的脆弱，都使宫廷内部人员或势力往往有更大的力量来掌控皇权，以此来分裂和压制君臣的联络纽带，最后破坏皇权本身。

这类情形在不同的朝代有不同的表现。明朝尤其受到宦官的困扰。出于许多特殊的历史原因，宦官被委派组建安全部门和调查机构（锦衣卫、东厂和西厂）。最高级的宦官机构司礼监，从1430年代起不时地被委派阅读本章，并起草皇帝的批示，这就干扰了内阁的正常职能。[38] 内阁渐渐地失去了作用，宫外政府部门的大臣和官员也被忽视。在明晚期，最著名的是在嘉靖和万历年间，皇帝沉溺于宫中，长达二三十年连续不上朝听政，这在中国历史上非常罕见。[39] 一般说来，当皇帝深陷于愉悦享受之中，并将他的权力委托给宦官时，权力的天平就倒向了宦官。王振、汪直、刘瑾（及其"八党"）各自在 1436—1449 年、1456—1487 年、1506—1521 年间的所做所为，标志着这一逐渐获得优势地位过程中的关键点。1621—1627 年间以魏忠贤为中心的大型宦官集团的形成，使这一趋势达到顶点。宦官与官员间的对抗最终表现为魏忠贤集团与东林党之间的严重冲突，以及前者对后者的残酷清除。东林党是以中国东南部的士人为基础的大型社团。

清朝在有关宦官的使用，以及开放宫殿和经常举行朝会上更加纪律严明、遵守规范。清朝的问题来自内廷中的其他因素：后宫中的高级成员和皇室家族中的皇子或亲王，这些亲王同时也是这些后宫成员的亲戚。换句话说，在清代朝廷内部的身体空间中，家族和血缘成为"病毒"的来源。[40] 到 1800 年，已经出现了全面衰退的迹象。道光皇帝有许多儿子，这就为日后基于血缘的政治力量的成长埋下了种子。接下来的咸丰皇帝，登基时尚年幼，他依靠其皇贵妃、宦官和亲近的皇族成员，而不是军机处的官员，来商讨政事和起草皇帝批示。1861 年他去世后，六岁的太子登基，皇后慈安与贵妃慈禧成为皇太后。在这一年，她们在宦官和怡亲王（即咸丰的弟弟，皇太后的小叔子）的帮助下发动了一场宫廷政变，逮捕了军机处的八位大臣。这就为慈禧建立"垂帘听政"制度和在军机处任用受到信任的亲王和家族成员扫清了道路。[41] 1861 年的这场政变代表着内部空间对抗外部空间冲突的全面显现，也是内部身体力量打败外部制度力量的全面展现。自此以后，在中华帝国随后的、也是最后的四十年里，慈禧太后在她自己家族成员的帮助下，在幕后进行统治，压制了国家官僚体系甚至是皇帝

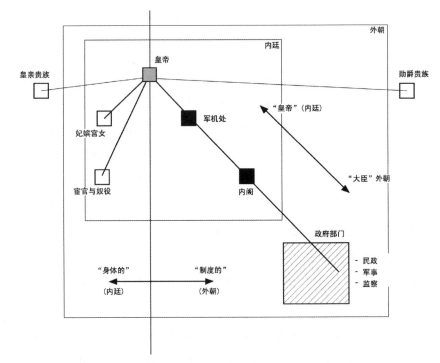

图 5.11   明清两代皇帝制度与国家政府机关的基本构造。

本人。基于血缘的"病毒"攻击并腐蚀了国家的统治机器，并且最终摧毁了君权帝位本身。

这是深刻危机时期的极端状态。尽管它并不更"真实"，但却更合乎逻辑：它揭示了始终存在的紧张状态和逻辑上的对立。它不仅能够解释最黑暗的时刻，也能解释权力平衡的历史性转移与宫廷内外的日常竞争。最重要的是，它表现出隐藏在皇权帝位构造中的一种力量的组合。

基于这样的理解，我们可以勾画出一幅明清宫廷的组成结构和更抽象的帝位构造的图示（图 5.11）。这一图示不仅表现了抽象的关系，还表现了物质空间的关系。这一结构由内廷和外朝组成。后者规模更大，围绕着前者；它包括位于东南的行政机构、军事机构和监察机构等主要官署，以及沿着东南路线向内一直延伸到内廷心脏的至关重要的君臣关系的联络机构。内廷中的皇帝也由宦官、妃嫔和宫女服侍，而接近君主的皇室家族成员隐藏在宫殿之后，由官员晋升而来的贵族大多在宫廷实际的政治实践图景以外。在这个结构中，有一个奇异的三角形，其中皇帝位于顶端，内部的身体力量（宦官和妃嫔）在左边的下面，外部的制度力量（各个层级的官员）在右边的底下。紧张状态在三角形的三条边展开。在皇帝和内部身体力量之间，需要保持内部力量与皇帝（身体）的邻近，但也需要限制他们对君主权力的接近。在皇帝和外部制度力量之间，是传统的君臣冲突，以及授权于官员和限制他们的权力之间的矛盾。但是最具结构性的对抗，存在于左右之间，在内部身体力量与外部制度力量之间，在他们试图建立、巩固与中心皇帝的联盟所产生的竞争之间。这两组力量，以其与君主相联系的不同企图和不同的联盟方式，构成内廷和外朝的内涵，也即组成整个结构的两个基本部分。宫廷在持续管理和平衡两者关系的过程中，实现作为完整机构的自身，并在历史上经常发挥着作用。

　　内廷外朝之间的划分始终很模糊。在一些学术著作中，内阁与军机处被归作内廷，与作为外朝的政府部门及各部相对。他们到底是内廷的一部分，还是外朝的一部分？另一个问题是：宫城或者说紫禁城的南部属于内廷还是外朝？而且还有一个问题：划分这两个世界的分界线到底在哪里？

　　本研究认为问题的本质并非过去的用词，而是这些重要力量之间的实际联系与运作，包括他们的空间位置及行动轨迹。内廷与外朝应该首先被理解为政治的单位，它们具有的空间坐标下的固定位置，以及更重要的在时间纬度上的动态的空间运行。二者间的动态竞争产生了又依托于往复的空间轨迹，而这些流动轨迹混淆并重叠了内廷与外朝的空间领域。在这一格局中，从外部官僚机构到内部皇帝的、向内的历史性迁移与日常旅行，是外部制度对于内部身体的宫殿的挑战。奏章与上朝官员的向内流动，是对内部空间及其愉悦与非理性的抗争。而更进一步，分别在 1420 年代与 1720 年代建立的内阁与军机处的永久性官署，标志着持续不断的这种对抗内部空间的努力。总的来说，在明清历史中，军机处在过去所有的官署中，无论在空间上还是在政治上都最接近皇帝，它的建立代表着向内移动的最深地点和竞争的极限。

为方便起见，我们认为虽然内廷集中于宫城较内的北部，但它的外部边界由紫禁城的墙界定。也就是说，内廷可以延伸到包括宫城之外的南部区域。而外朝集中于都城的东南，但是向内、向上延伸至紫禁城中。它到达的最远点是紫禁城内部前的庭院，以军机处所在和内部前门（举行"御门听政"的地方）为标志。于是，重叠的区域，尤其是紫禁城内较靠外的部分，成了竞争与冲突的最有趣和最不确定的地带。

注释

1　Charles O. Hucker, 'Ming government', Denis Twitchett and Frederick W. Mote (eds) *The Cambridge History of China*, vol.8: The Ming Dynasty, 1368-1644, Part 2, Cambridge: Cambridge University Press, 1998, pp.24-28.

2　Hucker, 'Ming government', p.19 and Wan, Wang and Lu, *Daily Life in the Forbidden City*, pp.124-125.

3　Wan, Wang and Lu, *Daily Life in the Forbidden City*, p.124.

4　Wan, Wang and Lu, *Daily Life in the Forbidden City*, p.124.

5　Wan, Wang and Lu, *Daily Life in the Forbidden City*, p.125.

6　Hucker, 'Ming government', pp.21-22.

7　Wan, Wang and Lu, *Daily Life in the Forbidden City*, p.125.

8　内务府在清初被分为十三个部门（明代相应的机构被分为二十四个部门）。参见李鸿彬《简论清初十三衙门》、江桥《十三衙门初探》，见清国史研究会编，《清代宫史探微》，北京：紫禁城出版社，1991年，第41—48、49—56页。

9　江桥，《十三衙门初探》，第49—56页，收录在《清代宫史探微》。在皇帝的监督下，这个部门管理宫廷财政、起草仪注、编辑宫廷记录和皇室宗谱、护卫宫廷，以及皇室家族的各种物资供应。

10　Yu（于倬云），*Palaces of the Frobidden City*（《紫禁城的宫殿》），p.72.

11　Wan, Wang and Lu, *Daily Life in the Forbidden City*, pp.74-75.

12　Wan, Wang and Lu, *Daily Life in the Forbidden City*, p.124. Yu, *Palaces of the Frobidden City*, pp.72-73, 103.

13　Wan, Wang and Lu, *Daily Life in the Forbidden City*, p.124 and Yu（于倬云）, *Palaces of the Frobidden City*, pp.87-97.

14　Frank Done, *The Forbidden City: the biography of a palace*, New York: Charles Scribner, 1970, pp.254-255.

15　Wan, Wang and Lu, *Daily Life in the Forbidden City*, pp.51, 124 and Yu（于倬云）, *Palaces of the Frobidden City*, pp.73, 93.

16　以下信息来自：《清宫史续编·官志》，北京，1806，1-3，卷72-74，第八册（伦敦大学亚非学院图书馆藏）。

17　《清宫史续编·官志》，2，卷73，各门条目下。

18　《清宫史续编·官志》，2，卷73，"乾清门"条。

19　《清宫史续编·官志》，2，卷73，"奏事处"条。

20　Hucker, 'Ming government', pp.21-24.

21　赵子富，《武宗毅皇帝朱厚照》，见许大龄、王天有编《明朝十六帝》，北京：紫禁城出版社，1991年，第191—213页。

22　一个地点是在紫禁城后，这是一条有饭店和妓院的假街道，里面的服务员都是宫女，皇帝常常连续几天在其中游逛。其他还有称作"豹房"的住所，在紫禁城西门外，这里有来自中国西部的"异国情调"女子供皇帝娱乐。参见赵子富《武宗毅皇帝朱厚照》，见《明朝十六帝》，第 193、197。紫禁城的私密内庭和外面离宫（很多在北京以外）的私密内廷，从官僚和社会普遍的观点来看，都是深的和内部的空间。

23　茅海建，《咸丰帝奕詝》，见左步青主编《清代皇帝传略》，北京：紫禁城出版社，1991 年，第 300—342 页。

24　贾熟村，《同治帝载淳》，见左步青主编《清代皇帝传略》，第 343—369 页；也可参见注解 16。

25　徐连达、朱子彦，《中国皇帝制度》，广州：广东教育出版社，1996 年，第 207—208 页；关文发、颜广文，《明代政治制度研究》，第 1—2 页；杨树藩，《清代中央政治制度》，台北：商务印书馆，1978 年，第 1—3 页。

26　徐连达、朱子彦，《中国皇帝制度》，第 226—229 页；关文发、颜广文，《明代政治制度研究》，第 1—4 页；杨树藩，《清代中央政治制度》，第 1—3 页。

27　杨树藩，《清代中央政治制度》，第 1—4 页。

28　关文发、颜广文，《明代政治制度研究》，第 4—8 页；徐连达、朱子彦，《中国皇帝制度》，第 228—229 页；Hucker, 'Ming government', pp.74-76.

29　徐连达、朱子彦，《中国皇帝制度》，第 223—224、228—229 页。

30　关文发、颜广文，《明代政治制度研究》，第 9 页。

31　同上，第 13—16 页。

32　同上，第 24—31 页。

33　同上，第 42—48 页。

34　Wu, Communication and Imperial Control in China, pp.84-93；刘桂林，《雍正帝允禛》，见左步青编，《清代皇帝传略》，第 146—174 页；傅宗懋，《清代军机处组织及执掌之研究》，台北：政治大学政治研究所，1967 年，第 51—91、130—135、450—510、510—529 页。

35　参见郭湖生《关于中国古代城市史的谈话》，《建筑师》第 70 期，1996 年 6 月，第 62—68 页。在隋唐，政府大臣和官僚都位于皇城中。

36　傅宗懋，《清代军机处组织及执掌之研究》，第 130—136、450—510 页。

37　参见第四章注解 14。

38　李广廉，《明宣宗及其朝政》，见许大龄、王天有编《明朝十六帝》，第 100—116 页，尤其是第 114—115 页。

39　徐连达、朱子彦，《中国皇帝制度》，第 142—143、193—196 页。

40　看上去清皇室的问题与他们的独特传统有关。一方面，在清初的历史中，等级较高的皇帝们摄政有很强的传统；另一方面，在清末深重的危机中，对皇帝和皇太后来说，有着共同的满族血统和族源的皇室家族的团结，要比其他形式的联盟更为可靠。

本研究认为，这些因素共同造成清朝的基于血统的"病毒"。

41　贾树村，《同治帝载淳》，见左步青编《清代皇帝传略》，第 343—369 页。

6

宫廷
天朝沙场

以把宫廷作为政治力量的场景的地图描绘为基础，我们现在可以观察在这一场地上展开的这些力量的运作。我们将集中考察跨越整个场景的一些最重要运行：中心与外部之间情报与控制的流动；保卫中心的防御手段；以及在中心重复出现的，导致危机与王朝衰落的种种情形。

奏书与朱批的流动

在宫廷权力关系的组成中，前面提出的图示（图 5.11）揭示出三种主要关系，即三角形三点之间的三条线。其中君臣关系，或者说君主—官僚机构的那条连线，包含了中心君主与外部官僚之间的紧张状态，是皇帝发挥作用、驾驭天下大国的最关键的一部分。

在这条联系起内部中心的皇帝与外部不同地点的大臣与官员的线

上，上朝的流动和文书的传递使他们之间得以沟通。通过这些沟通渠道进入的情报，位于中心的皇帝能够做出决定，并将他的批示传达给遍及全国的各部门。在明清两代，沟通和决策结构被整合为一个体系。[1] 这个结构主要以双向沟通的方式展开：奏书的向内流动和皇帝批示的向外流动。与这一信息与批示的双向流动一起，还有一个协助皇帝起草批示的议事体制（deliberative system）。议事体制中的机构或者可以在日常事务和不重要的问题上替皇帝做决定，或者在重大和困难的问题上提出建议。组成这个体制的真正机构，以及管理操纵情报与批示传递的部门，随时间而不同，反映了权力关系图的逐渐变化。

1720 年代以前清早期的议事体制，继承了标准的明代做法（只有很小的改动）。内阁处理递进的本章与向外发布的批示，它也负责在正式发布前代拟批旨（称为"票拟"），并呈皇帝批阅。[2] 这一中央沟通决策系统非常重要的议事体制，在几个层面上运作着。在较低的层面，六部、都察院与大理寺（Court of Judicature）（和刑部）及宗人府，分别负责政府事务的六个领域、特殊的法律案件，以及皇室家族内部的问题。在较高的层面，有特殊的议会或会审，以处理困难的问题，并直接向皇帝提出建议。它们是：

1　由九位大臣和督察御史组成的议会（称"九卿会审"）；
2　由议政亲王和大臣组成的议会；
3　由前两个团体中的人员组成的不同的议会。[3]

第一个负责行政管理和民事，第二个关注军事问题及八旗有关事务。内阁并不是议政机构，而是一个秘书机构。但是其主要成员大学士，参与这些大臣和亲王与皇帝的会面，以便于他们起草皇帝的批示。

　　皇帝还有别的方法来获得关于官僚机构及国家状况的情报。在乾清门频繁举行的"御门听政"是一个关键的策略。在康熙朝，冬天和春天的每天早晨七点四十五分，夏天和秋天的每天早晨八点四十五分，都要举行御门听政。[4]各部大臣和不同机构的高级官员参加朝会，汇报他们的事情，并从皇帝那里接受指示（如果皇帝选择这么做）。大学士也出席御门听政，以与皇帝进行专门的讨论，并记录皇帝可能下达给大臣的任何建议与指示。有时地方官也被要求参加这些朝会，或是被专门接见。无论哪种情况，皇帝都可以从他们那里直接了解各行省的状况。

　　皇帝也会利用都察院来对官员的行为和地方的状况做出判断。都察院在全国有十五个分支机构（十五道），在六部也有六科给事中。实际上，对官员的弹劾和关于地方状况的报告并不总是可靠的，[5]有时皇帝也会派出钦差去收集情报。[6]最后，皇帝也亲自频繁地到北京周边地区，以及较远的中国东南地区巡视。他的六次南巡使他熟悉了地方的文化与经济，并在这个地区的精英中表明了他的权威。[7]

　　在所有这些沟通渠道中，奏书与批示的传递仍然是最可靠，也是使用最频繁的。大多数时候，皇帝依靠这些书面报告来获得信息，并使用同样的渠道将他的书面批示分发给相关部门。所有层级的官员都递本章给皇帝，本章通过遍及全国的邮驿系统被送到北京。这个系统直接继承自明代（并且在明以前就已经有很长的历史）。[8]在跨越全中国的八条驿路上，每隔一段距离就有一个驿站，站中准备有马匹和其他交通工具。八条驿路汇集成五条主要路线，最后聚集到北京。[9]所有的本章一到北京就被送进通政司，经过检查后被递交给内阁，决策程序从这里开始启动。中书先针对本章中提到的问题草拟一份初步的批答（草拟票签）。大学士检查草稿，并再准备一份正式的稿子（正签），然后递送给皇帝。皇帝在读完本章和草拟的批示后，可能批准，纠正草拟，或者将本章留着在下次上朝时与议政官员或大学士商议。一旦皇帝的批示成为定案，就要由大学士用朱红色的墨水写到原先的文件上，于是文件就成了"红本"。在内阁抄写过副本之后，红本就会被送到北京有关部门，然后再通过同样的邮驿系统的驿路发回地方官署。其中有许多也会公布在京报或堂报中，分发给全国各地的高级官员。

在这一体系充分运转时，逐渐出现了一个新的沟通渠道。为了能直接获得有时会被行省官员隐瞒的有关地方行政管理与地方经济中违规状况的情报，1690 年代后期，皇帝开始要求自己的包衣到各行省旅行并给他写秘密的报告："奏折"。[10] 在 1700 年代，许多高级省官员也被要求写这种奏折直接递给皇帝。1712 年，皇帝责令在京的所有大臣和高级官员都要给他写密折。如果这样的密折来自行省，就由特殊的信使或军官沿着驿路送来。一旦抵达北京，他们就被直接送往内部宫殿的前门，越过了通政司和内阁。在乾清门，奏折被交给太监并由太监直接交给康熙。北京的官员则在早朝时递交奏折给皇帝。所有的奏折都由皇帝亲自阅读。他在文件上写下"朱批"作为回复，然后将信封封上，这些都由皇帝亲自完成。[11] 然后这些奏折又回到写奏折的人那里，并由他们保存。在这一过程中，只有皇帝和写奏折的人知道报告和朱批的内容，这一程序保证了绝对的机密。结果，皇帝就能够直接监督官员与地方状况。

在随后的雍正皇帝统治时期，奏折制度有了进一步的发展。1720年代，有几个内阁大学士被要求在内廷工作。[12] 作为内中堂，他们帮助皇帝处理数量迅速增加的奏折。他们既参赞政务，也是秘书机构。他们每天都在皇帝的私人居所觐见皇帝，而且常常是一天几次。[13] 他们密迩皇帝，与皇帝一起处理机密与紧急事件，他们的职能侵蚀了其他议政者与内阁的功能。如果皇帝没有在某件特定的奏折上自己写上朱批，内中堂在接受皇帝的指示后，就要替他写下批示，然后以单独的"廷寄"分发出去。仔细封缄的廷寄越过内阁，被迅速而直接的送达相关机构。

1720 年代后期，为了准备一场西北的重大战役，雍正专门以内中堂作为北京朝廷与前线军队指挥官之间唯一的沟通渠道。[14] 机密与高效是情报传递最重要的要求，而且是在传递中受到严密遵守的。这为雍正向前线调动军队提供了充分的自由和战略上的优势。[15]当 1729 年战争最终爆发时，通讯的负荷大为增加。此时正式建立了内中堂的机构，称为"军机房"。1730 年成了"办理军机处"，或简称"军机处"（处理军事事务的机构，英文中通常译为"the Grand Council"）。[16]1731 年战争结束后，军机处继续保留下来，在军事和行政事务，以及实际上所有引起皇帝注意的重大问题上参赞政务。但自此以后，它就成了一个正式的机构，明显从内阁分离出来，并且高于内阁。它如今成了整个清朝官僚体系中皇帝之下的最高机构。

军机处同时具有两种不同的职能：顾问（参赞民事与军事事务）和秘书（起草并准备廷寄以及更公开的圣旨）。由于在空间和制度上更接近皇帝，它推动议事和秘书职能的层级比原有的更高。一方面，它在这一较高的层级上取代了原先的职能；另一方面，在整个官僚机构的机能中，它又与原先的职能共存并对其有所补充。自 1731 年后，所有递进的文件通过两个层级进入宫中：奏折通过军机处，日常的本章通过内阁。奏折通过四种渠道回到其递交者手中。皇帝首先亲自阅读所有的奏折。

1　如果他只想自己知道情报，他就会亲自写下朱批，封好奏折，然后将之直接发送到奏折递交者处。

2　如果事关重要的行政或军事事务，需要仔细斟酌，他就在军机处与中堂商量。军机处根据皇帝的意见准备廷寄，并将之直接发送到奏折递交者处。

3　如果事情涉及到更多的部门，需要与其他大臣和高级官员进行更多的商议，圣旨的草拟与发送就由内阁负责。

4　某些情况下，圣旨需要公开传播。内阁就会拟定圣旨并发送至地方官署，并在京报中出版。

这四种奏折向外流动的渠道分别是机密、半机密、半公开与公开。[17]后两种情况与内阁处理日常本章的途径是重叠的。两个机构管理的两个层面的通讯在整个机器的功能发挥中是互补的。

带朱批的奏折与廷寄，由"马上飞递"沿着驿路，从北京传送到地方官署（图6.1）。专门的信使与军官可能负责全程，但马匹或其他交通工具由沿路的驿站准备。驿站之间通常相距一百里（五十公里），由兵部的军官把守。递送速度规定为每日三百里，[18]但如果情况紧急，这一速度可以达到每日四百、五百或六百里。清廷指定的最高速度为每日六百里。实际上，在极端压力下，曾经达到每日八百里的速度（这意味着三天内可从南京到达北京）。[19]

康熙一朝总共约有三千份奏折，雍正朝的奏折总数则是五万份。[20]雍正并非仅从其父亲那里继承这一制度，他扩展了这个体制并使之正式化，并且保持了这一体制严格的机密性与高效性。正如许多历史学家已经指出的，通过把奏折体制、军机处以及相应的马上飞递体系的制度化，雍正成了清代最集权的皇帝。通过考察这一发展，我们看到

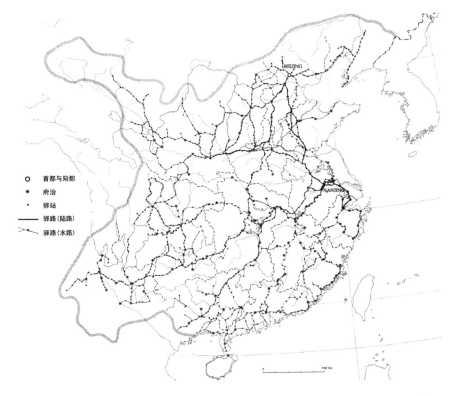

图 6.1　明末（1644 年）将北京与各行省及边境地区联结起来的遍及全国的驿路系统。
来源：陈正祥，《中国文化地理》，1982 年，图 71，第 115 页，Hara Shobo 出版社授权。

君权专制机器形成中的三个主要方面：

　　1　创立了一个更新的、层级更高的机构军机处，它外部化并降低了内阁，主要议事机构，以及一般政府机构的地位　雍正一方面扩大了内部君主与外部政府之间的距离；另一方面提高了君主对政府的相对地位。这一距离的水平延伸和政治高度的垂直提升是互相呼应的。君王越是退向内部空间，他的位置就越高。但是这一水平的扩展，并不是紫禁城内部中心到外墙之间可测距离的物理扩展，它创造的是内部空间的相对深度。通过建立比原有机构离内部中心更近的新机构，内外之间的间隔在内部被更多不同的层面再次划分，从而增加内部地点的相对深度，并使外部地点外部化。新机构的成立把原来的机构更远的推离中心，并相应地提高了中心的高度。随着深度和高度的增加，整个金字塔被扩展。在君臣关系权力天平的全面的历史性转折中，我们见证了中华帝国晚期专制制度发展的另一个也是最后一个阶段。

2 **制度化了奏折与廷寄传递的秘密和高效** 传递的效率强化了这一沟通决策结构。但是保密才是最重要的结构性特征。报告保持绝对机密，并在第一时间首先送达皇帝。他亲自阅读所有的奏折，并控制着哪些奏折发给哪些外部地点的哪些官员等安排。情报的彻底集中，使得受监视与控制的臣民被分裂和个别化了。每一个大臣和高级官员都要给皇帝写奏折，其中的关于其他官员和地方状况的秘密监视只对皇帝公开。这确保了官员之间的相互监视，使他们不能彼此联络、结成同盟，也确保了针对官僚体制与全国各地的从中心自上而下的监视。

3 **完善了一部视察的机器，它以向内奏书与向外批示的双向流动为基础** 向内递进的奏折提供了对于官员和国家状况的观看窗口，以及自上而下的监视：他们构成皇帝对外部世界的凝视。以此为基础，皇帝的批示以同样的方向向外并向下发送，到达官僚机构和帝国各处。向内奏书与向外批示的双向交通，共同构成从内向外、从中心指向边缘的皇帝单向的权力之眼。这一已经发挥作用的体制，在雍正改革之后进一步强化了。如果效率帮助增强并延伸了权力之眼的目光，那么机密性彻底中心化与垂直化了全景式的凝视与控制。1720年代以来高度结构化的传递过程，构造出了一个更高、更大的凝视金字塔，从位于顶端的皇帝投向帝国的广阔的社会地理空间。

防　御

　　一种根本的不对称关系现在变得明显。一方面，从内向外，是完全的透明和权力之眼的充分使用；另一方面，从外向内，中心是不透明的：透明、观看、知晓、可见性与可达性都是不允许的。对观看、知晓和进入的否定，通过社会和制度规则，以及空间距离和物理边界来维持。在包括社会的、政治的、军事的、空间的和物理的"墙"的制造中，有一种最物质、最暴力又具有直接的社会性与空间性的实践层面：防御军事力量的使用。

　　让我们现在来考察清廷中的这个实践层面。首先，防御当然是在全国范围展开，各地都部署了八旗军队。在北京城里，像早先所勾勒的（第三章），也布置了八旗军队。但是在中心，在紫禁城内外的部署却非常不同。在假想的整个国家的战场上，这里是整个防御体系的核心，是最后的堡垒或最后的防线。而且，宫廷内外防御力量的布局，使防御系统重叠并强化了已经存在的、以远离和间隔为主要特征的紫禁城的空间政治格局。防御体系的部署协助了、促进了"墙"的建设。

　　在清代历史上，北京中心的防御体系没有发生过重要的变化，虽然 1800 年以后面对起义的威胁，在同一体系中增加了更多的人员和装备。[21]清代的这一体系以旗为基础，上三旗，即正白旗、正黄旗和镶黄旗，负责紫禁城的安全，而下五旗负责周围皇城的安全（都城和外城的安全由所有旗负责）。上三旗是精英部队，由皇帝直接掌控。三支主要的队伍用于宫殿的警戒与守卫，它们的军官与士兵都来自上三旗。三支队伍是：侍卫处、护军营和前锋营。[22]前者负责皇帝的安全，其中一些人是皇帝的保镖，其他人布置在内部宫殿与外部听政殿的各门处，总共有一千二百六十六名军官和士兵。[23] 护军营是负责各门和紫禁城中所有宫殿安全的主要力量，这是一支一万五千四十五人组成的军队。由一千八百人组成的前锋营在皇帝出宫巡视时，负责其随从人员的安全。还有其他也从上三旗中挑选出来的部队，负责照看别的区域，比如皇后与妃嫔的安全，并负责保护内务府的许多地方及有关活动。

上三旗在宫殿中的实际部署依照不同的体系，横跨上述三种部队。上三旗中每一旗都分为两班，每班都包含上述部队的一部分，负责在紫禁城中值勤一昼夜，[24] 六班轮番更直守卫宫殿。根据人数、职能和特定的位置，每班在每二十四小时中都依据这一规则部署。换句话说，每天都有一个不变的防御部署的空间图式。

但是要从历史纪录中复原这一图式，并在宫殿的地图中标示出来却并不容易。有关防卫的纪录常常是不完整的，尤其是有关边缘区域。另外，某些规则在不同的记述中也相互矛盾。但是，关键地点的主要部队还是可以通过不同的来源得到确认，因此也就能够重构防御部署的基本图式。以1806年的宫廷纪录和现代学者的研究为基础，这一重构表示在图6.2中。[25] 分配在特定地点的静态部署，不包括来自侍卫处的皇帝侍卫和前锋营的机动部队，都在地图中加以标注。这里所描述的大多数部队来自护军营，他们以三种方式被安排在特定的地点。他们被部署在：作为哨卡的门以检查通过者；作为驻兵营地的大殿建筑；或是大部分在 U—空间转角处的也是作为驻兵处的小建筑。这三种类型的部署在图中以不同的方式表示（长条、方块和圆圈）。守卫次要宫殿（妃嫔住处）和内务府的附加部队，由于缺少资料，在图中只标注了其中的一部分。他们往往以二百零二人组成一支队伍部署在某一地点。[26] 总共有三十一个这样的地点，但只有大约一半能被确指

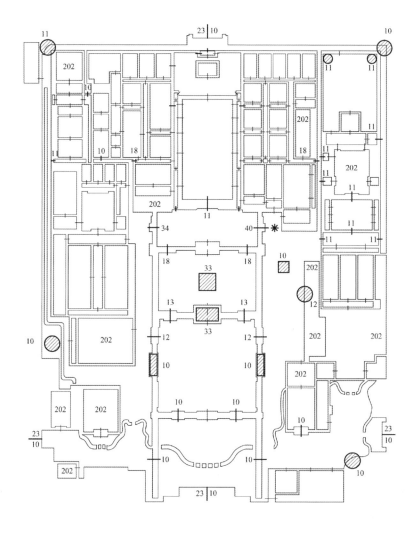

图例

10   士兵与官军的数量

——   各门处的哨卡

▨   驻扎于大殿的兵营

◯   驻扎于该区域较小建筑内的兵营

✳   紫禁城内所有部队的指挥部

图 6.2   19 世纪初紫禁城中防御和防卫力量的部署。

并标注在地图中。为了将他们与主要的防御力量区分开，这里只以人数而不是几何形状作为标注。[27]这里所显示的是 19 世纪初紫禁城中静态军事部署的核心结构。

宫廷日常生活中有一套保安规则。除非有特别的恩典，官员和贵族都必须下马，把坐骑留在紫禁城外门。[28]他们还必须把随从留在外门和内门（景运门）之间的半路上，并把他们的文书留在内门外大概二十步的地方。官员的品级越低，他可以带入前门的文书和随从人数就越少。在内殿南书房工作的学士，以及军机处内中堂，任何时候都可以通过乾清门和内左门。所有其他官员都必须在门口验明身份并登记之后才能通过。在宫中工作的宦官和工匠必须佩带记录他们身份的特殊木牌，他们在通过这些门时也必须验明身份并登记。

当这些门在晚上被锁上之后，有一个确保军官可以从特定的门出去检查紫禁城四座外门的体系。[29]部属在紫禁城中的这些防卫力量的指挥部位于景运门，即内外宫殿之间过渡院落（御门听政的所在）的东门。[30]早先所提到过的东侧路线使用最频繁，这一路线在进入内部宫殿前面的过渡院落之前要经过景运门，因此这座门成了进出移动的中心与关键点。把防御部队的指挥部安排在这座门，是对这一点在进出运动中的重要性的合理回应。这也揭示了防卫力量与空间中的移动之间的对抗：前者监视、检查和限制后者。

晚上，如果有紧急的信息（比如廷寄或朱批）要从皇帝的宫殿发送出去，信使或军官必须持有出自皇帝寝宫大内的令符或合符，合符上以浮雕方式刻有"圣旨"字样。信使只有在其所持的合符与另一个与之成对的合符相符合时，才能被允许通过宫门。另一半合符上的"圣旨"字样是阴刻的。有七座门有这样的合符：内殿的东西门（苍震门和启祥门）、内殿前门过渡庭院的东西门（景运门和隆宗门），以及紫禁城的东门、西门和北门（东华门、西华门、神武门）。[31] 都城南面的中门和西墙北门，即正阳门和西直门，也执有这样的半个合符。他们是关键的出入口，在此向外流动的指令受到检查，又得到协助和通过。

晚上也有一个巡逻系统，安排了卫兵的重要的门和建筑物形成巡逻路线上的节点。每天晚上七点到第二天凌晨五点，士兵沿着路线在这些节点之间巡逻，筹从一个节点传递到下一个，直到第二天早晨回到最初的节点。[32] 巡逻路线必然是闭合的环路，或者说拓扑意义上的圆圈，它们标志着最重要的闭合，而这揭示出一座作为要塞的宫殿的空间布局。有两条主要的巡逻路线。一是里面的路线，围绕内部宫殿的中心建筑群，从景运门开始，图中标有十二个巡逻站点或节点（汛），景运门内设有防御部队的指挥部。二是外面的路线，围绕紫禁城的外墙，图中标有二十二个站点或节点（汛）。

两者之间还有两条较小的巡逻路线：一条路线围绕着紫禁城南部的中心建筑群，如图标有八个站点（汛）。另一条路线从里面围绕着中心院落，如图标有四个站点（汛）（图 6.3）。

为了检验防卫力量的静态部署和防御手段的运作规则，我们可以提出以下几项观察。

1　**作为控制人流运动的空间机器的"哨卡"的主导和普遍**　在三种部署方式中，哨卡在分布地点的数量和人员规模上是最具主导的。[33] 在实际操作中，守卫者的职能是对通过这些哨卡的人流运动加以控制（检查通过人员的身份，检查并把门锁上，在哨卡之间巡逻等等）。在所有这些作为哨卡的门之中，东门景运门格外有趣。作为内外之间最重要路线上的关键出入口，在所有的哨卡中景运门部署的防卫部队规

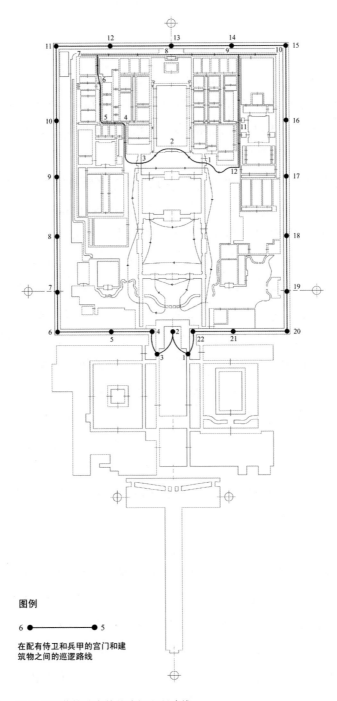

图例

6 ●————————● 5

在配有侍卫和兵甲的宫门和建
筑物之间的巡逻路线

图 6.3　19 世纪初紫禁城内外的晚间巡逻路线。

模最大，它也是防御力量的指挥部所在地。部署在这一点上的力量，似乎在迎接挑战，以最大强度来对抗、压制经过这个出入口的大量的流动。就武装力量的空间部署的逻辑而言，安全防御力量征战的"敌人"是运动，具体说，是自由开放空间里的人的流动。哨卡作为空间机器，为防卫部队所用，以控制和压制人流和开放空间。

　　2　占据中心位置从而对所有移动进行战略控制　密切观察部署，我们看到防御力量集中在一个中心区域。这一中心区域覆盖了一个广大的地区，南至南面外门午门，北至内部宫殿南门乾清门，东西至外门东华门和西华门。部署的地点和巡逻的路线都确认了防御力量在中心的这种统治。通过把主要的力量驻扎在中心区域，防卫实践获得了两个优势：一方面可以阻碍所有东西向和南北向的主要流动；另一方面，能够轻松地向各个方向监视并运动。中心区域在更大的全局层面上实际上是一个哨卡，其职能是控制和压制任何方向上的流动。

　　3　对 U—空间的控制　在对流动和开放空间的这种攻击中，还有另一个前线。由于紫禁城被环状的 U—空间所包裹，而所有向内和向外的流动都必须经过 U—空间，这个空间处于防御力量的猛烈火力之下。驻扎着军官与士兵的各个院落或宫城大门，大多数都在 U—空间的内边界和外边界。换句话说，哨卡既在四座外门，也在那些通向内部空间的门中布置。它们创造出一个双层的绝缘障碍体，强化了对内外交流运动移动的控制的效果。另外，在夜晚启动的两条巡逻路线，完全包围并封锁 U—空间的两个边界；这是建立这一双重边界努力中最戏剧性的一幕。在最黑暗的时分，对运动和空间彻底征服的梦想成为现实。

4　作为建造边界和深度的防御实践　防御力量的部署实际上是对墙、空间深度以及内外划分的强化。首先，部署直接与墙共同发挥作用（分配在各门的哨卡以及沿墙安排的巡逻路线）；第二，安全和防御实践本身创造出抽象的墙（对流动与开放空间的控制，巡逻的轨迹，对 U—空间两个边缘的强化）；第三，当物质的和抽象的墙都建立起来并进入状态时，它们就共同强化了边界，保卫了深处的空间，并加强了内外的划分。在晚间和遇到真正危机的时刻，当所有的手段都得到充分运用时，其效果达到最大化。在这一刻，防卫部署的态势完全显现出来，与既有的紫禁城空间及建筑的布局合作，并强化了它们的效果：即闭合的重重边界压制内外的交互流动和联络性的空间整合。

5　想象的战场　很自然的，在面对潜在的暗杀、暴动、宫廷政变、入侵或来自任何地方、任何形式的政治军事威胁时，这些力量会被调动起来，而这些手段也会被实施。这里有一个想象的战场，从内部宫殿出发，朝着四面八方，扩展到帝国的遥远前线。在这个建筑—都市—地理的空间中，每一点都是针对假想敌人的假想战争中的争夺点。在防御的分层图式中，这个空间的核心，即京城及其中心的宫殿，必然得到最严密的保卫。在这里，对抗自然是激烈的，密布于空间之中，也有一个假想冲突点上更加黑暗密集的聚焦。各种各样的墙的使用，空间中对深度的利用，都是极端而惊人的。这里的运行，极端严密而富有战斗性。军事防卫在此抗争、控制、压制含有危险和挑战的因子的流动，以及自由开放的空间。紫禁城及整个帝都北京的空间军事部署的基本逻辑，存在于对这一巨大战场的想象之中。在实际的历史中，自 1800 年以后，假想的威胁在内忧外患的背景下，变得越来越真实。

危机再现

现在让我们转向这一危机与衰落的现实。我们关心的是，明清两代衰亡过程中朝廷对正常与规范化实践的背离得以发生的历史条件。诚然，明清衰落过程中的危机是十分复杂的，包括宫廷内部的问题、外部的社会经济压力、农民与地区性的暴动，以及来自周边、邻邦和遥远的外族势力的威胁；这些因素有着部分相互关联、部分又相互独立的复杂根源。本研究不讨论这些问题和朝代整体衰败的背后的原因，本研究只关心朝廷中背离常态的实践行为与这些大问题的关系。我们以宫廷为关注的重点，提出以下几个问题：在不同历史状态之下是否有一种一般的、结构性的关系图式？这些图式关系如何在宫廷的制度层面上展开？这些图式关系是如何在空间里被界定和组成的？与这些问题相应的各部分研究已在前面的章节中有所讨论，在这里我们要将它们整合在一起，以获得一幅更为综合的历史图景。

在 1368 年至 1644 年的明朝历史中，宫廷中始终不断地出现骚乱与危机。[34] 而在最后的几个时期，我们看到骚乱与危机发生得更频繁，以及它们对君主地位与职能所造成的深刻而破坏性的影响的累积。16 世纪初的正德朝为我们提供了典型的案例。在正德之前已是一支强有力的宦官势力此时更加接近皇帝，并最终（在一段时间里）完全控制了皇帝。皇帝和许多宦官一起长大，与他们发展出个人的亲近感。他在十五岁登基，由于年轻以及对身边亲近宦官朋友的依赖，他继续沉溺于内廷的享受，并且逃避与大臣和官员们的沟通。宦官在此条件下逐步形成了以刘瑾为首的"八党"集团。他们为皇帝提供异国女子和隐蔽的宫殿，促使皇帝追求享乐。他们与希望获得皇帝支持的大臣和官员的竞争。最终，他们控制了皇帝以及大多数统治机构。同时，明朝的经济也在恶化，土地迅速地集中在地主手中，农民爆发起义并迅速演变为大规模的反叛。这些全国性的经济和社会问题，尽管暂时得到控制与镇压，但是大大消耗了朝廷的精力与资源。内部的危机与外部的问题一起，削弱了皇帝统治的地位。

明朝的最后三个时期，即1570年代到1644年的七十年间，导致王朝衰落的所有危机都出现了。万历朝标志着这一过程的开端。在万历统治的前十年，由于年轻，受到大学士、掌管政府与经济的首辅张居正的严格监督。1582年张居正去世，万历皇帝已经二十岁，他获得独立并开始以自己的方式来统治国家。正如历史学家指出的，他贪婪，且对国家事务不负责任，在他统治之下，通过建立许多的皇家庄园，以及对地方手工业及商业强征重税，宫廷收入大大膨胀，这导致遍及全国的不断的起义与暴动。在贪婪的追求和内廷享乐的沉溺的同时，他忽视了与大臣和官员们的沟通。从1592年一直到万历朝结束，他有三十年时间没有上朝，这是中国历史上明王朝最声名狼藉的一面。[35]他的行为及后果，导致官僚体系执政工作的瘫痪和经济的大量消耗。

天启皇帝十六岁时继位。他对阅读经典与史书毫无兴趣，也不喜欢同官员讨论国家事务，相反，他喜欢运动和手工艺。他也同宦官和乳母保持亲密的个人关系。宦官魏忠贤与乳母客氏（奉圣夫人）鼓励年轻的皇帝沉溺于自己的爱好，并为之提供便利。他们以我们已经熟悉的方式控制了皇帝，使他与官员们疏远，并培植了自己庞大的私党，其中不仅包括宦官，还包括了部分官员。随着魏忠贤私党的扩大，官僚体系被逐步分裂和削弱。魏忠贤集团最终与一个大型的士人团体东林党形成对抗，并对他们进行了残酷的清洗。

明朝的最后一个皇帝崇祯勤勉而自律，但却多疑且没有耐心。他知道王朝处于深刻的危机之中，并且可能很快会崩溃，他尽了极大的努力来避免这一切的发生。他镇压了魏忠贤集团，尽管未能完全清除它的影响。另一方面，官员们变得格外谨慎。出于许多原因，包括他的急躁，他掉进了部分由魏忠贤顽固的党羽所设置的陷阱，错误地处决了忠臣，并且猜疑其他许多官员，这导致官员们与他更为疏远。在许多重要的职位上宦官被再次任命，官僚体系被进一步压制与分裂，皇帝无法与政府部门密切有效的共事。随着十几年中经济和社会危机的进一步加深，到 1630 年代末起义的规模更大并且更为猛烈。同时，满族势力也在东北进一步入侵，构成另一个威胁。连年的战争无法抵制这两股势力的前进。1644 年初，李自成领导的十万人的农民起义军向京城发起了讨伐。他们打败了明朝的三支主力部队，包围了外城和都城，并最终于 1644 年 3 月 19 日攻陷了京城。在这一天的拂晓时分，当农民军已经进入皇城和紫禁城时，崇祯逃出宫殿，在紫禁城后山（万岁山）自缢身亡。

清朝的转折点大约是在 1800 年。[36] 乾隆朝是清朝的鼎盛，也是清朝衰落的开始。财政紧张、人口增长和官僚内部的腐败共同造成了社会与经济的压力。在嘉庆朝，这些问题更为恶化，从而导致世纪之交的大规模起义。这一时刻被许多人认为是清朝从稳定强盛到削弱与衰落的转折点。

乾隆自己是清代最奢侈的皇帝之一。在他的统治之下，满洲旗人和珅被提拔到地位最高的位置，即军机处内中堂的首领。由于皇帝的宠爱，他和他的党羽都变得极其富裕，并在他身边集结起一个庞大的集团，官员们变得意志消沉而腐败猖獗。同时，人口快速增长，但却没有扩大的制度性框架以容纳更多的官绅阶层，谷物产量也没有增加，这意味着为了日益有限的职位与资源而竞争的压力越来越大。官员中的腐败与总的人口经济压力的上升看上去互为表里，形成恶性循环。[37] 土地再次集中于一小部分人。为了给官僚阶层提供更多的税入，政府强行征收高额的税金。更多的农民失去了自己的土地，由此引发社会动荡与大规模的动乱。民间宗教白莲教在世纪之交（1796—1804年）发动了一场全国性的起义。起义尽管暂时被镇压，但却使社会更为动荡，从而进一步动摇统治的基础。1803 年，陈德进入紫禁城试图刺杀嘉庆（图 6.4）。1813 年，白莲教残余在林清的领导下，攻入紫禁城并试图推翻清政府（图 6.5）。

道光年间，问题在几个层面上一起发展。在内廷，道光有许多儿子；这为清末"血缘政治"（blood politics）的兴起埋下了种子，这种政治包含了亲王、皇后以及其他近亲对君主正式统治的干预。在外朝，皇帝试图净化和加强官僚体系，但这一变动受到许多与腐败有关的官员的抵制。在更大的规模上，除了社会和人口经济的问题，还有反映在 1839—1842 年鸦片战争的外国势力的入侵，这是 19 世纪末 20 世纪初中国和海外列强之间大量冲突的开端。

咸丰皇帝登基时二十岁。他性格内向，更愿意与亲近的亲王，而不是与军机处不熟悉的官员们讨论国事。他依赖那些亲王，允许他们结成以他的弟弟奕訢（道光第六个儿子）为中心的强大的私党，这个集团变得比军机处更有权力。另一方面，他继续在热河行宫（避暑山庄）与圆明园沉迷于内廷的享乐。至此，晚清所有的内外问题都出现了：皇帝本人的软弱，亲王与近亲对皇权的觊觎，君臣关系的疏远和削弱，官僚的腐败，人口经济的压力，内陆的反叛，边境地区的民族起义，以及外国势力的侵略。但是，就皇权统治的运行本身而言，被"血缘政治"包围和侵蚀，以及由此带来的对皇帝自身地位的削弱，是最主要的问题。

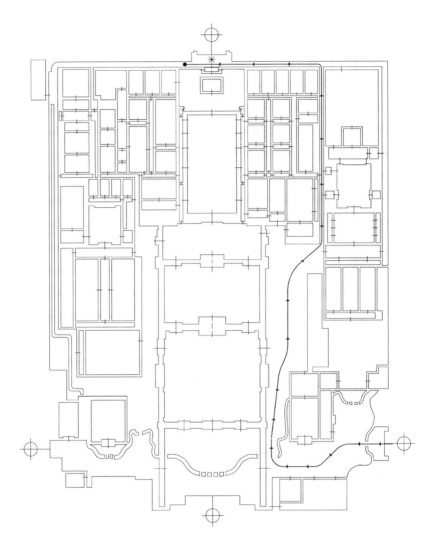

图例

—◄— 陈德进入紫禁城的路线

● 陈德藏身处

✳ 企图实行暗杀的地点

图 6.4　1803 年紫禁城中陈德企图刺杀皇帝的路线。

1861 年咸丰死于热河，六岁的太子登上皇位，并由新的皇太后慈禧和慈安（分别是咸丰的皇贵妃与皇后）与军机处八大臣共同辅政。[38]但是，在咸丰去世之后，皇太后就想实行"垂帘听政"，这能使她们直接参与国家大事的讨论。八位辅政大臣强烈反对这一做法。在他们回京的途中，皇太后比八大臣早四天回到北京。在北京，皇子奕訢（他也是慈禧的小叔子）鼓动高级官员向皇太后递交请愿书，请求慈禧和慈安通过"垂帘听政"来领导朝廷。这样，皇太后就迅速宣布了垂帘听政的体制，形成由她们自己、奕訢和其他关系紧密的亲王，以及部分官员组成的新的宫廷领导核心，并且很快处决了军机处八大臣。在整个宫廷政变中，慈禧在奕訢亲王和太监安德海的紧密支持下策划了这一阴谋。这一事件之后幼年皇帝登基，他年号同治，被牢牢地处于慈禧太后的监督之下（皇帝确实在十八岁时获得了独立，但却很快在十九岁时驾崩）。"垂帘听政"在皇帝寝宫，即养心殿的东厢举行。1861 年 9 月 29 和 30 日的宫廷政变（被称为"启祥政变"）标志着清朝最后四十年，也是最黑暗时期的开端。

在这四十年中，慈禧又挑选过另外两个幼年皇帝：光绪和宣统，分别在四岁和三岁登上皇位。他们是道光皇帝第七个儿子的后代，也是慈禧姐姐的孩子。通过选择与自己关系很近的幼年皇帝，慈禧得以维持垂帘听政的体制，并通过近亲的血缘关系控制年幼的皇帝，她对光绪的控制臭名昭著。年轻的皇帝在十九岁时结了婚，并从皇太后处得以独立。基于这一情形，慈禧一方面强迫皇帝的父亲规定皇帝在重要文件上的批示必须递交给她，另一方面强迫年轻的皇帝娶了她兄弟的女儿，这使她能够密切的监视皇帝。[39]由此，慈禧有效地继续控制着年轻的皇帝。1898 年，年轻皇帝著名的百日维新被迅速的粉碎，皇帝也被立刻关到了皇城西苑的岛上。1908 年皇帝死于三十八岁，比慈禧早一天。在此之前，慈禧已经挑好了新的幼年皇帝宣统，并在慈禧死后迅速即位。在清王朝崩溃和现代革命到来之前，清王朝的历史又延续了三年。

在王朝的衰亡中，一个空间的发展必然出现并完成自己的故事。1860 年英法联军逼近京城时，咸丰从北京的紫禁城退至热河行宫。1900 年，八国联军进犯北京，慈禧太后与光绪帝也从宫殿和京城逃离，撤退至中国西部古城西安。1911 年推翻清帝国的辛亥革命后，宣统及其皇室成员不得不放弃紫禁城外侧南部交给新的国民政府，自己留在北部的内部宫殿中。[40]1924 年，因为害怕清保皇党的复辟，同时也由于新军阀间的敌对，共和军队于 11 月 5 日，粗暴地命令清皇室在三小时之内离开紫禁城。[41] 尽管历史背景截然不同，1644 年明朝终结时，皇帝在面临入侵的军队时也被迫离开了宫殿。虽然方式不同，皇帝在遇到入侵的扩张的势力时，总是不得不从宫殿中撤退；这些势力在建立新秩序的过程中，不仅侵入了宫殿，而且包围了整个领地（图 6.4，6.5）。无论如何，王朝消亡的标志总是新势力的最终进入，以及旧权力对中心的内部宫殿即皇帝权威的功能与象征地点的最终退离。

在明清的这些事例中，导致宫廷背离常规的实践的关键角色各式各样。有时候是皇帝自己，比如万历，他忽视与官僚体系的交流，并且自我放纵，消耗大量国家财富；有时是官员自身的腐败，并导致正常的规范化实践的破碎，最好的代表是和珅。但是，在所有这些情形中，我们可以看到在大量案例中，宦官、高级妃嫔与亲王们常常勾结在一起，在导致宫廷背离常规的实践的过程中起了决定性作用。在遇到一个软弱的皇帝时，内部世界、内部身体空间的这三股力量就会迅速登上舞台，提供条件促使皇帝在内廷中自我放纵。皇帝变得更软弱，并更多地被内部力量控制。君臣关系被削弱，他们之间也更为疏远。

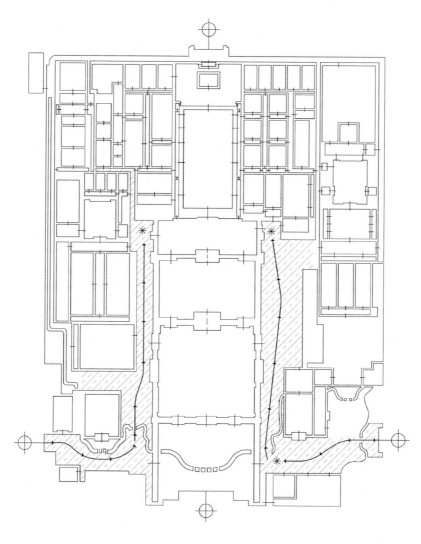

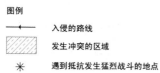

图 6.5　1813 年林清入侵紫禁城的路线。

内廷有效地扩张了：内部空间及其力量变得更为强力，内外差异被强化，皇帝身体的生活甚至变得更为怪诞，因为他被迷人的妃嫔、奇异的花园和戏剧表演所围绕。

膨胀的内廷于是开始对外朝施以严酷的压制。无论是 1620 年代魏忠贤的私党还是 1860 年代及其后慈禧的权力集团，内部的、身体的力量以两种方式战胜了外部的国家机构：压制与分裂。两种方式是联在一起的：外部的官僚体系越破碎，总体上它就越受压制；在较高的和策略的层面上官僚机构越是受到压制，它就越有可能分崩离析。前者反映在像东林党这样的关键集团或是军机处八大臣这样的关键领导人的失败上，后者则在一部分官员被吸纳进入以内部力量为中心的朋党中得到证明。

内部的身体力量一方面控制着皇帝，另一方面压制并分裂官僚体系，他们削弱并破坏了整个皇帝制度中最至关重要的联系，即君臣关系，以及君臣之间情报与批示的传送。上朝听政或是停止，或者在大多数时候，被内部力量把持操纵。入内的本章和向外的批示或是被阻碍，或者在大多数时候被转送给内部力量，并经其手发送。慈禧对清代皇帝权威的控制是这一情景的最好代表，通过"垂帘听政"及对幼年皇帝的控制，权力中心离开了正常和规范的皇帝统治金字塔的顶点。它被移置到远比金字塔顶点更低、更边缘、更隐秘黑暗，在制度意义上更无理性的位置：即帝幕后供高级后妃使用的侧房。"血缘政治"严重破坏和侵蚀了皇权的构造。

最后，历史见证了奇怪的逆转和一个完整的循环。衰落与消亡的整个过程始于内廷、身体和黑暗深处闭合空间的膨胀，它一步步导致外朝和国家机器的被压制。当这一情形达到极限时，国家与君主被完全侵蚀，而新的力量在别处兴起，并开始从外部向内进击。边界被击破，内部空间被打开（图 6.4，6.5）。皇帝的身体受到挤压和否定，表现为内部限制、囚禁、离去、流放、自杀等等。曾经受到如此隆重护卫和顶礼膜拜，之后又变得如此庞大和狂暴的君主的身体，及其围合的内部空间，现在却受到了包围和进攻，以及带来新社会空间秩序的一个新兴力量的挑战和征服。

注释

1 Wu, *Communication and Imperial Control in China*, p.1. 本节的许多内容都基于 Silas H. L. Wu 的著作。

2 Wu, *Communication*, pp.16-17.

3 Wu, *Communication*, pp.10-13.

4 Wu, *Communication*, p.21.

5 Wu, *Communication*, p.23.

6 Wu, *Communication*, p.24.

7 Wu, *Communication*, p.25.

8 John K. Fairbank and Ssu-Yu Teng, *Ching Administration: three studies*, Cambridge, Mass.: Harvard University Press, 1960, pp.14-15.

9 Fairbank and Teng, *Ching Administration*, p.15; Wu, *Communication*, p.28.

10 Wu, *Communication*, pp.40-47.

11 Wu, *Communication*, p.49.

12 Wu, *Communication*, pp.80-84.

13 傅宗懋,《清代军机处组织及执掌之研究》,台北:政治大学政治研究所,1967 年,第 106—136 页。

14 Wu, *Communication*, pp.85-87.

15 Wu, *Communication*, p.85.

16 刘桂林,《雍正帝胤禛》,见左步青编《清代皇帝传略》,北京:紫禁城出版社,1991 年,第 146—174 页。

17 Wu, *Communication*, pp.4, 120.

18 Wu, *Communication*, pp.102-103. 1 里 = 0.5 公里或 0.3107 英里。

19 Fairbank and Teng, *Ching Administration*, p.22, pp.34-35.

20 Wu, *Communication*, pp.119-200.

21 这部分的信息主要来自:《清宫史续编》,"宫规"4,卷 48,"典礼",卷 42,第五册;秦国经,《清代宫廷的警卫制度》,见清代宫史研究会编《清代宫史探微》,北京:紫禁城出版社,1991 年,第 308—325 页;Wan, Wang and Lu, *Daily Life of the Forbidden City*, pp.74-75. 除非特别说明,本节中介绍的配置体系和图式指的是 1800 年前清中期的标准配置。

22 秦国经,《清代宫廷的警卫制度》,见《清代宫史探微》,第 311—314 页;Wan, Wang and Lu, *Daily Life of the Forbidden City*, p.75.

23 这支以及以下两支队伍的情况来自:秦国经,《清代宫廷的警卫制度》,见《清代宫史探微》,第 311—312 页。

24 《清宫史续编》，"宫规" 4，卷 48，"典礼"，卷 42，第五册。

25 我指的是《清宫史续编》，"宫规" 4，卷 48，"典礼" 42，第五册；和秦国经，《清代宫廷的警卫制度》，见《清代宫史探微》，第 308—325 页，这一重构以我的 'Space and power'（《空间与权力》）为基础，p.331.

26 秦国经，《清代宫廷的警卫制度》，见《清代宫史探微》，第 315—316 页。

27 从 19 世纪初开始，这一体系中增加了更多的队伍。此外，在各个时期，宦官也被安排在关键的门和建筑物，帮助防御部队。这两者在此都未包括。

28 《清宫史续编》，"宫规" 4，卷 48，"典礼" 42，第五册；秦国经，《清代宫廷的警卫制度》，见《清代宫史探微》，第 317—319 页；Wan, Wang and Lu, *Daily Life of the Forbidden City*, p.79.

29 《清宫史续编》，"宫规" 4，卷 48，"典礼" 42，第五册；秦国经，《清代宫廷的警卫制度》，见《清代宫史探微》，第 317—319 页。

30 《清宫史续编》，"宫规" 4，卷 48，"典礼" 42，第五册。

31 《清宫史续编》，"宫规" 4，卷 48，"典礼" 42，第五册；秦国经，《清代宫廷的警卫制度》，见《清代宫史探微》，第 317—319 页。

32 《清宫史续编》，"宫规" 4，卷 48，"典礼" 42，第五册；秦国经，《清代宫廷的警卫制度》，见《清宫史续编》，第 319—320 页；Wan, Wang and Lu, *Daily Life of the Forbidden City*, p.75.

33 有三十个哨卡总共约五百名士兵，以及十二个站点共约二百名士兵。参见我的 'Space and power'（《空间与权力》），p.332 和《清宫史续编》，"宫规" 4，卷 48，"典礼" 42，第五册。

34 以下有关明晚期的叙述基于许大龄、王天有编，《明朝十六帝》，北京：紫禁城出版社，1991 年，第 191—213、263—293、300—319、320—355 页。

35 许大龄、王天有编，《明朝十六帝》，第 274 页。

36 以下有关清末的叙述基于左步清编《清代皇帝传略》，北京：紫禁城出版社，1991 年，第 175—235、236—262、263—299、300—341、343—369、370—406、407—432 页。

37 Susan Mann Jones and Philip A. Kuhn, 'Dynastic decline and the roots of rebellion', in John K. Fairbank (ed.) *The Cambridge History of China*, vol.10: Late Ch'ing, 1800-1911, Part I, Cambridge University Press, 1978, pp.107-162.

38 左步青编，《清代皇帝传略》，第 343—345 页。

39 同上书，第 376—378 页。

40 同上书，第 412 页。

41 同上书，第 430—431 页。

7

权威的构建

法家与兵家

到此，我们应该很清楚地看到了宫廷世界里的两个方面："正常状态"和"非正常状态"。一方面，是遵循规范的正常实践，这维持了皇帝统治的顺利实现以及内廷外朝之间的平衡；另一方面，在王朝的后期，当规则被破坏时，扭曲的、反常的实践就逐渐抬头，这一状况与外部因素一起导致了腐败和王朝的衰落。前者构造与维持皇帝的权威，而后者腐蚀并破坏权威。前者抵抗并压制后者，但后者仍然会不时爆发出来：这是中国皇帝统治故事中积极和消极的两个侧面，在历史中循环出现。现在让我们在本章中考察一下这个故事积极的一面。为了理解隐藏在中国帝王权威结构背后的思想和有意识的设计，让我们对之加以探索。我们要问的问题是：统治的结构是如何设计与构造的？在古代中国的政治与策略思想中，它有什么背景，又是如何被表达的？另外在更大的背景中，是否可以将之与欧洲的思想与发展进行比较？

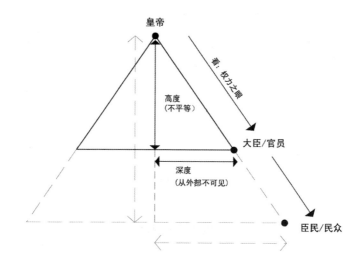

图 7.1　权威的金字塔：明清两代皇位与国家政府的社会空间构造。

　　北京的帝王权威的结构是逐步完善的。自然高地变得更像是人为的金字塔：锋利，精确，坚固。1380 年朱元璋决定性的废除宰相制，1420 年代朱棣统治下内阁的兴起，以及 1690 年代到 1720 年代间康熙和雍正时期军机处的出现，都标志着帝王金字塔逐步完善过程中的一些关键时刻。我们用一个三角形来描述这个金字塔的标准断面，这是在中华帝国晚期曾经无限接近的帝国统治结构的理想模型（图 7.1）。皇帝居于顶点，官僚体系中的大臣与官员在底部外围，所有的臣民的地位相似，都在更低的层面上。从大臣和官员到中心的水平距离代表空间深度，从基底到顶点的垂直距离代表君主凌驾于官僚体系的政治高度。臣民与官僚体系，或者与君主之间的直接联系，也遵循同样的图式。

　　这是一个集中的与等级制的布局。它有三个互相联系的方面，这在前文的不同部分中已经有过探讨，在此可以概述为：深度与高度的比例；权力之目光的向下的辐射；边界、可见性和权威建设中的一系列不平等关系。

1　在这个布局中，水平深度与垂直高度以恒定的比值相对应：宫廷的中心越深，位于顶点的皇帝地位就越高。这一深高比将空间布局与政治格局绑定在一起，并且提供了通过强化空间利用来制造政治高度的机制。这涉及两个过程。一方面，内部相对于外部，隔着墙或距离构成的边界，有着固有的优势，由此提供了用空间深度制造政治高度的一个基本机制；另一方面，人为地将高地位的政治机构设在内部的位置，符合了又强化了这种自然的、空间的内外不平等关系。空间的和机构的两种过程，都促成了这种不平等关系，即整体的深高度比例的建造。

2　在顶端的皇帝与底面的官僚体系之间，信息向内流动至顶端，而批示向外流动至基底。当这一过程严格执行时，皇帝能够收集到有关官僚体系和国家状况的详细的和第一手的情报。由此，他也可以迅速直接地将建议与法令发送给相关的机构。皇帝高高在上，获得了对于他的臣民和他的国家的全景式凝视，并且能够从顶端非常轻松地坚持自己的权力与控制。进入的情报和传出的批示这两股反向的流动，结合成权力之眼的效益的一种流动，从顶点倾注而下，流向官僚机关和整个国家。

3　这里的凝视绝对是单向的。皇帝可以看到外部世界，但外部世界却无法看到宫廷的里面。无论在空间上还是在制度上，北京的中心从外部都是不可见的，它被各种边界、等级化的层层距离，以及各种制度的、规范的、暴力的拒绝和防卫手段所遮蔽。与内外之间观看的不平等相关的还有另一种更为基本的不平等，即边界自身的不平等：内部对于外部的优越性。这两种不平等互相支撑，强化了向外的视线，也使内部更幽深更高大。这两种不平等共同建造了内部中心对于外部边缘的整体的不平等：即顶点的高度和权力之眼向下、向外倾射的目光。这样，它们（视线的不平等和边界的不平等）就促进了第三种也是一种综合的不平等：君主对于帝国的地理疆域的高度，使之凌驾于天下。当然，这第三种不平等关系也反过来保护和支持前两种不平等关系。我们见证了三种不平等或不对称的形式：边界，视线与帝王权威。它们彼此协调并互相支持。

这些布局是有意识的设计和构建的结果。首先，明清时期的个别皇帝做了自觉的努力，采用了一系列新的规定，使金字塔逐渐成型、完美和精密。其次，他们从来不是单方面行动，而是继承了本朝廷和过去朝代遗留下来的制度。他们个人的努力是逐渐发生的、更大的历史轨迹即帝王权威逐渐上扬的一部分。实际上，明清标志着这一上升曲线中的最后阶段和最隆起的高原。第三，个别皇帝的努力和帝王统治制度的设计都以历史上逐渐形成的、中国传统有关理想帝王的集体意识为框架。而这又架构于古代关于权威和策略的自觉的理论之上。最终，我们必须回溯至这些古典的起源，从历史与理论的视角来理解明清金字塔的结构。

法家发展了权威理论，是关于"方法和律令"的学派，现在英文中（并不太准确地）被翻译为 Legalism。韩非是法家主要的理论家。他的著作《韩非子》在中华帝国有关权威的概念与理念的塑造中最具影响力。另一方面，兵法，由追随孙子（公元前 4 世纪）的理论家发展而来。孙子的著作《孙子兵法》集中国古代兵法之大成，并提出了相关的政治思想。

韩非子的著作代表战国时期发展起来的法家的最后阶段。战国时期是中国早期历史中最戏剧性和最动荡的时期，小的封建王国被大的国家取代。这些国家通过联盟和战争争夺霸权，通过征服和吞并形成较大的国家。其中秦逐渐浮现，成为最后的胜利者。公元前 221 年，它统一了所有国家，并成为中国历史上第一个统一帝国。在这个从封建王国到绝对国家的转变中，以功利主义原则和普遍法律的使用为基础的中央集权权威，取代了早期以个人信任与道德惯例为基础的统治。法家是支持这一发展的理论，它的理论家为在这些国家中进行的改革提出实际的建议。韩非子本人帮助秦国统治者，使之在建立首个帝国的过程中完全采用了法家的思想。

和儒家学说强调统治者的道德品质、臣民精神上的榜样以及古代的礼仪实践形成对比的是，法家学说在思路上是结构的和功利的，在历史观上是现实主义和改革求新的。它认识到时代的新状况，并发展出关于统治者地位的理论，这一理论的基础不是个人的品质，而是统治者的地位（position）。它倡导统治者通过在顶端掌握绝对权力，采用适用于所有臣民的法律，以及严格统一地方传统和不同的意识形态，来获得高高在上与中央集权的地位。它提供了中国古代的思想中有关权威主义和极权主义的理论。

韩非有关人性的概念是非理想主义的。他不认为人性本质为善，[1]相反，他对于人性采用一种现实主义的观点，而在管理国家上采用功利主义的方法。他认为人类总是倾向于寻求快乐并避免痛苦。为了确保臣民的行为正确，统治者必须维护并运用权力进行奖惩，这是有效控制的两只"手"。

韩非的权威理论基于三个基本观念，分别来自韩非之前法家的不同流派。一个提倡运用势来维护权威，在此，势也许可以翻译成"位置"（position）、"身份"（status）和"政治高度"（political height）；[2]

另一派将法的运用理论化，倡导对所有臣民运用普遍法律；[3] 第三派建议使用"术"，或者说"技术"（techniques），来监视并确保官员和臣民的行为符合指定的规范和标准。[4] 韩非经过综合后，认为这三种方法都是必不可少的，不应忽视其中任何一种。[5] 通过统治者高高在上的地位和权威，调整并公开法律，以及对官员和臣民的严密调查，就可以维持皇帝的统治。通过这一整体布局的构建与维护，就不需要期望统治者本身在道德或智力方面具有不同寻常的和出众的品质，这一理性体系自己能自动运作以支持统治者。

尽管这三个观念都很重要，但势被认为是最关键的。[6] 势本来指具有优越性和潜在动能或力量的形势和位置。在韩非的用法中，这一观念尤其指具有政治和制度高度的、被构建而成的位置，以及这样一种布局（图 7.2）。韩非说道：

> 飞龙乘云，腾蛇游雾，云罢雾霁，而龙蛇与蚓蚁同矣，则失其所乘也。贤人而诎于不肖者，则权轻位卑也；不肖而能服于贤者，则权重位尊也。尧为匹夫，不能治三人；而桀为天子，能乱天下；吾以此知势位之足恃而贤智之不足慕也。夫弩弱而矢高者，激于风也；身不肖而令行者，得助于众也。尧教于隶属而民不听，至于南面而王天下，令则行，禁则止。由此观之，贤智未足以服众，而势位足以屈贤者也。[7]
>
> 故立尺材于高山之上，则临千仞之溪，材非长也，位高也。桀为天子，能制天下，非贤也，势重也；尧为匹夫，不能正三家，非不肖也，位卑也……故短之临高也以位，不肖之制贤也以势。[8]

shi

某一情形中的倾向

某一布局中的动态趋势

某一格局中的动势与力量

"优势"/"地位"/"政治高度"

图 7.2　势的解释：法家和《孙子兵法》的关键概念。

　　"势"（以及相关的词"位"）所表述的强有力的权威的优越地位，在概念图式里，包含了一个高地或金字塔那样的空间格局。高度本身就表达了"势"之优越的本质形象。而高低位置间的垂直落差又更具体地定义了这一图式中一个关键的要素。作为这一构成的一个方面，韩非尤其强调必须将统治者与其臣子之间的关系视为对抗性的。臣下以及统治者身边的任何人必须始终被视为潜在的叛乱者，一旦有机会就会与统治者竞争并篡夺皇位。必须将其压制在一个较低的位置，保持距离，并始终将其置于严密的监视之中。[9] 在这一权力关系的理论中，像高地或金字塔那样统治者与臣下之间具有垂直高度差异的关系，是唯一正确的布局。

　　"势"的观念中包涵一个思想，认为一个界定位置的大规模布局，可以确保权力的流畅运行，由此减低个人及其道德和智力的重要性。在韩非的"势"的观念中，总的布局，总的形状，已经包涵了独立运行的一个自然的高度或内在的优势。一棵小树可以俯瞰其下数千米的山谷，不是因为它本身的高度，而是因为它所处的位置极高并具有动态的能量。在政治方面，是制度性的格局，即金字塔形式的国家机器，支持着统治者支配帝国。在这一对个人品质的极端的排斥中，韩非的权威理论包涵了一张用空间界定的、抽象的权力关系图，其中个人只是一个抽象的点。更进一步，在这一结构主义的权力思想里，机器的运作被认为是自动的和独立的过程。[10] 权力自然地从顶端辐射而下，投向世界。这种布局所具有的动态势能，可以确保这一运行自然地发生，而无须多少人为的努力。

韩非以及其他许多法家同样也研究道家学说。道家有关自然法则和趋势的论点经过修改整合入法家的权力理论。[11] 正如蕴含巨大力量和活力的自然界的布局，一种社会政治布局一旦设置好，便也具有自然的、自动的和独立的倾向。一旦布局建立起来，人们所需要做的就是让进程自动运行。机器会运转，所有的官员和臣民都将努力工作，而统治者却不必行动。韩非子说，君无为而臣有为；君无为而法无不为，等等。[12]

势、法（普遍的法律）和术（调查的技术）共同起作用。普遍的法为所有的人建立强制性的公开的标准，而术则在暗中对官员和臣民严密的监视。[13] 在这一调查的过程中，我们见到了观看的不平等。一方面，君主位于遥远的深处，甚至与最近的大臣和官员都非常疏离；[14] 另一方面，居于顶端的统治者有一个情报机器来监视并从官僚体系收集信息。观看的不平等既涉及由高地和金字塔构成的不平等的权力关系布局，同时也成为这个布局的一部分。

在韩非出生前大约一百年，孙子完成了《兵法》，这是世界上已知最早的有关这一主题的论述。[15] 作为这一领域的杰作，它对之后的战略与政治事务的话语和实践都有重大影响，并且成为中国思想中的重要流派。这本书并没有把战争视为一个道德或宗教问题，而是一个可以进行理性分析的议题。由于它的无目的论（non-teleological），它视战争为一个具有自然法则与趋势的、物的发展过程，视为国家领导艺术的延伸。它建议以政治的、外交的以及策略的手段来战胜敌人，反对直接与激烈的冲突，建议以间接的、渐进的、操纵的、欺骗的、基于智力的手段去征服敌人。它建议要不断变化以迅速适应敌人的新状况，同时保持自己位置与方法的灵活和无形（formlessness）。

孙子说："夫用兵之法，全国为上，破国次之……不战而屈人之兵，善之善者也。故上兵伐谋，其次伐交，其次伐兵，其下攻城。"[16] 换句话说，好的用兵之法是要在战略、政治和外交层面上对敌人占有优势。直接的冲突，与敌人的军队和城市直接对抗，是较次的选择。更大背景中和战略层面上的胜利，要比战场上直接的物的胜利更加重要。

在提供了实际的建议之后（关于如何将危险的冲突最小化，胜利的机会最大化，以及运用情报来确保胜利等等），孙子转到空间形式或部署（形）的问题上。空间形式建立在地形、军队部署，以及敌我的兵力对比中。孙子认为如果形式是恰当的，胜利就是可能的。为了取得胜利，我们必须具有比敌人优越的恰当的形式或部署，在这个层面上就先击败敌人。"古之善战者……胜已败者也。故善战者先立于不败之地，而不失敌之败也。"[17] 是这种形式或者说布局提供了内在的趋势，将人们置于获得胜利的优势地位。"胜者之战，若决积水于千仞之溪者，形也。"[18]

然后孙子进入他理论中最重要的一点：势，即从部署中产生的趋势的重要性。这样我们就看到了他最有趣的一个表述："求之于势，不择于人。"[19] 如果形式和部署是恰当的，它就能自动产生确立获胜地位的趋势："勇怯，势也；强弱，形也。"[20] 孙子用三个形象来说明具有强有力趋势的部署：激水、扩弩、高山。他说：

> 激水之疾，至于漂石者，势也……故善战者，其势险……势如扩弩……故善战人之势，如转圆石于千仞之山者，势也。[21]

在这三个形象中，尤其是后两个，都包含了具有自然动态趋势的空间形式或部署，它一旦被自己的军队占据或拥有，就能确保对敌的决定性优势。孙子对"势"的使用与法家的用法有密切关联。[22] 法家在关于社会政治中的人为建构的语境里，借用并发展了这一观念。在皇帝权威的设计和建立中，高地或金字塔式的制度性结构，一旦构建起来，就会遵循同样的原则。两种理论中，个体的个人品质，比如道德、才能、力量和勇气都不重要而被忽视。对两者来说，只有结构和策略的部署，才是影响结果的重要而决定性的因素。

孙子也强调"虚"（void）的思想以及"无形"（formlessness）的实践。军队的形必须可变和具有适应性。"故形兵之极，至于无形。无形则深间不能窥，智者不能谋。"[23] 无形造成从外部的不可见，这与金字塔的政治布局相似。另一方面，无形也带来一种内在虚空，作为出场和力量的前提，这一兵法的概念显然带有道家的印记。

尽管秦汉之前的各思想学派之间彼此存在差异，但他们之间又相互影响。由于将战争视为国家统治艺术的延伸，所建议的战略中又包含政治解决方案，因此《孙子兵法》和《韩非子》在许多重要的方面都有很自然的可比性。[24] 围绕势的观念的战略部署的使用是二者共有的关键思想，它降低了人类以及个人品质的重要性，而道家也进入了这一画面。在《孙子兵法》中，无形和虚意味着对于敌人从外部的不可见性。在法家学说中，中心也要保持对于官员和臣民的深度与不可见，官员和臣民被视为君主潜在的敌人。更进一步说，在两种理论中，在主张具有自然动态趋势的、与人类主体干预无关的普遍布局的思想中，也有着深刻的道家观念，即自我调节的自然以及人类对于自然的谦卑。在战争理论中，这导致认为战争依靠的不是战士，而是对形式与部署的运用。在法家学说中，这同样导致对布局比对人更重视的思想，但也引起更戏剧化的论述：金字塔一旦建立，权力机器可以恒常而自动运作，统治者就可以无所作为（"君无为，法无不为"）。[25]

但是最重要的融合是在法家和儒家之间。他们的对立是显而易见的。法家不认为人类本性为善，并建议利用这一点来建立法律统治与帝国的普遍秩序。另一方面儒家看到人性中的善，并渴望通过道德规训与培养来发扬这一内在品质。前者将君主等级制度视为保卫皇帝统治与世界秩序的基本框架，而后者期望统治者自身成为圣人，这样就可以通过道德典范与精神的指引来统治人类。前者是现实主义和实用主义的，而后者则是理想主义与道德至上的。

但是，从古代后期（late antiquity），更明显的是从汉代初年以来，二者在理论话语中出现妥协，并在政治实践中汇合在一起。[26] 对于汉帝国的新统治者而言，道德理想主义与政治现实主义，臣民和统治者的精神启示与君主控制之下国家严格的法制结构，都是需要的。二者的整合，他们之间的相似与矛盾，在数个世纪中仍然是中国王朝的中心问题，并在以后的宋朝和明朝，成为理学家们论述与争论的问题。

在这两个相对的学派的融合中，出现了一些潜在的共同点。李泽厚已经认识到两者共有的实用理性的出现和发展，成为中国思想的主流。[27] 最近弗朗索瓦·于连指出，这一融合导致了中国人对于秩序和效用的独特态度。法家和儒家都具有关于总体"秩序"的理想，这一秩序可以从顶端有效并自然的控制。于是，道德家与法家在这一相似点上结合在一起，诞生了中国的秩序与效用的世界。于连说：

> 当然，这一折衷也可被视为一种托词：强制的屈从被转换为自愿的协作，暴政被意见一致所掩盖。但这进一步确认了我们在两个相对立的趋势中发觉的奇怪的相似：无论效用出自道德教化的影响还是位置建构的权力关系，社会与政治的现实总是被构想为可操纵的结构。二者共有的"秩序"理想展现了一个纯粹功效的人类世界的图景。[28]

明清时期的皇帝权威作为秦汉以来漫长的政治和意识形态发展的一部分，必然将法家的布局与儒家的图式，纵向的权力关系金字塔与有关道德和神圣秩序的同中心布局结合在一起。因此，从两种观点来看北京都没有矛盾：它是一个社会政治空间中的法家布局，又是一个形式的意识形态布局中的儒家象征秩序。

与圆形监狱的比较：两个理性的时代

在今天有关战略与战争的研究中，孙子的《兵法》与卡尔·冯·克劳塞维茨的《战争论》（On War，1832 年）常常被相提并论、互相比较。[29] 二者的可比性既来自它们的相似，也来自对立的特性。在历史上，它们分别代表了中国和欧洲有关战争的最早的理论论述（尽管两者相距两千年）。在方法方面，它们都脱离了道德和宗教观点，二者都将战争视为政治实践的延伸，都以客观的唯物的观点看待这个主题。

二者都认为，一场战争的发动，可以从策略、战略、实践和技术，以及政治目的与结果方面去分析。但是二者关于战争的理论概念与理想的策略非常不同。如今已是众所周知，孙子的策略是间接和机动的，而克劳塞维茨的方法是直接而决定性的。[30] 前者的战争理论认为战争与其说是剧烈的冲突，不如说是形势的持续变化和基于知识、诡计和奇袭的操纵过程。最好的策略是形成具有优势的部署（势），这时敌人就已经被打败了。后者则把战争理解成聚集所有力量的总体和绝对的对抗，以给予敌人决定性的一击，破坏敌人的能力与希望。当然二者都可以在自己文化的哲学传统中找到根源。除了柏拉图的"形式"（form）与亚里士多德的"手段"（means）和"结果"（ends）这样遥远的思想根源，克劳塞维茨的理论更直接的来自"理性的时代"，来自早期现代欧洲的理性主义与绝对主义的思想传统。康德的终极目标、笛卡儿与牛顿的科学决定论，以及拿破仑的英雄战役（还应加上贝多芬和布雷关于音乐与建筑的观点），都可以在绝对战争的理想中找到踪迹与回响。[31] 而在中国古代晚期，大约两千年前，孙子的思想与文化背景是非常不同的。但是尽管有这些内容、情绪和历史背景的差异，二者之间仍有持久和令人感兴趣的相似性，二者都是在各自文化中首次出现的以纯粹和唯物主义的态度对待这一主题。这进一步引导我们考虑，欧洲理性时代与中国古典时期及其后发展之间，在某些因素方面的比较的可能性。如果我们认识到两种文化不仅在兵法，而且在政治理论和实践中具有连贯的相似点和对称性，那么这种可比性就更为清晰了。

在中国，占支配地位的政治理论是韩非在《韩非子》中最先发展起来的。如前所述，它的对权力关系的看法是完全理性的，也就是说是纯粹的和唯物主义的。它摆脱了道德和宗教的思考因素。它客观地描述皇帝、大臣和民众的关系，并对皇帝提出如何加强权威的建议。韩非建议权力在顶端的普遍集中，并使这一点成为金字塔的顶点。当这一政治制度的（势）布局稳固的建立起来，权力就会自动向外辐射与向下倾注，这时，统治者个人的品质不再重要，在顶端获得君权的皇帝，可以"无为"而治天下。在欧洲，在文艺复兴的意大利首先出现了对于权力关系的纯粹和唯物的分析。[32] 马基雅维利将他的《君主论》（*The Prince*，1513 年）献给美第奇的洛伦佐二世。[33] 和韩非一样，此书讨论的是有关权威的问题。它的基础是对统治者工作方式的客观观察，而与道德和宗教无关，提出了如何加强权力的建议。与韩非一样，马基雅维利关心的是"有效的真理"（effective truth），同时权力关系被视为纯粹的利益冲突。但和韩非不一样的是，马基雅维利最终还是要求皇子具备个人的品质以及对机运的良好把握。[34] 而关于普遍的中央集权的制度化的建立，以及权力自动运作等思想，在此还没有出现。

大约一百年后，托马斯·霍布斯又进了一步。在他的《利维坦》（*Leviathan*，1651 年）中，明确提出政府顶端的普遍的中央集权。[35] 根据霍布斯，人类社会必须服从于一个中心权威，这个权威必须是绝对的，作为统治者，它不应受制于任何别的实体（bodies），所有的臣民都必须服从这一权威。这种权威的最好形式就是君主制。尽管他是一名激进的保皇党，霍布斯明确提出了权力的普遍集中和绝对国家的建立，而其体制可以是君主的，也可以是立宪的。

在这一与中国政治理论的逐步接近的思想中，当然也存在着不同，即在中国的理论（至少在韩非的法家学说）中比较缺乏的发展思路：即自由的和个人主义的思想。在西方，因为有了这一倾向，权力的中央集中就可以得到制衡。我们可以把约翰·洛克的政治理论，尤其是他的《政府论》（*Treatises of Government*，1689—1690 年），放在这一现代国家的论述的中心地位，在此中央集权受到监察和制衡，也就是立法、司法和执法的三权分立所导致的对权力的限制。[36]

尽管洛克的陈述是自由主义的，但它仍在纯粹主义和唯物主义的传统之内。在以后的一百年中，功利主义者追随洛克，继续以同样的唯物主义视角考察法律和政府的问题。在此，我们看到了杰里米·边沁的出场，以及将现代国家权威机器理性化的重大的一步。欧洲的政治思想至此达到一个可与韩非体系相比的最有趣的阶段。

1790 年代边沁发展出他的著名的圆形监狱方案。[37] 这是一个通用的社会机关的空间和建筑的设计格局，这个机关被他称之为"圆形全视监狱，或监视房"（Panopticon or the Inspection-House）。它可以用于监狱、精神病院、工厂、医院、学校，实际上，"可用于所有的构筑物，只要其中……需要把多数人置于监视之下"。[38] 凭着一个功能主义的严密态度，这个建筑被设计得可使监视与控制的效果达到最大化。监视者与被监视者之间的不对称或不平等关系，通过制度化的布局得以建立，而这是通过建筑物的空间布局来界定的。监视者位于中心而被监视者位于边缘（图 7.3）。被监视者，比如监狱的囚犯，被单独置于囚室中，这些囚室彼此完全隔离，但却都向着中心的监视者开放。光线从后边外墙高窗和中庭天窗射入囚室，使每间囚室成为光线充足的小舞台，完全暴露在来自中心的视线之下。另一方面，中心自身却远离直接的光线照射，处于黑暗之中，对于外围的囚室来说是不可见的。被监视的人们被个体化，被剥夺了作为"主体"彼此交流的权利，而被转换成"客体"，置于充足的光线下被观察、监视和检查。监视的权威与被监视的人们之间强烈的不对称关系，在这一空间格局中被构造和产生出来。最重要的是，看的不对称关系和看与被看

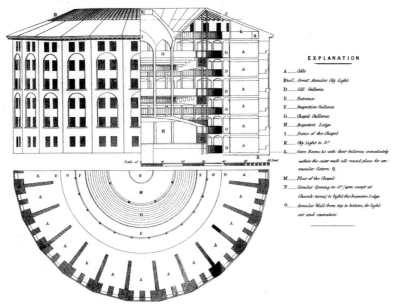

图 7.3　杰里米·边沁设计的圆形监狱的平、立、剖面图，1791 年。

来源：John Bowring (ed.) *The Works of Jeremy Bentham*, vol. 4, Edinburgh: William Tate, 1843, pp.172-173.

的分离，生产出权力的凝视，从中心射出，却永远无法从外面得以证实。被监视的人们永远不知道在一个特定时间他们是否受到观察。他们被迫将监视的威力及其惩罚的、规训的和常规化的效能，内化到自己的身心之中（图 7.4）。中心的权威这样就变得无所不在了。它可以自行运转，也就是自动和独立地运行。边沁将此视为一项"伟大而崭新的政府统治工具"的发明，"一个史无前例的大规模的人统治人所需的权威的获取方法"。[39]

回顾历史，我们可以看到，正如米歇尔·福柯曾经指出的，从 19 世纪初开始，圆形全视监狱已经变成惩训教化、物质生产和知识开发基地等社会机构的一种普及的模式。[40] 进而，它成为一个抽象的"政

图 7.4　19 世纪初欧洲的圆形监狱，囚室中的一名囚犯正在中央监视塔前跪着祈祷。

来源：N. P. Harou-Romain, Projet de Penitencier, 1840, p.250.

治技术的图式"，一个针对整个社会肌体的控制和监视的现代方式。[41] 这种权威运行的严密和经济，及其自动化机制，此后成为启蒙运动和现代性的内在特征。启蒙运动和现代性"发现了自由，同时也创造了规训"。[42] 边沁的发明，如福柯所认识到的，成了"能够无限普及化的机制"，它随着具有司法职能和警察机构的现代国家的兴起，帮助构造了一个现代的"规训社会"（disciplinary society）。[43]

弗朗索瓦·于连在他最近有关韩非和孙子的研究中已经揭示出，边沁的发明，以及被福柯视为现代国家与社会的历史出现的象征的那些观念，都已经在势的理论中得到了探索。"在中国……这种发明早在古代后期就已得到势的理论家们的精心阐述，而且并不只是在监狱这种谨小慎微的规模上，而是在控制全体人类的尺度上。"[44]

边沁的刻意设计，加上福柯的分析，确实相当接近于韩非和孙子的势的观念。在韩非的帝王结构和边沁的圆形监狱制度中，都可以辨认出下列要素：权力的完全集中；视线的不对称关系；作为机器的社会机构的运用；控制从中心向边缘的自动辐射；位于中心的个体的在场及其品质的重要性的降低。韩非和边沁，加上边沁这边的马基雅维利、霍布斯和福柯，他们之间的对称是显而易见的。

孙子和克劳塞维茨，以及韩非与边沁（还有马基雅维利、霍布斯和福柯）之间的相似，并非仅仅是纯粹思想领域内的某种巧合。他们反映了两种文化在这些关键时刻的历史性转折。一方面，在中国古代后期，见证了思想的百家争鸣。阴阳家、道家和儒家大大发展了宇宙观、宗教、礼仪和道德思想，而孙子这样的兵家与以韩非为代表的政治哲学家，则从唯物主义的视角，严谨的考察了策略与政治的各种观念。从战国时代形成的统一的秦帝国，大量采用了韩非的建议。在秦始皇的统治下，权力完全集中于皇帝。管理是中央集权的，法律条文标准化，思想学派也被统一（在此过程中许多学派被压制），地方习俗也被改革为统一的标准（书写、度量衡、连接不同地区的道路的宽度都被统一）。"非理性"的封建习俗文化在新帝国的秩序中被调整和理性化。国王依靠个人信赖及与地方领主的联盟来进行统治的传统国家组织，被专制皇帝统治下的中央集权官僚体系所取代。这样，秦朝及其后继者汉朝就开创了一种理性的皇帝制度，并在以后两千年的各朝代中被继承、发展和完善。

另一方面，在西方，自从文艺复兴，特别是16—18世纪以来，随着人文主义、科学、经验主义思想和理性哲学的兴盛，唯物主义的政治思想也首次出现。从马基雅维利开始，政治思想就沿着中央集权和权威主义的路线前进，尽管之后出现了自由主义和个人主义思想的分歧。沿着马基雅维利—霍布斯—边沁的这一轨迹，我们看到这三个世纪中与之并行的政治的转变：权力的逐渐集中以及有着绝对主义趋势的国家的形成。[45] 路易十四与皇帝拿破仑·波拿巴（在1789年革命之后）标志着两个内在联系的时刻，可以认为是中央集权与绝对主义国家上升中的最高点。从比较的视角来看，就国家权力的统一和中央集权而言，作为与中世纪以贵族和教会的封建王国联盟为基础的政体的对立面，这个时期法国的突破与中国秦汉时期的转折，有着显著的相似。[46] 换句话说，就中央集权而言，路易十四、拿破仑和中国的第一个皇帝有着同样的梦想，完成了可以互相比拟的革命。

两种情况中，基本的政治变革都依赖于对封建政体、对地方的和"不理性的"政治传统的否定。在这种不理性的政治传统中（让我们再次重复这一重点），国王通过他个人给家族成员、地方贵族和权势人物的授权，在欧洲还有教会的批准，来实现领土内的统治。无论是在中国还是在欧洲的这一重大转折中，新的体制都逐渐清除了家族的、个人的、习惯的和宗教的力量，以及在欧洲的教会的权力。在路易十四统治下，法国宫廷从议会中排除了皇室成员，制服了贵族，将法国教会置于宫廷的羽翼之下，而最重要的是，构建了中央集权的政府，将传统的统治转变为高效的管理。[47] 在法国大革命中，国民大会和拿破仑当然是将国王君主制翻了个底朝天，以人民大众主权，及相关的代议政府和法律面前人人平等思想取而代之。[48] 但同时，新的共和国持续发展和强化了中央集权的国家机器。在国民大会的统治下，教会被进一步压制，"封建制度"被废除，通过新的"部门"（department）体制，管理被进一步集中。在拿破仑统治时，这些手段受到保护并被进一步巩固。在理性化的过程中，地方习俗也被统一了（尤其是度量衡的标准化和十进制度量体系的使用）。

在中国，路易十六和拿破仑之前大约两千年的秦始皇，在建立中央集权的管理中采用了相似的手段。在一场类似的政治变革中，皇室成员和大地主，以及地方的政治与文化传统，被逐渐清除或镇压。在韩非法家的影响下，也由于对早先战乱的体验，秦朝的皇帝在一个远为广阔的领土上建立权威时，实际上做得更为彻底和强有力。汉代继承了秦的皇帝等级制度，但加上了儒家的道德和圣王统治的学说。隋唐将考试体系制度化，由此可依据才能从民众中挑选官员，这进一步排除了封建和继承的因素。10—11世纪，宋朝皇帝制度进一步扩展并变得更复杂。尤其重要的是，被誉为中国的发明的文官体系在此已完全建立、贯彻，并充分发挥着作用。这一体系包括：

> 在不同的部门和专门的机构中符合逻辑地分配任务，建立通过竞争性考试招募的高级文官团体，这一团体的成员要为他们的行为负责，对他们进行定期的评定，晋升或降级，

将他们分派到家乡以外的省份，并在三年后迁转，精确界定他们的职责，通过被赋予广泛权力的督察机构监控行政部门的作为，等等。[49]

这些自宋以来就完全存在的制度，构成了一个理性的结构，是西方在路易十四和法国大革命之前不曾有过的，如果我们的观察是正确的话。宋帝国的官僚体系也进一步膨胀为一个非常庞大的结构，有更多的等级；皇帝与高级官员、冗滥的文职人员、分散的地方绅士阶层和广大民众之间的距离更为疏远。

14 世纪中到 19 世纪晚期的明清，是这一个框架结构的完善与巩固过程。皇帝制度甚至变得更加专制，而同时更复杂而笨重。在制度扩充与坚持直接控制的需要的辩证关系中，朱元璋最终在 1380 年废除了宰相制度，并直接控制整个政府的事务。后来的皇帝，比如朱棣、康熙和雍正，为维持这一庞大专制的皇帝机器并使之更有效地发挥职能，又增加了新的机构。中国历史上国家权力的中央集权过程在 1380 年达到了极限，一个最后的历史顶点，并由此确保了中华帝国最后阶段的、极端统治的延绵而威耸的高地。

有些研究倾向于认为 17 世纪清康熙统治下的中国和路易十四时期的法国宫廷之间有相似之处，但从我们的视角来看，这两个皇帝的相似之处是表面的，可比性实际存在于更长时段的历史框架中。如谢和耐（Jacques Gernet）已清楚指出的，从长时段的历史观点来看，康熙统治之下中国的皇帝制度，经过在中央集权国家中的长时间发展，已经到达了高度成熟的阶段，而路易十四时期的法国才刚刚进入这一政治转变的初期阶段。[50] 事实上，到那时为止中国的体系已经过度制度化了（over-institutionalized）。尽管皇位的权力到达了最高点，一个悠久的道德教化传统和一个复杂的宫廷制度的规矩，对任何具体的皇帝个人都是庞大的限定的框架。一方面中国社会处于皇权制度的完全控制之下，另一方面皇帝本身只有一定的自由。在法国情况差不多是相反的。一方面，国家仍是异质的，朝廷还远未达到完全控制民众的程度；另一方面，路易十四很少受到一个发达的道德与制度框架的约束（由此，我们大概可以说，法国和欧洲的国王比中国皇帝更为"武断"）。[51]

在中央集权国家方面对中国和西方进行的比较中，必须先澄清几点。它们之间有许多重要的不同，中国的体系有自己独特的组合：有一个排除了封建、世袭等因素的理性高效的官僚体系，但同时它是在皇帝统治之下，皇帝是不能被排除的最后的封建与世袭因素。结果是"传统"与"现代"的结合，封建与官僚政治的结合。这就将中国体制既与路易十四以前的封建王国，也与拿破仑之后的现代国家区分开来。欧洲的转变，从绝对君主制的顶峰发展到现代国家的开端，如果用个简单的比方，是短暂地经过了一个"中国式"的阶段，然后就迅速地转向民众主权、平等和自由的思想，以及监察与平衡的实证主义思想（三权分立），这就制衡了中央集权的国家权力，并与之共存。中国没有这样的发展路径。不过尽管没有代表"人民"的民众主权，中国有宇宙论的道德伦理，以及天人和谐的思想，这将皇帝置于天人中介及其象征的地位。这一道德与宗教的框架，成为根深蒂固的集体意识，包容并限制了皇帝，也在皇帝不能实行其角色、不再受命于天之际，赋予人民反叛他的权利。这一体制缺少权力制衡机制，但却有监察机关（都察院），其大臣可以弹劾官员和皇帝。最重要的是，中国的体系与完全实证主义的西方体系不同，它含有宇宙的、宗教的、道德的与礼仪的文化氛围，以激发人的精神，满足人的情感归属的要求。[52] 精神与唯物的倾向、象征与功能的脉络，都在古代晚期综合在一起，在中国体系两千年的逐步发展中深深浸淫其中，浑然而成一体。

现在，让我们回到主要的问题上。尽管有上述这些差别，中国和西方的理论家们都考察研究过权力集中的程序和系统而有功效的权威的形成等问题。从这一角度看，两种文化是有可比性的。中国的制度起始于秦，并在汉、唐、宋、明、清得到持续发展。而西方的制度在文艺复兴之后经历了短暂和急速的兴起，并在 17 世纪末到 19 世纪初继续更快地发展。如果说韩非为前者发展出了一个重要的理论系统，那么马基雅维利、霍布斯和边沁为后者扮演了相似的角色。

在形成这样一个中央集权的空间的和制度的构成的某个历时瞬间，出现了两个标志性的图像：一个在 1420 年代已全部建成，其形式为完整的宫殿与城市；另一个在 1790 年代有了概念上的设计，随后作为一个抽象模式，普及国家的机器之中和广泛的监视网络中的各机关节点之上。一方面，是紫禁城与帝都北京的构成，明清皇帝权威的所在，映照出韩非和孙子的势的布局；另一方面，是边沁提出的圆形全视监狱，之后被福柯分析成西方现代性组成里的中央集权的基本标志（图 7.3，7.4）。如果韩非和孙子关于势的理论确实可与边沁和福柯的方案相比较，那么他们各自相应的空间设计应该也是可比的。[53]

1　**制度化**　在上述的两个情形下，当权力都被唯物的和功能的视角来考察时，双方都采用了结构的和运行的思维。双方都发展出了作为运行机械的社会机构装置（institutional set-up），可以便于权力的施行，并且在机构装置发达到一定程度时，自动地施行权力。位于中心的个人的在场及其品质，已不再是一个重要的问题。这个装置现在已经完全进入运行状态，在任何时候，朝着所有方向，自然而自动地施行着权力。

2 建筑空间系统 在两个情况下，在权力运行的制度化过程中，空间都被积极地利用。在此，权力之所以能被制度化，是因为一个空间系统被建立了起来，并由它来承当权力的所在和权力运行和辐射的领地。两个情况的差异在于规模。紫禁城及帝都北京的组成远远大于圆形监狱的方案。前者是一个宏大帝国中央权威的所在，而后者则是一种局部的制度。在后来的散播中，它仍是作为施加于社会之上的巨大监视网络中的地方性节点而起作用。尽管这是地方性的节点单位（unit），但其建筑构造的细部是精心设计而成的。为了实现边沁的梦想，圆形监狱建筑的平面和剖面，都必须精确地设计到细部。

3 可见性的不对称关系 两种情况都包含了观看的不对称关系。在北京，中心是不可见的，隐藏在包含等级化距离的重重高墙之后。但是通过一个情报运作机制，外部对于中心来说却是完全可见的。进入内部的信息与向外传送的批示形成完全对立的流动，共同将权力之眼——皇帝的凝视，强加于帝国整个的社会空间之上。在圆形监狱，由于中心始终保持在黑暗中，因而中心是不可见的。但是，中心却能够完全看见所有环绕在外围的小小舞台，这些舞台被后面外墙上的高窗以及上部的天窗所照亮。相比较而言，圆形监狱的运作是局部的、视觉的，而北京的运作则是帝国的，或者说社会地理的，是基于知识、资讯、信息或情报的。在西方现代社会，圆形监狱作为巨大的监视网络中的地方性节点，也分布到广阔的、规训的和社会地理的空间中。

今天，我们也许见证了这两者的交汇，一个韩非的帝国制度与边沁的权力光学组成的监视机制：它是全球的、资讯的、信息的、数字化的和光学的。

4　位于世界中心和位于地方节点的金字塔　两种情况都有一个金字塔图式。两者都有从外向内的水平方向的空间深度和不可见性。两者同样也有从基底到中心顶点的垂直方向的抽象的政治高度。在这个金字塔中，水平的延伸造成垂直的高度。在水平方向越深越不可见，顶点就越高，权威也随之而来。按照这一逻辑，当水平伸展与垂直高度都增加时，整个金字塔就变得更庞大，而其中深度与高度之比是恒定的。比较北京和圆形监狱的设计，前者远比后者巨大。如前所述，前者是帝国的宫殿与京城，而后者是地方性的制度化节点。这里揭示的，是规模和数量差异之外的东西。两者可能有质的区别。这种对照揭示出一个在广阔地理表面上对空间、物质和社会资源非常威严而集权的运用。它代表了一个比 19 世纪初期欧洲设想的计划更加发达、历史更加悠久的一个皇权官僚制度。

5　中央格局的性质　在两种情况下空间布局都是向中央集中的。"中央集权"这一概念本身就包括空间和制度两种过程。它既指示了物质意义上的权力位置的集中，又指出了在一个政治世界里在战略制高点上的权力的系统的施行。这两种中央集权的过程汇集在一起，凝集为一个真实的、既是空间的也是制度的中心，并在某个历史时刻物化，如明清北京和圆形监狱制度。自此，空间中心非常明确地促进、构成并成为了制度中心。但是，从这里开始，北京和圆形监狱之间的决定性差异也表露无遗。在圆形全视监狱，中心是分析性的，是彻底的实证主义的产物。在北京，中心则是综合的：它既是实证主义的也是宇宙论和道德主义的，它既是工具的也是象征的。北京的同一个建筑布局，一方面构成了功能的运行的权威金字塔，另一方面又表现了权威作为天子的宇宙象征主义思想，它们分别存在于社会空间和意识形态平面之中，又凝集在同一个现实之中。在北京，神圣权威的象征性表现和工具性权力的唯物实践，能够被如此自然地缠绕编织在一个空间形式中，确实是中国"理性"的一个非凡的特征，与西方的理性部分相似又迥然不同。

注释

1 Fung, *A History of Chinese Philosophy*, vol. 1 the period of the philosophers, pp.327-330.

2 参见 Fung, *A History of Chinese Philosophy*, p.318; Roger T. Ames, *The Art of Rulership: a study of ancient Chinese political thought*, Albany: State University of New York Press, 1994, p.65, 72, pp.87-94;《韩非子校注》, 江苏：江苏人民出版社，1982 年，第 298、570 页。

3 这一派的观点体现在商鞅的工作中。参见 Fung, *A History of Chinese Philosophy*, pp. 319-321;《韩非子校注》, 第 589 页。

4 这一点在申不害的著作中得到最好的表达。参见 Fung, *A History of Chinese Philosophy*, pp.319-321;《韩非子校注》, 第 589 页。

5 Fung, *A History of Chinese Philosophy*, pp.320-321;《韩非子校注》, 第 589 页。

6 Fung, *A History of Chinese Philosophy*, pp.318-321; Ames, *Art of Rulership*, p.72, 87.

7 《韩非子校注》, 第 570—571 页 ; Fung, *A History of Chinese Philosophy*, p.318.

8 《韩非子校注》, 第 297—298 页 ; Fung, *A History of Chinese Philosophy*, pp.325-326.

9 Ame, *Art of Rulership*, pp.90-91;《韩非子校注》, 第 34—39 页。

10 Jullien, *Propensity of Things*, p.50. 我对于势的理解很大程度上得益于于连的著作。

11 李泽厚，《中国古代思想史》, 第 96—97 页。在当代对于中国古典哲学的分析中，李泽厚是最早研究《孙子兵法》、道家和法家之间联系的学者之一。另一方面，弗朗索瓦·于连关于势的著作，对中国传统中的这一思想流派提供了广泛的、跨领域的阐释。

12 Fung, *A History of Chinese Philosophy*, p.332.

13 Jullien, *Propensity of Things*，p.49.

14 《韩非子校注》, 第 38 页。

15 Gerard Chaliand, *The Art of War in Would History: from antiquity to the nuclear age*, Berkeley, Calif.: University of California Press, 1994, p.17. 我按照通常的观点来叙述这本书及其作者。有些学者认为此书写作于战国时期。参见 Samuel B. Griffith, *Sun Tzu: The Art of War*, London: Oxford University Press, 1963, pp.1-19.

16 Tao Hanzhang, *Sun Tzu: The Art of War,* trans. Yuan Shibing, Ware, Hertfordshire: Wordsworth Reference, 1993, p.105; Griffith, *Sun Tzu*, pp.77-78; 王建东,《孙子兵法》, 台北：中文出版社，1982 年，第 73 页。

17 Tao Hanzhang, *Sun Tzu*, p.107; Griffith, *Sun Tzu*, p.87; 王建东,《孙子兵法》, 第 111 页。

18 Tao Hanzhang, *Sun Tzu*, p.108; Griffith, *Sun Tzu*, pp.88-89; 王建东,《孙子兵法》, 第 111 页。

19 Tao Hanzhang, *Sun Tzu*, p.110; Griffith, *Sun Tzu*, p.93; 王建东,《孙子兵法》, 第 139 页。

20 Tao Hanzhang, *Sun Tzu*, p.110; Griffith, *Sun Tzu*, p.93; 王建东,《孙子兵法》, 第 139 页。

21 Tao Hanzhang, *Sun Tzu*, p.110; Griffith, *Sun Tzu*, p.92-95; 王建东，《孙子兵法》，第 139 页。

22 Ame, *Art of Rulership*, p.65; Jullien, *Propensity of Things*, pp.59-61.

23 Tao Hanzhang, *Sun Tzu*, p.111-113; Griffith, *Sun Tzu*, p.100; 王建东，《孙子兵法》，第 163—164 页。

24 Ame, *Art of Rulership*, p.65; Jullien, *Propensity of Things*, pp.59-61; 李泽厚，《中国古代思想史论》，第 77—105 页。

25 Fung, *A History of Chinese Philosophy*, pp.330-335; Jullien, *Propensity of Things*, pp.51-52; 李泽厚，《中国古代思想史论》，第 88—97 页。

26 Jullien, *Propensity of Things*, pp.64-69; Fung, *A History of Chinese Philosophy*, pp.279-311.

27 李泽厚，《中国古代思想史论》，第 103—105 页。

28 Jullien, *Propensity of Things*, p.68.

29 参见 Michael I. Handel, *Masters of War: classical strategic thought*, London: frank Cass, 1996 以及 Jullien, *Propensity of Things*, pp.34-38.

30 Handel, *Masters of War*, p.19, 47, pp.150-151; Jullien, *Propensity of Things*, pp.34-38; Chaliand, *Art of war in World History*, pp.17-18 ('Sun Zi's conceptual breakthrough').

31 Peter Paret, 'The genesis of *On War*', in Carl von Clausewitz, *On War*, ed. and trans. Michael Howard and Peter Paret, Prenceton: Princeton University Press, 1976, pp.3-25, 14-17; and Jullien, *Propensity of Things*, pp.36-37.

32 柏拉图的《理想国》也许应该排除在外，因为它并不是从唯物的、功能主义的观点来看待政治。

33 Niccolò Machiavelli, *The Prince*, trans. Harvey C. Mansfield, Chicago: The University of Chicago Press, 1985; Bertrand Russell, *A History of Western Philosophy*, London: Unwin Paperbacks, 1946, pp.491-498 (Book 3, Chapter iii, 'Machiavelli'); Jullien, *Propensity of Things*, pp.54-55.

34 Jullien, *Propensity of Things*, p.55.

35 Russell, *Western Philosophy*, pp.531-541 (Book 3, Chapter viii, 'Hobbes's Leviathan').

36 Russell, *Western Philosophy*, pp.531-541 (Book 3, Chapter xiv, 'Locke's Political Philosophy').

37 Jeremy Bentham, *The Panopticon Writings*, ed. Miran Bozovic, London: Verso, 1995; Russell, *Western Philosophy*, pp.740-747 (Book 3, Chapter xxvi, 'The Utilitarians'); Jullien, *Propensity of Things*, pp.55-56.

38 Jeremy Bentham, *The Panopticon Writings*, pp.33-34.

39 Jeremy Bentham, *The Panopticon Writings*, p.31.

40　Foucault, *Discipline and Punish*, pp.195-228; 同时参见 Michel Foucault, 'The eye of power', 收于 Michel Foucault, *Power/Knowledge*, ed. Colin Gordon, Brighton, Sussex: The Harvester Press, 1980, pp.146-165. 有关圆形监狱设计建筑方面的研究，参见 Paul Hirst, 'Foucault and architecture', *AA Files*, no.26, 1993, pp.52-60; Markus, *Buildings and Power*, pp.118-130; Evans, *The Fabrication of Virtue*, pp.195-235.

41　Foucault, *Discipline and Punish*, p.205.

42　Foucault, *Discipline and Punish*, p.222.

43　Foucault, *Discipline and Punish*, pp.213-217, p.216.

44　Jullien, *Propensity of Things*, pp.56-57.

45　 J. M. Toberts, *The Penguin History of the World*, Harmondsworth: Penguin Books, 1976, pp.531-532, p.558.

46　这一点 Jacques Gernet 已经提到过，'Introduction', in S R. Schram (ed.) *Foundations and Limits of State Power in China*, London: School of Oriental and African Studies and the Chinese University of Press, 1987, pp.xv-xxvii. 我对 Jacques Gernet 的文章尤表谢意，对于本部分论点的形成它起了至关重要的作用。

47　Roberts, *History of the World*, pp.553-554.

48　Roberts, *History of the World*, pp.676-687; Jonh Bowle, *A History of Europe: a cultural and political survey*, London: Pan Books, 1979, pp.483-495.

49　Gernet, 'Introduction', p.xviii.

50　Gernet, 'Introduction', p.xvii, pp.xvi-xxv.

51　Gernet, 'Introduction', p.xxii.

52　Gernet, 'Introduction', pp.xxvi-xxvii.

53　我在 'Space and Power'（《空间与权力》）中首先对此进行了比较，pp.462-489. 后来在 1996 年读到的弗朗索瓦·于连的《事物的趋势》(Jullien, *Propensity of Things*)，鼓励我进一步考虑北京和圆形全视监狱间的联系，这反映在我的 'A Chinese mode of disposition: notes on the Forbidden City as a field of strategy and representation'（《中国的布局模式：紫禁城作为策略和表现的场所》），*Exedra*, vol.7. no.1, 1997, pp.36-46.

第二部分结语

作为国家机器的建筑

现在，我们可以把到目前为止所讨论的建筑综合体，即紫禁城，理解为明清两代的国家机器。它与京城的其余部分一起，作为帝国的巨大的地缘政治结构的核心部分，建成于 1420 年。作为中央集权帝国京城的中心，这一庞大的构筑，这一巨型建筑，宣告了自身在"天下"的统治中心地位。走近京城，我们发现，在建筑—都市—地理综合体之中，空间和政治的中心性合二为一。仔细分析它的配置，空间政治现实的不同层面证明这是一架按照金字塔原则构建而成的国家机器。

在物质与空间的层面，紫禁城是占地约七十万平方米的墙的海洋。这些密集墙体，对大地表面上施行无数切割，创造出世界上隔断程度最高的建筑群体之一。一方面，这些墙体造成内部丰富的复杂性；另一方面，它们也造成内外极为陡峭的不平等。从这个维度来说，由于层层叠叠围合着内部空间的墙的使用，以及将内部从外部区分与隔离的距离，从外面看紫禁城变得极度纵深。事实上，墙和距离都造成并强化了内外的不平等，增强了围合的力度和深度。正式觐见的官员如果从轴线南部进入，他就必须走过一千七百米到两千米的距离，穿越七至十四重边界，才能到达紫禁城内廷的深宫密室。空间的深度，实际意味着对大多数人的不可进入，标志出这组建筑的最强特性。另一方面，紫禁城的内部空间布局非常不规则（这与人们通常所认为的相反）。东区远较西区整合，易于到达，而且也更经常使用。其中的一个"都市"（Urban）场所，即"U—空间"，是整合度最高的：它的作用就像一个无形的功能中心，与可见的仪式的中心（即太和殿前的中央庭院）形成对比。

在政治层面，帝国统治机构集中于紫禁城及周边地区，它包括内廷和外朝。前者是为皇帝服务的宦官、后妃以及一些皇室成员的领域，组成了"身体的"空间；后者则是内阁、大臣和各级官员与皇帝一起工作的领域，构成了"制度的"空间。前者集中于紫禁城内部的北区，围绕着皇帝的私人宫殿；后者主要集中于都城的东南部，但有极为关键的纽带，延伸到紫禁城内，直达寝宫的前门。前者培养皇帝的"作为身体的个人"（body-person）；后者则培育君主作为帝国的"首脑的统治者"（head-ruler）。前者以围合与深度为优势，强化了空间的内在化，从而使皇帝得以放纵作为身体的个人；另一方面，后者奋力克服围合与深度，穿透内部空间，与皇帝一起工作，造就皇帝为帝国官僚机构的首脑及统治者。

东面的各重宫门和从东南到西北的路线最繁忙（约有一千二百六十至一千六百米长，穿越四至十一重边界，因此它比正式的中轴线通道更加便利有效）。经过历史的逐渐演变，内阁和军机处（分别成立于1420年代和1730年代）被安置在紫禁城内部这条路的沿线。等级化的层级沿这条斜线建立了起来，由此，内外的不平等便与制度化的高低位置相对应。皇帝的私人宫殿、军机处、内阁，以及正规的政府官署（行政管理、军事部门和监察机构），按照逐渐下降的秩序，沿着这条斜线从紫禁城的内部排列到都城的都市区域。沿着这条线，不同级别的官员，克服着边界与距离，有规律的，有时甚至是每天，"攀登"到宫殿觐见皇帝。历史上的和日常的向内部空间的移动，都对内廷势力起着对立制衡的作用。

作为帝国统治的君权构成，包括三个基本关系：就是构成三角形的三条线。从顶部的皇帝开始，可以看到从这一点向下延伸的两种关系。一种是在内廷展开的皇帝——宦官／后妃／皇室成员的关系，另一种是从内向外延伸的皇帝——大臣／官员（包括大学士）的关系（称为君臣关系）。两种关系都包含着一个冲突，因为皇帝一方面需要这些人，另一方面也不得不限制他们潜在的政治势力。在第二种关系中，冲突导致正式的大臣和政府官员与内部中心慢慢地拉开距离，而皇帝所控制的一小批更有权力的官员则逐渐向内移动（如 1420 年代和 1730 年代所标志的）。三角形构成还包括了第三种关系，即内廷势力与外朝势力的关系，它构成逻辑上的对立，也表现为历史上的真实的冲突。

在强有力的皇帝手中，内廷与外朝之间可以达到平衡。而如果皇帝很年轻或者很柔弱，对立往往会转化成真正的冲突，这会导致危机，并且在外部因素干预下，还会引起全面的历史的衰退。这一过程常常开始于皇帝作为身体的个人的膨胀（沉溺于内部世界的欢娱与舒适）、围合与深度的作用的强化，以及内外差异的增强。这种情形往往被内廷的"身体"人员（宦官、高级妃嫔以及皇室成员）利用。他们开始控制皇帝，压制内外沟通。他们与外朝对抗、分裂并最终打败外朝官僚机构。在其他许多因素的参与下，这种状态早晚导致朝廷的衰败和灭亡，最后表现在围合、深度与身体个人本身（在一种奇怪的逆转下）被新的强大外力的摧毁。

在防卫的层面，为了抵抗这种摧毁，宫廷采用了强化围合与深度的手段。哨卡和巡逻路线都沿墙布置，特别是在 U—空间的内外两层边界上。夜间，当防卫力量得到充分使用，一个针对自由空间的全面征战，在内部的完全切割和内外的完全封锁隔离之中，达到高度的实现。

对衰落的抵抗，必然要强化宫廷三角形三条边的规范（normative）的运作。在其他线保持平衡的情况下，最重要的是皇帝与大臣／官员（君臣）的关系，这是帝国政府正常和规范的运作中最至关紧要的关系，它沿着斜线在内外之间展开。沿着这一关系，边界两边具有强烈的不对称。在内部维持着围合与深度的同时，外部被迫变得透明。内部保持不可见与难以接近的状态，而外部完全可见并被控制。不对称的观看，单向的权力之眼，直指外部。这是宫廷信息管理制度中产生的一套情报工作体制。除其他事项外，它特别包括了官员奏书递进和皇帝朱批外发的双向流通过程。

1380 年洪武皇帝（朱元璋）废除宰相制之后，建立起最中央集权的帝国政府，报告都通过 1420 年代新成立的内阁提交。1730 年代，成立了位于比内阁更内部的军机处。这两个机构成为内部的皇帝与外部的官员文书往来之间的枢纽。前者负责传递常规的本章及皇帝相应的指示，而后者处理重要、机密的奏折及皇帝相应的回复。第二种机构及其职能由雍正设置，以提高相对于外部低级政府的他自身位置的高度和深度；它确保了皇帝和特定官员或将领之间直接传递信息与指示的绝对机密与高效。在地理尺度上，信息沿着以北京紫禁城为起点，以放射状向外散布到全国的驿路传递，到达帝国各地地方城市官员与边境军队将领的手中。传递的速度大约定在每天三百到六百里（在特别的情况下可达到每天八百里）。

如果说明初朱元璋将中央集权的、等级制的皇帝统治推进到了逻辑上的极限，那么清初的雍正则在这个结构中完善了内部的可操作装置，并将君主的地位尽可能提升到了最高点。其他的皇帝，比如明永乐（朱棣）和清康熙，则起了逐步推进和改良的作用。随着时间的流逝，皇帝统治的空间政治布局的金字塔结构变得越来越明显。

1 水平的空间深度对应着垂直的政治高度：内部体系越深，统治的地位就越高，从而产生一个更大的金字塔结构。

2 内外之间的双向流动造成朝向外部的单向凝视：位于顶端的皇帝能够获得一个全景透视，自上而下俯瞰整个社会地理的表面。

3 通过采用内外不平等的建造形式，以及使帝国官僚结构中高与低、可见与不可见的不对称关系的系统化、制度化，君王地位的高度就成为必然的结果。控制与监视的运作自然而自动地从上而下不断流动。

在《孙子兵法》中，"势"的思想至关重要。兵法建议人们采用具有自然动态趋势的某种整体布局来为我所用，以应对敌人。采用"势"的布局，以获得战略、形态和空间的优越地位，远比用蛮力与敌人直接冲撞更为重要。韩非子的政治理论中，对统治者所提出的建议的一个中心思想，就是建立"势"的形态或布局。皇帝对于官员和臣民必须保持距离和高度。因此必须发展一个金字塔结构，用其中的动态趋势，来确保君权效能的自上而下的奔腾流动。如果这种制度化构架能够稳固建立，君主的权力就可以自然流动运作。韩非子也提出，作为金字塔结构中内外不平等的一部分，君主自上而下针对官僚和城乡社会的凝视考察之"术"的重要性。以韩非法家思想及相关兵家策略理论为依据，以国家机器的悠久历史发展为背景，紫禁城清晰地揭示出包含着"势"理论的中国式的空间、权力和君主统治的部署方法。

边沁的圆形监狱与紫禁城所表现的韩非的布局有部分的相似之处，这说明在中国和欧洲，国家权力的中央一统化的发展之间存在可比性。他们之间有异有同。同中心的布局，从中心指向边缘的不平等视线，确保权力自动运作的制度化结构，对整体结构布局而非个人能动作用的强调，以及空间深度与政治高度相对应的金字塔结构，这些是两者共有的。事实上，两者都是现代主义与功能主义设计的杰作。

但是，西方的体系走上了彻底开放与实证主义的道路，而在中国，实证主义与工具主义的思想与"封建"和"人性"（feudal and human）的传统结合在一起。在西方，随着人民主权的兴起，一个互相监督互相制衡的法制体系建立了起来。在中国，通过一种混合的方式，绝对的世袭的君权与完全开放的理性的官僚体制同时保留了下来。以这种混合的方式，唯物的策略政治思想与宇宙道德论及宗教象征气氛结合在一起。在法家与儒家传统的共同影响下，紫禁城宫殿既是工具主义的，也是象征主义的。

第三部分

宗教与美学的构图

8

宗教话语

话语的建构

这是清朝第一个皇帝在北京登基时，在天坛宣读的祷文，时间是其统治的第一年（1644年）的十月：

> 我国家受天眷佑，肇造东土，列祖创兴鸿业，皇考式廓前猷，遂举旧邦，诞膺新命，追朕嗣服，虽在冲龄，缔念绍庭，永绥阙位，顷缘贼氛（水存）炽，极祸中原，是用倚任亲贤，救民涂炭，方驰金鼓，旋奏澄清，既解倒悬，非富天下，而王公列辟文武群臣，暨军民耆老，合词劝进，恳切再三，乃于今年十月初一日，祗告天地宗庙社稷，即皇帝位，仍建有天下之号曰大清，定鼎燕京，纪元顺治，缅为峻命不易，创业尤艰，况当改革之初，更属变通之会，是用准今酌古，揆天时人事之宜，庶几吏习民安，彰祖功宗德之大，于

戏，天作君师，惟鉴临于有德，民哥父母，斯悦豫于无疆，
既已俞旨布恩，鸿敷大赍，将使投诚归命，无阻幽深，惟尔
万方，与朕一德，布告遐迩，咸使闻知。[1]

于是清帝国诞生了，顺治登上了皇位。从祷文中可以分辨出几
层意思。首先，就像在第一段中所表达的，君主的根基与权威最终依
赖于"天"，依赖于天的眷顾。最重要的是，取决于授予这个"东土"
的列祖先帝的天命。这个通过帝王世系延续的天命，如今授予了现在
的皇帝，即清帝国的第一个皇帝。天命和世系给予新皇帝合法性与最
重要的权威。其次，在随后的两个段落中讲述了历史背景，从而进一
步合理化了新的统治者。正是这个皇帝"救民涂炭"，"解倒悬"，"旋
奏澄清"，并建都于北京，以确保整个王国疆域的和平。第三，在最
后一段，提出了更系统化的观点。在实现了这一切之后，群臣、军民、
老幼"合词劝进"的民意，认为我应该登上皇位，来为人民规定一种
模式：这是不能违背的意愿。但所有这一切都需要由神授予，需要天
的眷顾与支持。所以现在我向你祈祷，昊天上帝，并虔诚地请求您的
许可，准许建立新的政府和清帝国永恒的秩序。

帝王意识形态的基本框架在此得到说明。在概念性的图解中，皇
帝处于上面的天与下面的人之间的中介地位。他接受天的委任统治人
类。皇帝遵循天命，因此受到委托，能够统治国家，确保和平和"天
下"的秩序。在汉语中，皇帝被称为"天子"，天之子，这生动地描
述出了这种纵向的关系。这确实是中国自古发展起来的帝王意识形态
的核心。在汉代的《春秋繁露》中，董仲舒说：

天生民性，有善质而未能善，于是为之立王以善之，**此**

天意也……王承天意以成民之性为任者也。[2]

　　尽管在随后漫长历史中有许多尤其是宋及其后的理学的发展，明清北京朝廷所继承的帝王意识形态，本质上与最初汉代发展起来的意识形态仍是一样的。在本质上，政治意识形态被包容在宇宙道德伦理之中。皇帝依照天命统治，以确保人与自然之间，以及天、地、人之间的和谐。

　　在自古以来的文本中，这一语义学话语的线索是清晰而自明的。我们如今所面临的有趣的问题来自别处：在目前北京的案例中，困难的问题并不在于这些"内在"思想的逻辑，而是这些思想在"外部"世界的表现和生产的方式。事实上，上文提到的文字处于一种复杂的宗教制度背景之中，这一宗教制度界定了地点、时间和仪式的进程，在仪式中这样的祈祷文在漫长复杂的过程中被起草、复制、审查、阅读、焚烧。在这一"话语实践"的外部世界，我们可以确定两个研究领域。[3]首先，有一个在特定时空框架里展开的皇家宗教制度，它直接表达了承载天命的帝王意识形态内容。其次，有一个覆盖北京大部分区域的大尺度的形态组合，它与皇家宗教制度相关，表达了一种天地的胸怀和气息，这样它也帮助了基于宇宙论与道德哲学的皇家意识形态的表现。前者要求研究时间与空间中的仪式实践，以及意识形态表演与生产的方式，而后者要求研究空间和建筑的构图，它们的视觉和美学特征，以及它们对那种精神或气息的表达。本章与下面一章分别讨论这两个问题。

　　让我们首先来观察一下宗教制度的框架。清宫廷的所有仪式分为五类：吉礼、嘉礼、军礼、宾礼、凶礼。[4]吉礼是对上帝、神灵和某些历史人物所作的供奉，[5]这些神按等级分为三组：大祀、中祀和群祀。大祀包括天、地、皇帝的祖先、社稷，祈年、雨及孔圣人；中祀包括日、月、岁星、先农、先蚕、历代帝王、关圣帝和文昌帝；群祀是一个庞大的类别，包括对大约五十种神灵的敬奉，其范围从药王和诗圣到北极星、东岳，以及灶神和门神等等。皇帝亲自参加所有的大祀，参加某些第二等级的仪式，并委派官员出席其他的中祀，同时委派官员照看第三层级的所有仪式。换句话说，对皇帝来说，最重要的是大祀和某些中祀。所有这些仪式都在特定的地点举行，而地点就是位于北京各处的庙宇或祭坛，它们在每年特定的日子里上演。由皇帝本人参加的前两个等级中最为重大的仪式，占据了主要的场所与日期。尤其引人注意的是，天坛、地坛、日坛和月坛分别位于都城的南、北、东、西，而相应的祭祀的日期也分别是冬至、夏至，春分和秋分。

吉礼祭奉的是较高层次的神，而嘉礼则是有关宫廷世俗事务的仪式。嘉礼涵盖了朝廷一切重大事件。[6] 它们是登极仪，授受仪，太后垂帘仪，亲政仪，大朝仪，常朝仪，御门听政仪，太上皇帝三大节朝贺仪，太皇太后、皇太后、皇后三大节朝贺仪，大宴仪，上尊号徽号仪，尊封太妃太嫔仪，册立中宫仪，册妃嫔仪，册皇太子仪，太子千秋节，册诸王仪，册公主仪，大婚仪，皇子婚仪，公主下嫁仪，品官士庶婚礼，视学仪，经筵仪，策士仪，颁诏仪，进书仪，进表笺仪，巡狩仪，乡饮酒礼。

除了某些例外，所有主要的嘉礼都在北京的中心，而且大多数是在宫城中举行。这些仪式围绕着宫城中某些主要的大殿和院落，而不是坛庙来组织，其时间结构是松散的。这类仪式大部分都没有固定的日期，它们在宫廷生活需要的时候举行。重要的例外是大朝和常朝，前者在三个重要的日子（three grand dates）举行，即正旦、冬至和万岁（皇帝的生日），而后者在全年中每月的五、十五和二十五日举行。

军礼主要是有关战役与战争的仪式。[7]包括：亲征，凯旋，命将出征，奏凯，受降，献俘受俘，大阅，秋狝，日食月食救护。这些仪式主要在午门前举行，即宫城的南门，也是军队出征与归来的象征地点。门楼的高大立面表现了皇帝的威严形象。从时间上说，这些仪式当然都没有固定的日期。

宾礼与邻国和海外国家有关。[8]包括藩国通礼，山海诸国朝贡礼，敕封藩服礼，外国公使觐见礼。这一分类中也包括内外王公相见礼，京官相见礼，直省官相见礼，士庶相见礼。

凶仪包括：皇帝丧仪，皇后丧仪，贵妃等丧仪，皇太子皇子等丧仪，亲王以下及公主以下丧仪，醇咸亲王及福晋丧仪，忌辰，赐祭葬，赐谥，外藩赐恤，品官丧礼，士庶人丧礼。[9]

在这一有关皇家宫廷所有祭祀与仪式的庞大的规则体系中，有必要提炼出几个最重要的方面：（1）基本的语义的差异，（2）城市中的空间地点，（3）以及年历中固定的时间，看来是这一制度中三个最重要的结构要素（dimension）。

1 **语义差异**　我们认为仪式本质上只有两组："天上的"祭奉和"地上的"仪式。吉礼供奉的是"天上"世界的神灵，而嘉礼则是有关"地上"世界的世俗事务的仪式，军、宾和凶礼尽管有所不同，但也同样属于地上世俗世界的范畴。这种把所有仪式归为"上"和"下"的分类，将在随后对宗教制度、它的表演和它对皇家意识形态的表达的分析中，反映出其至关重要的有效性。

2 **空间地点**　我们能够辨别出一种图式。如上所述，所有的吉礼都有固定的地点，是坐落于北京某处的庙或者坛。而嘉、军、宾和凶礼则没有与之有直接联系的特定的宗教场所和建筑。但它们确实在某处发生，包括几个不同的地方，通常是在北京中心宫城的内部。仔细的分析显示，用于吉礼的场所都在宫城之外，并向外分散在北京城的外围，而嘉、军、宾和凶礼的场所则倾向于聚集在宫城之中。换句话说，在整个北京地图之上，"天上的"（神圣的）地点向外围分散，而"地上的"（世俗的）场所聚集在中心。

所有主要的世俗仪式，特别是嘉礼中显赫的那些，都沿着宫城的关键轴线展开，使用主要的大殿和宫门。重要的神圣仪式，也就是每年皇帝本人亲自参加的大祀和某些中祀，占据了宫城外的主要坛庙，其中许多远离中心（图 8.1）。太庙和社稷坛在皇城南部中轴线的两侧，孔圣人则被祭奉在都城北边的国子监，农神和蚕神供奉在都城南面的先农坛，位于南北中轴线的西侧。轴线东侧则是北京最大的宗教建筑群天坛，对丰收的祈祷在天坛建筑群北半部的祈年殿中举行，雨神和天帝的祭祀在南部露天的圜丘举行。在城市北面，与南面的天坛相对对称布置的是地坛。同样，日坛和月坛也对称布置在城市东侧和西侧。都城墙外的这四个地点，标志着"天上的"（神圣的）祭祀中四个最重要的点。

在这一包括中心世俗地点与外围神圣地点的宗教场所的空间分布中，北京整体的几何布局得到强化，而象征含义也有所增加。集中性得到加强，这不仅是由于中央宫城中世俗仪式的集中，也是由于环绕在宫城、皇城和都城外神圣地点的对称布局。南北轴线也以同样的方式得到巩固。由于这些宗教内容而增加的另一个形式特征是中心与外围的对比。中心通过宫廷最重要的仪式得以确认，而外围则在更广阔高大的宇宙中与对上帝的祭奉相联系。这些因素共同起作用，使这一宗教实践的层面强化了城市形式化平面的总的同心性，并且提供了帝

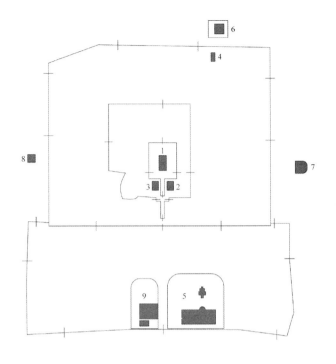

图例

1. 太和殿（宫城）
2. 太庙
3. 社稷坛
4. 国子监
5. 天坛
6. 地坛
7. 日坛
8. 月坛
9. 先农坛

图 8.1　清朝皇帝亲自参加的"神圣"祭奉与"世俗"仪式的地点。

王意识形态象征性表现的新层面。当然，关于这种象征性表现的过程，还需要我们对仪式实践做进一步的分析。

　　3 时间的凝结　在年历的框架里，只有吉礼和部分最重要的嘉礼固定于一个或是一系列日期。如前所述，嘉礼中的大朝在三个重大的日子举行（正旦、冬至和万岁即皇帝生日），常朝一月举行三次（分别在五日，十五日，和二十五日）。二者都围绕着宫城中心的大殿（太和殿）及其庭院组织。换句话说，空间的地点与时间的日期在此相互关联，我们看到上朝仪式尤其是大朝的最显著位置的时空标记。它们居于空间与时间世界的中心。

对于吉礼，皇帝参加的重大仪式同样占据了重要的日子。大祀中的祭天仪式在冬至举行，而祭地则在夏至。祈年和祈雨分别在春天第一个月份的第八日和夏天第一个月份的吉日（在天坛）举行。太庙祭享一年举行五次：春夏秋冬四季的第一个月份的吉日，以及一年中的倒数第二日。社稷的祭祀在春季和秋季第二个月的吉日。祭奉孔子同样也在春季与秋季第二个月的吉日。在春季与秋季第二个月的同一天，祭祀农神和蚕神。最后，对日月的祭祀分别在春分和秋分举行。

中国的历法包括以春天为起始的四季，每一季恰好包含三个月。[10]将上述日期在日历中顺序标出，就可以清晰地显示出具有优先性的四个主要时段：春夏秋冬四季的当中一个月份。[11]更进一步的，春天与秋天的这个月份的使用与夏天和冬天的并不相同。春季和秋季的中间这个月份杂乱地集中着许多仪式，而对夏季与冬季中间这个月份的使用则极其严格。事实上，只有冬至的祭天与夏至的祭地是在这两个季节的中间月份举行。换句话说，夏／冬与春／秋之间存在对比：前者标志出一个纯净的终极，而后者则代表了一个异质的丰富多彩的世界。当然，年历中的这四个中间区域，最终由在四个中间日子，也即两至与两分举行的四项仪式，即对天地日月的祭奉标志出来。

这里我们再次发现，如果把空间地点加入到考察对象里，结构会变得更加明晰。四种祭奉不仅占据了时间上的四个关键点，也占据了空间中的四个主要地点。因此人们能够在祭天地的场所之间标出一条

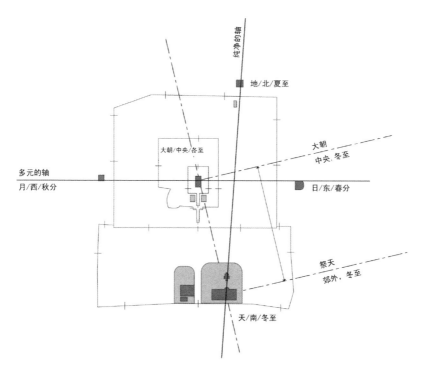

图 8.2　　清廷宗教制度时空框架中的主要基点。

南北向轴线，而在祭日月的场所之间标出一条东西向轴线。它们代表着神圣祭祀的时空结构，前者代表纯净的终极，而后者代表多样与异质的终极点（图 8.2）。

　　当我们把世俗仪式与神圣祭奉联系在一起，有一个日子作为宗教日期中最重要的一点浮现出来：冬至。世俗与神圣的仪式在这一关键点，并且也仅在这一点，重叠交叉。在这个重大的日子里，紧随着在天坛举行的最重要的神圣祭天仪式的，是最重要的世俗仪式，就是在宫城中心举行的大朝。在中华帝国宫廷的整个宗教制度中，这个日子作为关键的一刻凸显而出。进一步观察，当空间和时间结构都放在一起时，大朝仪式又将宫城中央地点放回到我们考察的画面，显示出它是一个与四个神圣地点既相联系又形成对比的中心点（图 8.2）。

意识形态的演出

现在让我们深入观察这些礼仪是如何通过它们的话语实践来生产和表现帝王意识形态的。我们将沿着上面确认的三个维度来勾划出意识形态生产的途径，我们将在更具体更地方的层次上考察空间地点，时间的界定也会得到认真考量。最重要的是"地上的（世俗的）礼仪"和"天上的（神圣的）祭祀"的语义区分，将作为制造帝王意识形态的整个话语实践的基本结构性分界来运用。

世俗仪式

登基、大朝、常朝和颁诏，属于清廷最重要的世俗仪式。在几种历史文献中可以找到细致的描述。北京清廷的第一次登基大典，如本章起始所述，在顺治元年（1644 年）十月的第一天举行。[12] 在那一天，官员们被派往太庙与社稷坛祈祷并向神灵宣告这一消息。同时，皇帝本人到南郊，向天地祈祷并宣告登基。在天坛，上文所引用的祷文被宣读并焚烧，之后是大臣和官员向皇帝拜伏。然后，在宫城内的太和门举行正式的登基仪式。皇亲贵族站在门前庭院的北部，而文武官员站在南部，他们都向北，向坐在门内宝座上的皇帝拜伏（在皇帝沿着中央的御道被抬回宫中之后）。

下一个皇帝康熙，于 1661 年即位，采用了不同的程序，这成为后来皇帝登基的标准程序。在仪式前，官员被派去向天、地、祖先与社稷宣告登基并祈祷。在向他故去的父亲，以及寝宫内的母亲和祖母献上颂词后，皇帝经过乾清门（内廷前门）出来。他首先被请上中和殿的宝座，接受在宫中服务的内官们的拜伏，然后被领到太和殿的宝座。在那里，他接受排列在大殿前部庭院，即紫禁城最大的开放空间的皇亲贵族和文武大臣官员们繁琐的拜伏叩头仪式。年长的亲王被领到殿中用茶。当仪式结束后，皇帝向北退去，而皇亲贵族和文武官员从南面的宫门退出离开。随后颁布诏书，宣告登基。

至于大朝，顺治八年（1651 年）规定在元旦、冬至和现任皇帝的万岁（生日）举行。[13] 康熙八年（1669 年）将程序标准化。在这一天的清晨，所有的皇亲贵族齐集在太和门前，而所有的文武大臣集中在午门前。他们分别以对称的行列等候在两个开放空间的东面和西面，礼官将贺表放在午门前的帐中。然后较高级的礼官将贺表带入并放在置于太和殿前月台的桌上。皇亲贵族和文武官员被别的礼官引导入门内，到达事先安排的点。皇亲贵族站在大殿前月台的东西两侧，而官员以同样的方式站在月台南面开敞庭院中。

一切就绪后，皇帝经过乾清门从内殿出来。他先被引至中和殿的宝座，然后，午门乐声响起，钟鼓齐鸣，皇帝在侍卫和官员的随从下，向南到达太和殿中央的宝座。内廷的大臣和官员，以及礼官和皇帝的侍卫都站在宝座的两侧。随着一个信号，平台上与庭院中所有的皇亲贵族和文武官员都跪下。贺表被打开并被高声虔诚地朗读。之后演奏一曲宫廷音乐。随着乐声充满整个庭院，皇亲贵族和文武官员对着宝座施行最虔诚和隆重的仪式：三跪九叩。然后站在西侧南端来自朝鲜和蒙古的官员，被领到月台上对皇帝行此大礼，之后允许他们坐下并用茶。皇亲贵族和文武官员们接着再一跪三叩。仪式就此结束。皇帝回北面的寝宫，而皇亲贵族与文武官员们则向南退出，从南面宫门离开宫殿。

常朝的日期，即每月五日、十五日和二十五日，是在顺治九年（1652 年）定下的。[14] 这一天皇帝要到太和殿接受大臣和官员的祝贺与行礼。如果皇帝不能来，大臣和官员必须在午门前，向北，朝着象征皇帝宝座正面的巨大的宫门城楼，叩拜行礼。

御门听政也被包括在嘉礼中。[15] 如前面章节所讨论过的，这是皇帝和相关亲王、大臣和官员之间真正的会议，是议政的重要程序。它围绕着乾清门而组织：皇帝坐在门内的御座上，而相关的大臣官员和亲王站在门前的月台和庭院中，等待皇帝的召见。这种会议没有固定的日期并且频繁举行。

从参与者穿越宫城的运动来说，也许最复杂的仪式是颁诏。[16] 有关这一事件的规则在清廷进入北京的第一个时期（1644—1661 年）便已规范化。诏书以满文与汉文书写。在仪式前，桌子与帐幕放置在宫城中的许多地点。清晨，皇子、贵族、大臣和高级官员齐集在午门前。同时，一位内阁高级官员将诏书从乾清门带至太和殿，并将其置于殿内的桌上。当皇帝来到大殿中的御座时，所有的亲王和官员都已站在月台和庭院中自己的位置，排成对称的行列行礼。然后一位内阁大臣将诏书庄重地递给跪在大殿外的礼部大臣。这位大臣虔诚地将诏书放在月台上的另一张桌子上。然后，诏书被放入匣中并向下传递给一位礼部官员。他再虔诚地捧着诏书，沿中央通道向南走去，所有的亲王和官员一路上都紧随其后直到午门，诏书被放在门前的帐幕中。

来自礼部的另一位官员将匣子从帐幕中取出，沿着同样的轴线继续南行到达皇城前门天安门。诏书被带到天安门的城楼上并被置于桌上。当所有的皇亲、贵族、大臣和高级官员到达天安门前的广场后，他们再次站立成对称的队列，并都面朝北方，朝着天安门。诏书由一名礼部官员庄严的大声宣读，先用满语再用汉语。然后下面的亲王与官员行三跪九叩礼。接着诏书被放入匣中，并放入一只金色的木鸡。金鸡从顶端放下，由礼部的其他人员接住，并拿着诏书沿同样的中轴线上的通道继续南行，到达最南端的大清门。随后，诏书到达就在大清门外东侧的礼部，在此，诏书被抄录，并分发至全国各地相关的衙署。

为了分析这些仪式，我们可以将此事件视为两部分之间有计划的相遇，即皇帝与他的来访者，也即来自内廷的君主，与来自宫外的亲王与高级官员之间的相遇。仔细追踪他们的表演，我们可以确定两个关键的空间维度：移动的线和接触的点。

两部分都有清晰的移动路线。皇帝总是从内部的寝宫出发，总是从中央的门乾清门出来，并向下到达一个地点，通常是三大殿之一，接受他的亲王和官员们朝见。另一方面，亲王和官员们总是从外部，通过南面中央的宫门，即天安门和午门进入这一场景（严格说来是这些中央门楼的东侧门和西侧门）。与皇帝的方向相对，他们面北并向上移动，到达不同的点向皇帝行礼。皇帝的路线向下和向外移动，而后者则是向内和向上涌入。他们在不同的地点相交并缠绕，生成仪式戏剧的场景。

仔细观察有关这些事件的描述，我们看到这些交叉点，这些两方的相遇地点，仅仅集中于四个位置。它们都在中轴线上。从北往南分别是乾清门、太和殿、午门和天安门（图8.3）。当然它们都位于两条移动路线上，通过两部分的移动路线，它们分别与北边和南边的其他地点相联系。在北端，寝宫内的地点必定主要与作为皇帝轨迹一部分的前两点相连；在南端，诸如礼部这样的场所以及附近其他官署，和事实上全中国的官署，是与轴线上四个关键位置相联系的外部的点，都在亲王与官员向上去到御座的各种旅程中。

尽管这四个位置作为相遇的点有共同特性，但是它们每一个都与某种特定功能相联系。乾清门是御门听政的聚会点。太和殿作为中央

中国空间策略：帝都北京（1420—1911）

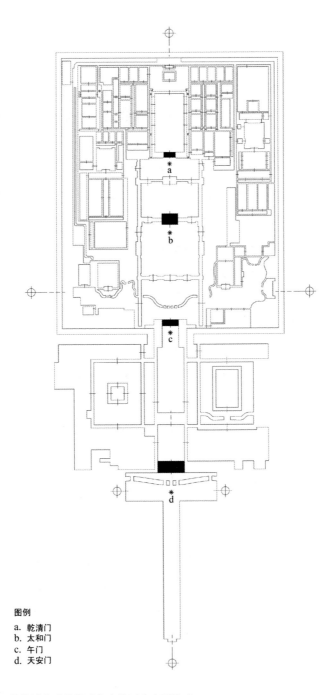

图例

a. 乾清门
b. 太和门
c. 午门
d. 天安门

图 8.3　紫禁城中世俗仪式集中的四个主要地点。

294

图 8.4　从南侧鸟瞰午门和紫禁城。

来源：Nelson I. Wu. *Chinese and Indian Architecture*, 1963, Plate 137, George Braziller, Inc.

的大殿，与诸如大朝和登基这样最重要的庆典仪式相联系。午门在许多宫廷仪式中是御座与皇帝的建筑的象征（图 8.4）。当皇帝不能出席仪式时，人们就在巨大的门楼前向他象征性地匍匐并叩头。作为紫禁城的前门，这里也是远征时象征的出发点与归来点。天安门作为整个皇城建筑群的最南端的门，象征着宫殿与外部世界之间的出入口，因此它也是向全体官员宣读皇帝诏书的地方，并且通过这些官员传达到整个帝国。

　　如果我们再进一步考察，另一些系统的特征也浮现出来。在四个地点，总是北面有一座构筑物而南面是一个开敞的庭院。大殿、宫门或者精致的门楼构成北半部，而不同尺度和不同布局的一个中庭大院，构成这一空间的南部。这些庭院北有相联的构筑物，而其他各面也是围合起来的。北部容纳皇帝并象征君权，南部为亲王和官员提供空间，同时也表现了臣民相对于对面至高无上者的次一级的、较低的地位。太和殿与其庭院之间，以及午门与其前开放空间之间的界面，十分清楚地表明了这种对立。

在此物质空间布局之上，人们的表演被系统地组织起来，以使两侧对比与对立的地理图景（mapping）进一步强化。表演的确复杂，包括许多方面。其中最本质的是两种基本的身体姿势：面孔的姿势和整个身体的姿势。当两边到达接触点后，皇帝坐在北面高高的宝座上，面向南面，而皇子与官员站在南面的开敞空间中，面向上面和北面。这一接触，不管他们之间彼此距离有多遥远，都是最具象征性的空间—身体的构成。这与象征等级统治的南北对立的整个空间配置相一致。进一步分析，它也与建筑的正南立面象征帝王正面面容的建筑布局相关。

脸部的位置是整个身体姿态的一部分。皇帝自己以最尊贵的姿态坐在高高的御座上，而亲王与官员不得不以严格的队形站在南面，并在仪式的关键时刻行礼。亲王官员作为臣子的空间位置在南边和低下的地面位置，已经象征着他们在社会等级中较低的地位。但是没有什么比亲王与官员跪拜行礼的真正表演更具揭示作用，更戏剧化了。在这一刻，人们不得不跪下并低头触碰地面，并反复多次，以表达和确认对北面至高无上的主人的敬畏。为了检验和确认敬畏，为了再次象征北面凌驾于南面、皇帝凌驾于臣民的支配关系，身体的过度劳作是必须的。

我们在此见证的是话语实践和宗教仪式制度的建造过程，它由此在外部世界生产出意识形态。外部的、物质的格局（disposition）成为意识形态内部的、语义内容的一部分。空间布局和人们的表演所构

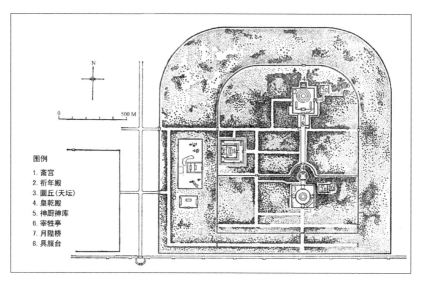

图 8.5 天坛平面，包括"神圣"祭奉的各个地点。

来源:修改自刘敦桢，《中国古代建筑史》，北京:中国建筑工业出版社，1980 年，图 184-1，第 348 页。

造的北部凌驾于南部，内部凌驾于外部，中心凌驾于边缘的结构，本质上既是语义的也是象征的。在这一话语实践中，上文所勾勒的所有的对比与对立只显示出一种含义：皇帝凌驾于所有人之上。

神圣祭祀

如先前所介绍的，祭天是最神圣的"天上"的祭奉。它在空间和时间上是如何构成的？它的物质配置是什么？组成仪式表演的空间布局是怎样的？在整个帝王意识形态的生成中，这些外部要素是如何成为话语的内涵的？

坐落于都城南部轴线东侧的天坛是北京最大的宗教建筑群（图8.5）。东西宽一千七百米，南北长一千六百米，面积大约二百八十公顷。[17] 它有两重围墙，每一重北部转角都为圆型，而南部转角则是直角。第一重围墙内西侧有两组建筑，是神乐署和宰牲亭。所有主要的构筑物都在第二重围墙内。这里被一道墙分为两个部分。北半部有一个斋宫，在祭祀前，皇帝在宫城中斋戒两日之后，第三天住在这里继续斋戒。有一条南北轴线贯穿整个建筑群，将两半部分的主要构筑物连接在一起。北部是一组围绕着中心祈年殿的构筑物。祈年殿是一座青瓦三重檐的庙宇，后面是储藏神位的皇乾殿，东北方有神厨、神库，宰牲亭也在同一方向的稍远处。在轴线上通向南部的是长长的高起的甬道（丹陛桥）。皇帝在每年祈求丰收的祈祷中，通过这条甬道从南部到达祈年殿。

在轴线的南端是另一组建筑，围绕着一座中心露天圆坛构筑，这就是圜丘。这是一座向天空敞开的三层平台，是皇帝冬至祭天的场所（图 8.6）。它被包在两重围墙中：即内部的圆型院落与外部的方形院落。在四个方向上，每重院落都有三个门道穿过。其中北、东、西三侧的门道在祭祀时是关上的。方形庭院的西南角有三根高高的灯柱，用于在天亮前的祭祀中悬挂巨大的红灯笼（望灯）。在东南角，有一个用来焚烧祭品的祭坛。向东北延伸，也有一列八个巨大的铜盆（燎炉），用于焚烧祭品。在方形庭院外北侧是储藏天帝和其他神神位的皇穹宇。东北是神厨、神库和祭器库。在轴线上也有一条长长的神圣的甬道，在祭祀中，皇帝沿着这条道路从南侧到达祭坛。

祈年殿在明初原先是用来天地合祭的场所，从 1530 年嘉靖朝开始天地分开祭祀：在南部的圜丘祭天，而在都城北面一座方形露天的祭坛上祭地。这种做法此后在明清一直沿用。在清中期的乾隆朝，祈年殿与圜丘都经过了重要的重新设计，它们在以后的年代中被修葺与部分的重建，但乾隆时期的设计并没有被改动（图 8.5，8.6）。

众所周知，这组建筑具有象征含义。古人天圆地方的观念可以在围墙的轮廓以及建筑与高台的平面中找到。象征天空与天帝的蓝色，被用于祈年殿三重檐的瓦。奇数被认为是"阳"数，在阴与阳、地与

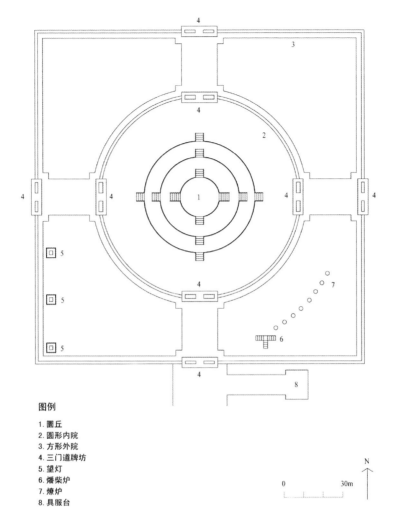

图例

1. 圜丘
2. 圆形内院
3. 方形外院
4. 三门道牌坊
5. 望灯
6. 燔柴炉
7. 燎炉
8. 具服台

N

0　　　　　　30m

图 8.6　　圜丘平面，最重大的"神圣"祭奉的地点。

来源：修改自刘敦桢，《中国古代建筑史》，北京：中国建筑工业出版社，1980 年，图 184-2，第 349 页。

天的二元性中，与作为阴数的偶数相对。奇数被系统的用于这些建筑中。数字三及其倍数以很多种方式被运用以象征上天的存在，以及历法中的月和四季。1750 年递给乾隆皇帝的一份奏章中勾勒了圜丘的新设计，其中写道：

圜丘旧制，照明官司尺，一成径广五丈零九寸，当九五之数，稍涉牵合，而三成用十二丈，则于奇义无取，今照律吕正义所载古尺制度，一成面径九丈为一九，二成面径十五丈为三五，三成面径二十一丈为三七，则天数一三五七九，于此而全，合三成径数，共四十五丈，吻合九五之义，幄次亦可加展广深，陈设器物，职事人员，咸得从容进退以昭诚敬，其坛面砖块，原制上成系圆面九重，二成系七重，三成系五重，虽均按奇数取义，而各成递减，数目未免参差，今坛面既加展宽，应均用九成，递加环砌，一成自一九递至九九，二成自九十至一百六十二，三成自一百七十一至二百四十二，体制庶为整齐，惟金砖向例不过方二尺余，今每块长阔至三尺五六寸，势难用砖，应取用艾叶青色石，庶质性坚良可以经久，至每成四陛之外，阑板围绕，每成四面，一成每面十八扇，二成每面二十有七，三成每面四十有五，总计三百六十扇，亦与周天度数相符，以上三成台面，并阑版长阔高厚，阶级广深，均按古尺略加增减，悉与九数相合，以上应乾元之法象。[18]

另一个象征性的布局是方位的使用。在祈年殿和圜丘，人通过一条通道从南部进入场地，而神以牌位的方式表示，被官员庄重地捧着，被从北面的储藏处请下来到达祭祀地点。这样一种空间安排围绕圜丘更为显著，这是一个来自北面高高在上的天帝与来自南面较低处人类之间戏剧性会面的平台。这一空间布局不仅象征着天的存在，而且更重要的是象征着天高于人的天人关系。

宗教和意识形态的含义在这些建筑物与空间布局中得到表现。我们可以将此视为一种话语实践，它包含了通过外部物质元素和空间关系的建造来生产话语的内部意义的过程。在这一实践过程中，话语被铭刻在这一物质空间配置上。此外，话语实践还包含另一方面：身体的和动态的行为表演。作为动态的仪式，它在这一空间配置的背景下展开，如同一出戏剧在舞台上表演。如果更仔细观察，我们会发现，这一过程包含了对礼仪物品和参与人员更详致的空间部署，以及由此激发出的各种有语义的空间维度。

在冬至前五天，皇帝亲自或是派代表检查牺牲。[19] 前三天清晨，一张放着斋戒注意事项的桌子被放在内部宫殿前门，乾清门的中间，宣布皇帝及高级官员们三日斋戒的开始。祭祀前两天，内阁官员准备好祷文并经过皇帝批准。它被用朱墨隆重的抄录在一张蓝色纸上，并被放置于一块牌匾上，然后被储藏在宫城东南角内阁的一间屋子里。

祭祀前一天，牺牲在天坛的宰牲亭被宰杀。圜丘被清洁。神位被放到坛上。天帝的神位放在轴线上北面，而皇帝祖先的牌位放在两侧，都在平台的最上层。其他天地神的牌位放在第二层的东西两侧（包括日、月、雨、云、风、雷和许多山川河海）。在平台顶层轴线南端，放置着表示皇帝在祭祀中走上顶层之后所在位置的牌子。在第二层平台南面阶梯前部有一个帐篷，在仪式中供皇帝在顶层奉献仪式前后使用。另一个更大的帐篷立在方形庭院的南门外，在中轴线通道的东侧，这在仪式的开始和结束时用作皇帝的更衣处。

同一天在宫城内，太和殿内放置一张桌子，祷文从内阁拿来放置在桌上。皇帝在检查过祷文后，一跪三叩。祷文于是被放入一个亭子中，皇帝对之薰香三次，再次一跪三叩。祷文和其他祭品香、丝绸、玉被拿到天坛的储藏处。之后，皇帝坐在御辇中，在全体随从的陪同下，以严格的队列，在午门的钟鼓声中缓慢的移出宫城。队列沿着贯穿整个城市的中轴线，行进在从宫城午门向南到天坛西南门的神圣道路上。这一通道两边所有的路口都用木栅栏封锁，并且覆以巨大的幕布。两侧的商店也都关闭，侍卫与士兵沿路跪在道路两侧。皇帝的行列从西围墙最南端的门进入天坛，然后被引至天坛轴线上内重围墙的南门，下辇，并向北步行穿过圜丘的两重围墙到达皇穹宇。在此殿中，皇帝焚香，向天帝三跪九叩，向皇室祖先和其他天地神行同样的礼。然后皇帝检查圜丘上神位的摆放。之后，他就被抬到围墙西侧的斋宫。

大约在冬至清晨的三点，祷文从储藏处拿到圜丘，并被放到平台顶层的桌上。大约同时，皇帝被请出场，抬到方形庭院的南门，在神道（sacred way）的西侧下辇，步行至东侧，进入更衣帐篷。大约同时，天帝、皇室祖先以及其他天地神的牌位被请到坛上，它们由礼官从北侧储藏处隆重的取出，放在顶层和第二层已经安排好的各自的神龛中。

在礼官的指挥下，皇帝从帐幕中出来，洗手，被护送至方形和圆形庭院内，从南面登上阶梯到第二层台基上的帐中，在此他面向北面站立。在这一时刻，第二层台基上负责东侧和西侧神的官员分别站立在东面和西面。乐官、合唱队和舞者安排在坛的南面，一半在圣路的东侧，一半在西侧。亲王与官员站在圆形和方形庭院内外轴线的两侧。所有的地方都站着礼官以指挥仪式进行。这个时候天仍是黑的。整个场地以悬挂在三根高大灯柱上的巨大的望灯，以及布置在坛周围的上百支蜡烛与灯笼来照明。

当一切都就位后，一位官员宣布向天献祭。火焰燃起，一整只小公牛被放入东南方的炉中焚烧。音乐奏起。随着表示皇帝位置的牌子被移开，皇帝被护送至平台顶层。他走向天帝的神龛，跪下，焚香并把香放入神龛前的香炉中。这样反复三次，然后被引导至顶层东西两侧的其他神龛，在每个神龛前重复同样的仪式。然后皇帝回到第二层平台上的帐幕中休息。他的牌子被放回原先的地方。在帐幕内，皇帝面北，三跪九叩；随后两重庭院内外所有的亲王贵族和文武官员也行同样的礼。

随后官员宣布献玉和丝绸。奉献以同样的程序进行，但伴随着不同的音乐曲目。之后是奉献放着小公牛的大木盘。遵循同样的程序，而使用另一首乐曲。

随后礼官指示敬第一道酒。乐曲再次响起，有六十位左右的"武士"开始他们的舞蹈。皇帝被引导至顶层平台向天帝敬一杯酒，然后被引导至放置着祷文的桌边。音乐停止，一位官员在匍匐行礼之后，拿起祷文并跪下，皇帝在所有皇亲和官员的陪同下也都跪下。祷文被大声地朗读。之后，音乐和舞蹈重新开始，祷文被放入天帝神龛前的一个篮子中，皇帝带领全体陪同者向天帝致礼三次，然后他被引导至东西两侧其他神龛前，向每个神祇献一杯酒。之后音乐和舞蹈停止，皇帝再次被护送回到下面一层的帐幕中。

第二道献酒献给二层平台东侧的神祇，第三道则献给西侧的神祇，由负责东西两侧的官员来进行，并伴随着音乐和"文官"舞者的表演。

然后便开始了祝福的享宴。皇帝被护送至顶层，他在天帝的神龛前跪下，庄严的拿起一杯酒，递给他右侧的官员。然后拿起一片祭奉的肉，递给他右边的官员。匍匐三次然后回到下层平台的帐幕中。在这里，他带领全体随同的皇子和官员三跪九叩。

此时，一位官员宣布天帝和其他神祇归返。牌位被放回北面的储藏处，音乐伴随着这一过程。在这一过程中，皇帝带领全体陪同者，再次三跪九叩。然后，一声令下，祷文丝绸和其他祭品被带到方形庭院东南角的燎炉和供焚烧的铜盆。乐曲响起。皇帝被引导至圆形庭院的南门外，他站立在此，庄严的看着祷文与祭品的焚烧。一缕香烟升

图 8.7   从南侧鸟瞰天坛。

来源：Nelson I. Wu, Chinese and Indian Architecture, 1963, Plate 145, George Braziller, Inc.

向天空，天渐破晓，大祀结束。皇帝在方形庭院外的更衣帐幕中换回龙袍后，被抬出天坛回到宫城。

这是清廷最复杂的一项仪式。在祭天的过程中，已经排部在物理布局中的一组空间关系，得到了启动，具有了生命（图8.7）。介入空间布局中的其他关键元素，也起了明显的作用。一个启动的上演的空间格局，一个表演的身体和一个文本的外在生命轨迹，是宗教和意识形态之意义的产生过程中凸显的三项基本要素。

1 空间部署的演出　已经安置在物的建筑布局中的南北等级差异，现在被投射到圜丘及其周围更具体的空间中，也在祭祀的过程中启动、演绎、展开。一方面，天帝和其他神祇的神龛位置，以及皇帝牌位、皇帝帐幕和亲王和官员的位置，勾画出上天、皇帝、臣民之间更加明确、具体和生动的等级关系；另一方面，在祭祀过程中，当皇帝进入庭院，走上台基，向北献祭而向南退到较低的位置，带领身后的亲王和官员匍匐的时候，仪式的演出戏剧化了空间布局中的等级关系，再次生动上演了皇帝作为天人之间媒介中点的特有角色。

2 作为话语的身体　在对南北之间，天和皇帝之间的等级的具体体现中，皇帝身体的劳作作为整个表演中最具戏剧性的要素浮现出来。首先，帝王的身体必须洁净。祭祀规则要求皇帝做三天的洗浴与斋戒。在进入方形庭院的门之前，皇帝必须洗手。此外，身体必须付出极度的劳作以表示深深的敬意。皇帝在祭祀前一天，必须步行穿过两重院落向储藏处的神祇进行礼拜。在祭祀的这一天，他必须从方形庭院的南门步行到坛上，走上台阶到第二层平台，并且在仪式进行过程中上下移动很多次。更重要的是，身体必须向神祇多次的行礼匍匐。当然，没有什么比跪拜和叩头的表演更戏剧化的了。在祭祀的关键时刻，尘世间最高贵的圣体必须屈尊下跪叩头多次，以检验、确认、证实对至高无上的神灵的深深崇敬。在冬至的清晨，皇帝必须跪下十五次、叩头四十五次。而在整个祭天仪式的全过程中，他必须下跪四十六次叩拜一百三十八次（不包括只下跪不叩头的次数）。这里对体力付出的要求，确实是极度的。它揭示出身体所承受的律令和折磨，与由此激发的对上天神灵的宗教虔诚之间的深刻关系。由此，在身体行动与由此表达的宗教话语之间、表演与表意之间、身之体现与心之意识形态之间的内在关联，明确地表现出来。在此环境下，跪拜与叩头，它们的共同表演，构成了话语实践的一个中心环节。

3 **语词的生产**　在仪式的全部过程中，一个关键的发展线索是祷文的轨迹：一个宗教文本的外部的物的生命旅程。文本由宫城中的内阁官员起草，并抄录在一张放在牌匾上的纸上，然后被带到太和殿中间的桌子上。皇帝在此对它匍匐，然后它被放入一个盒子并被带到圜丘东北的储藏处。冬至这天最初几个时辰中，它被庄严地放在坛顶层的桌上。在仪式过程正当中的时刻，当音乐停止，皇帝跪拜于前之时，祷文在坛上被大声朗读，然后被放入天帝神龛前的篮中。在冗长仪式的最后，它被带到东南角的燎炉，在升向天空的火焰中，焚烧为灰烬，飘散于风中。文本、词语和意义的丰富的物的生命轨迹，作为一个主要的线索，贯穿仪式戏剧的全部。重要的是，计划安排好的祷文的物质生命轨迹，协助表达了人对天空和上天圣灵虔诚而恭顺的献词。而这又是宗教实践外部的、物的建造过程中一个核心环节；在此过程中，空间位置、仪式物品、参拜人员、及他／它们的相互关系，都具有了内在的象征性。他／它们所象征的内容，如祷文中已表明的，也在南北等级关系的空间布局中已经界定的，是明确而一贯的。皇帝带领人类，谦恭而最紧密地跟随着天道：他就是天子。

综合：皇帝的生产

上文所考察的世俗与神圣的仪式必须被联系在一起，它们是帝国宫廷同一个宗教制度的两个部分。通过设计、组织、上演和重复上演，它们被结合在一起，去表达一个完整的帝王意识形态。在这一综合的过程中，外部空间格局的对称性反转，是两层话语实践结合在一起的一个关键的机制。

在神圣与世俗仪式的空间地点中已经存在着对比，因为它们分别位于北京的外部边缘与内部中心。但是，在两个层面仪式的关键地点之间，也就是在外部的天坛和内部的宫城之间，存在着一个系统安排的更加清晰的对称反转。在这两个极限的地点，空间位置、物体排部、参与人员、他／它们之间的关系，都得到了系统的反转，为一个完整的意识形态的综合提供了一个机制。这在中国历法中最神圣的日子——冬至，得到戏剧化的表现和演绎。在这一天，神圣的祭祀与世俗的仪式先后连续举行。皇帝在南部外围的地点祭天之后，回到宫城的中央，与皇亲贵族和文武官员举行大朝。在前一个事件中，在远离中心的外围的场所中，沿着祭祀场所的轴线，皇帝从南面进入，向北面的天下跪叩头，祈求天的眷顾和对统治的授权。他确认自己作为天子，带领着跟随他身后的全人类，虔诚而最紧密地跟随着天。在第二个事件中，在北京中心的宫墙围合之中，沿着这一宫城围合的中轴线，皇帝本人坐在北面高高的御座上，接受南面贵族和官员的匍匐行礼。他接受他的臣民和之后的全人类的朝拜。他接纳群臣军民老幼"合词劝进"的民意，统治天下。这样，他就是世俗世界中至高无上的统治者。

通过这两个层面的仪式中皇帝的空间位置与语义位置的反转，如冬至最戏剧化的表演，话语实践的两半被连接在一起。作为尘世间人类的首领和紧随天道的天之子，他必须占有天人之间、上下之间互相联系的中央位置，这样，他就成为了理想的皇帝，他可以确保天、地、人之间的宇宙的和谐。

这一帝国宫廷的宗教制度创建出一个理想皇帝的主体。在理论的层面上，它所构想的皇帝，其意识或主体性以互相联结的两种沟通为主要基础。正是这个"向上"与天又"向下"与人类交流的主体，获得了天的授权和臣民的劝进，由此登上皇位。这样，一个理想皇帝的主体就在意识形态和理论的层面上得到了建设。

在空间的层面上，理想皇帝主体性的这一建构，又被投射到城市的平面中，添加了一层空间的形态完整和意识形态的意义。在北京城市平面上加入的皇家宗教制度的空间格局，不仅强化了神圣的同心圆的平面布局，更是启动并上演了天子的帝国京都的象征文化。在前面已经研究过的、投射到城市平面上的作为意识形态表达的古典规划模式之外，我们在此又观察了投射到同一形式和象征的大地表面上的、一个新的宗教仪式实践的层面。

我们现在到达了与本书中间部分的结论相对称的问题上。如果说宫廷金字塔组织了一个帝位的政治构造，一个凝视的、控制的功能主义的主体（即"霸王"），那么形式平面的同心圆布局及其世俗中心和神圣外边缘的反转机制，构成了皇帝的意识形态的主体（即"圣王"）。这个主体，当然是一个理想的帝王，他从天道、承天意而善民，以求天人和谐。这是汉代儒家充分表述过，宋代及其后的理学进一步丰富了的帝王意识形态的中心价值观念。因此，它也成为集体意识的一部分，中国人共享的一般的主体的一部分。而这个问题，已经超出社会、政治和意识形态的范畴，需要一个更大的视野。

注释

1 原著中本段英文文字基于 E. T. William 的翻译。参见 E.T.Williams, 'The state religion of China during the Manchu dynasty', *Journal of the North-China Branch of the Royal Asiatic Society*, no.44, 1913, pp.11-45.

2 参见第二章注解 17、18。

3 Michel Foucault, *The Archaeology of Knowledge*, trans. A. M. Sheridan Smith, London and New York, Routledge: 1972, pp.26-30, 71-76, 86-87, 116-117.

4 以下关于帝国宫廷仪式的叙述基于：赵尔巽，《清史稿》，"礼" 1—12，卷 82—93，第 10 册，第 2483—2761 页。

5 赵尔巽，《清史稿》，"礼" 1—6，第 2485—2614 页。

6 赵尔巽，《清史稿》，"礼" 6—8，第 2595—2656 页。

7 赵尔巽，《清史稿》，"礼" 9，第 2657—2672 页。

8 赵尔巽，《清史稿》，"礼" 10，第 2673—2688 页。

9 赵尔巽，《清史稿》，"礼" 11—12，第 2689—2761 页。

10 中国的历法将月亮月与太阳年结合在一起，从而使满月与四季都能够预知。基于太阳年的二十四节气被结合到历法中，便于农作。尽管通常二十四节气的具体日期直到历法公布前两年才能够确定，但四个关键的太阳周期，即两分两至始终位于四季中间的那个月，也就是二月、四月、八月和十一月。参见 Joseph Needham and Colin Ronan, *The Shorter Science and Civilization in China*, vol.2, Cambridge and New York: Cambridge University Press, 1981, pp.182-183.

11 参见我的 'Space and power'（《空间与权力》），pp.526-537.

12 赵尔巽，《清史稿》，"礼" 7，卷 88，第 10 册，第 2616—2617 页。也可参见 Wan, Wang and Lu, *Daily Life of the Forbidden City*, p.14.

13 赵尔巽，《清史稿》，第 2621—2622 页。也可参见 Wan, Wang and Lu, *Daily Life of the Forbidden City*, p.14.

14 赵尔巽，《清史稿》，第 2622—2623 页。

15 赵尔巽，《清史稿》，第 2624 页。

16 赵尔巽，《清史稿》，"礼" 8，卷 89，第 2649—2650 页。

17 编写组，《中国建筑史》，第 70 页；刘敦桢，《中国古代建筑史》，第 347 页。

18 Williams, 'The state religion of China during the Manchu dynasty', pp.26-27. 丈和尺是中国的长度度量单位。1 丈 = 10 尺 = 3.3333 米。

19 以下关于祭天仪式的叙述基于《清史稿》，"礼" 2，卷 83，第 2503—2507 页和 Williams, 'The state religion of China during the Manchu dynasty', pp.28-38; 以及 Wan, Wang and Lu, *Daily Life of the Forbidden City*, pp.292-293.

9

形式构图
视觉与存在

卷轴般的北京城

能否从美学和纯粹形式的观点来理解北京？在同心圆平面及其象征的意识形态的表现之外，在权力关系的社会空间之外，是否存在一个北京整体的形式构图？如何将纯粹形式构图的研究，与对同一个城市的社会、政治、意识形态构架的研究协调起来？为何一个城市可以既是美学的，又是社会政治的？我们发现，至少在三个情形下，形式与社会政治现实的复杂关系得到了交叉，并且，在每一种情况下，我们都可以提出关于形式构图存在和重要的论点。这三个情况是：平面的总体象征含义，形式尺度与政治权力之间的关系，以及墙体的使用和相关的不可见现象。

1 **平面的总体象征含义** 北京有一个象征性很强的形式平面。根据早先章节的研究，有三条发展线索对这一形式图式及其象征含义有所贡献：继承自古代的汉代儒学、明清皇帝所遵循的理学，以及北京的明清朝廷所实践的宗教制度。汉代儒学以其对古典传统的综合，提供了一种确立君主在神圣宇宙中的中心地位的哲学：即包含在宇宙道德论中的政治意识形态。据此，它也为帝国都城提供了一种规划模式。理学既强化了君主的地位，又强化了都城及其中心宫殿规划模式的理性形式。另一方面，宗教制度以循环的方式强化了理论和形式布局：它依赖、强化并启动了意识形态和形式平面的布局。它们共同造就了北京的同一个格局、同一个象征意义。这一宏伟而组织严密的格局，表示了皇帝权威和支持该权威的神圣宇宙的无比重要。这一格局既象征皇帝的神圣中心性，也象征着认可这一中心性的广袤宇宙。然而，我们现在要提出的问题，要求我们进入另一条道路——是否存在着与平面格局的象征意义相平行（又相关又在其之外）的另一种形式逻辑，一种更内在的、有自身构图原则的规律或逻辑？

　　2 形式尺度与政治权力之间的关系　北京由于其尺度宏伟的构成而被赞叹。整个城市是在 1420 年代作为一个设计来规划和建造的，以后的发展增添了局部的和较小的元素，由此丰富和强化了整体的格局。同心圆的围合，对中心的强调，严格对准的四方位，七点五公里长贯穿北京城大部分的南北向轴线，如在前文中已详细说明的，在 15 世纪初期都界定了城市的总体构成。这一控制性结构在尽可能大的尺度中得到维持，在地理背景下涵盖了整座城市。这一控制结构也连续的在不同尺度上得以延续：从整个城市到皇城和宫城，再到中心和轴线沿线的单体建筑。学者和建筑师都惊叹于在如此巨大的尺度中建造了如此众多的建筑与空间的"宏伟"设计。许多人意识到了形式构图的控制性尺度与其背后政治权力的存在之间的联系。但是，由于这些写作都集中在设计中的形式和美学特征等问题上，这一关系仅仅在行文中略加提及，并且仅仅是在表现的领域提及（也就是说，在形式象征地表现权威，而不是政治地建构权威的层面上）。

根据本书的研究，如前几章所表明的，北京的建筑是 14 世纪末 15 世纪初朱棣皇帝的政治工程，也是明朝总的政治发展的一部分。经过几个世纪的发展，中国皇帝制度的专制程度在 1380 年，在明朝第一个皇帝废除宰相制度时，达到顶点。朱棣在其他方面继续了这一强化皇权的过程，包括建立新的都城北京，以及对外坚持以明帝国为中心的亚洲的世界秩序。北京是中国历史上最专制的王朝的产品。自 1380 年发展起来的权威直接监督了北京的设计和建造，由此在 1420 年产生出了人类历史上最大的都市建筑综合体之一。人们在考察北京的形式构图时不应忽视这一关键的政治条件。但是，与此相关的是，我们也可以从一个新的角度提问。在形式构图中是否存在另一个层面的理性或逻辑，它支持政治的需求，也有自己的形式与美学原则？更明确地说，尺度（scale）和宏大规模的设计（largeness），如何在一方面关联着权威主义的权力实践，另一方面又关联着一个全局的形式的构图？

3 墙的运用与不可见现象　在北京有一种常常被人们忽视的现象：墙的普遍使用，以及由此造成的北京很多地方的不可见与不可进入。漫步在北京城，到处都看见不同种类和大小的墙，遮蔽着后面不同尺度的空间。在中心更大的尺度上，整个皇城和宫城对于外部来说都是禁区和不可见的，中心就像一个巨大的空洞。关于在东京的相似的情形，罗兰·巴特在其《符号帝国》（*Empire of Signs*）中曾经做过一段著名的评论，他说道，与西方传统中城市中心是"真实"与"实在"的场所形成对比，东京是自相矛盾的："它确实拥有一个中心，但这个中心是空的……是一个禁止进入的，没有表情的场所……一个神圣的'无'……一个空的主体。"[1]杰弗里·迈耶（Jeffrey Meyer）在他的《天安门之龙：作为神圣城市的北京》（*Dragons of Tiananmen: Beijing as a Sacred City*）中，就北京的情形进一步发展了这一主题，他认为这一现象与"东方"将世界视为空和无（nothingness and non-being）的传统密切相关，也与相应的无思与无为（non-thing and non-action）的智慧相关。一方面，这一传统的形而上学世界观把现实看成是以虚无为基础（a function of nothingness）；另一方面，这一传统所提出的社会政治主张是采用无为和虚无（non-action and non-presence），以延迟或隐藏有为或实在的运用。"因为最有效的辞语是无言，所以北京的遮掩式的建筑，强化了内部的神圣的存在的威严……紫禁城隐藏在门墙之后，所以更加震撼人心。"[2]

两种说法都留下了许多未解决的问题。巴特在对都市构成的形而上学特征做出结论时，忽视或绕过了许多社会政治问题；迈耶在其陈述中暗示了这一形式构成的社会政治维度，但还是从表现的角度观察，而没有探讨这一格局的工具性的运作。他们都起始于中心的问题，那么，这个中心到底是一个"虚无"还是一个"实在"？尽管从外部看它是空或虚无，但从内部看，它却是"实"的中心，它包容了皇帝及许多皇家与政府机构。它具有皇帝权威的一切物质性或"真实性"，具有象征的和政治的形式与功能。但是巴特和迈耶的观点看来也是对的：中心从外部确实不可见，所以在外看显示了一个空虚，尽管其内部是真实的实体。我们如何解释这一看似矛盾的现象：它又可见又不可见，又虚无又实在？

事实上，中心对外部的不可见，中心作为体验中的禁地和虚空，是墙的运用的结果，而墙的运用本身是个更广泛的现象。中心的不可见性，是墙和其他形式边界的运用这个大问题中的一部分。如同早先章节中所提到的，北京城中边界的使用，帮助架构了整个城市空间的社会政治的和制度的框架。从院落和街区的墙到街道路口的栅栏，到围绕各区的巡逻路线，到城墙和围绕中心的宫墙：它们都是划分整个城市空间的边界。它们中间有将空间切割成社会地位彼此平等的片断的"水平"划分，也有造成空间片断的社会政治等级差异的"垂直"划分。合在一起，它们共同构成一个严密的社会空间，如同一个制度性的机关单位一样。边界，尤其是一道道的墙体，协助推动了北京整体空间的机关制度化（institutionalization）。

围合的中心与外部之间的垂直划分，造成了中心对外部的不可见与不可进入的问题。在此，如同早先章节中已论证的，一个凝视的不对称关系在起着作用，它不是一个简单的在外部的不可见的现象，也不是简单的实际意义上的观和看的问题。

这是一种制度化的、内对外的可见与外对内的不可见的不对称关系，由向内的信息流和向外的控制流这样一个系统促成。皇帝可以看到你，但你却看不到皇帝。这种法家、道家式的布局，其功效与边沁的圆形全视监狱相似。刚才提到的现象，即宫廷从外看是个虚空而在内部又是一个工作的真正的政治中心，或者说它又是虚空又是实体，实际上仅仅是一个政治机制中的两个必要的方面而已。

在经验与表现的层面，迈耶所言确实是对的，他说依照道家对隐和否定的思想，在禁宫的重重围墙之后，缓慢而逐步打开的内部宫殿，显示出更大的震撼力。在形而上学的层面上观察，不可见性与"真理"和"主体"的不在场之间的联系，也显得很合理，这将在本章的后面部分加以考察。现在让我们再次回到我们需要研究的主要问题上。墙的运用和不可见的现象当然是一个强大的社会政治组织的一部分，但是，与此同时，是否有一种形式的和美学的逻辑在起着作用？我们能否从形式的、构图的逻辑角度，来解释墙的使用和不可见的问题？

带着这些疑问，让我们现在直接来考察这组问题。学者们，如王其亨、弗朗索瓦·于连和安德鲁·博伊德已经从不同的角度探讨过这个问题。王其亨对于明清皇家建筑设计有关的风水问题进行了研究，采用了风水学说的形势布局理论来解释北京构成中的潜在原则。[3] 这一自晋以来经过几个世纪发展的理论，表述了解读自然景观和构成建筑形式的普遍方法。该理论的中心是两个关键词：形和势。"形"指局部环境中可见的特定形式，而"势"指的是在这些形之中或之上展开的动态趋势，只能从远距离来观察。它教导我们形和势，即局部的形式和全局的大轮廓，在自然景观中总是相互联系的，因此在建筑的建造中也必须将两者结合在一起。这一联系在该学说的许多说法中都得到体现："千尺为势，百尺为形。"[4] 还有："形即在势之内"，"势即在形之中"，"形乘势来"，"形以势得"，"驻远势以环形，聚巧形以展势"，"积气成天，积形成势"，等等。

王其亨将北京中心及沿轴线的构成视为这些原则的例证（图 9.1）。单体建筑的尺度在任何方向上的长度都限制在三十至三十五米之间，而站在主要的门（午门和天安门）前的（看到这些单体建筑的）远观视点的距离三百至三百五十米。单体建筑的尺度与不同规模的群体建筑的尺度，被有意地加以区分与隔离。同时，当人们前进或后退时，从一个层次到另一个层次的尺度过渡或变换是连续的。也就是说，在任何层面、任何距离，构图都是完整的。这里，"形"和"势"相辅

图 9.1　从南面天安门到北面神武门（从右到左）中轴线纵剖面。

来源：修改自刘敦桢，《中国古代建筑史》，北京：中国建筑工业出版社，1980 年，图 157，第 293 页。

神武门　　坤宁宫　乾清宫　乾清门　保和殿　中和殿　太和殿　　太和门　　　午门　　　　　天安门

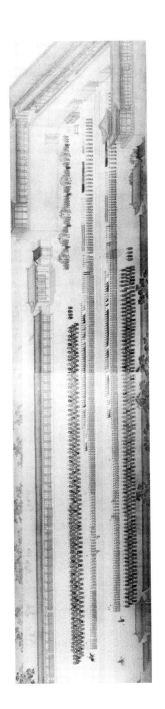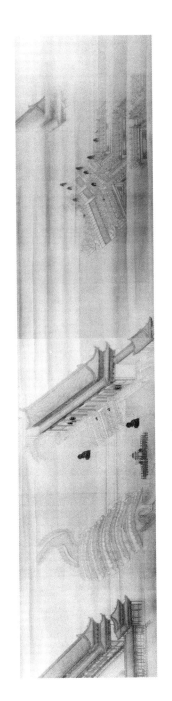

图 9.2 《康熙南巡图》十二卷的最后一卷，王翚（1632—1717 年）等。描绘了皇帝及其随行人马沿轴线上的御道从南往北（左到右）回到北京宫殿的宏大场景。

相成，大范围的构图框定了诸多单体的形态，而同时这些局部的形态又集中在一起揭示出一个宏大的设计。建筑群体的组织依赖于局部形态与全局宏观轮廓之间的基本的辩证关系，依赖于具体的一系列物体的排列与贯穿其间或其上的动态的大趋势之间的辩证关系。其结果，就像人们在远距离看到的，是一个宏大而整体的构图，具有动势又有内在的宏伟，表现出一派生机和天地的气息。

在《事物的趋势》中，弗朗索瓦·于连认为"势"实际上是中国人在认知与实践中普遍使用的范畴。中国人眼中的势，是形式或布局中的自然动态趋势，在自然界和人类世界中无处不在。中国人倡导在实践的各个领域里积极使用势（的格局、潜能或理论）：无论是制定一个军事和政治的策略，组织一幅画、一首诗、一篇小说，还是对朝代更迭和伦理与现实政治的理论论述，都是如此。在于连讨论的几项实践领域中，风水和卷轴画，因其都运用了"形"和"势"而相互联系在一起。[5] 中国人在自然景观中看到了涌动的形式和趋势；于是也就在长长的水平卷轴绘画中运用并再造了形和势及其互相的关系（图 9.2）。在这些卷轴绘画里，包含更大的流动、活力和趋势的形态，不仅反映在山水的姿态中，也反映在游动于画面上的空间和视点的构图之中。

实际上，王其亨和于连的观点彼此相应。联系在一起，他们实际指出，北京的皇家建筑和卷轴风景画的构图逻辑，享有共同的传统，即风水和其他运用了形和势的原则的实践。那么，建筑和图画能否在此相互比较？安德鲁·博伊德较早对此做出了尝试。博伊德在 1960 年代早期的写作中就做了简要但具洞察力的观察。他说北京的构图，尽管沿着一条很强的轴线进行规划，但并不是围绕单一中心或一个高潮来组织的，而是有许多中心，许多视点，彼此连续相互联系，就像在观看一幅卷轴画一样。博伊德说道：

轴线并不穿越平面，在两侧打开，构图也不在一个具有中央意义的要素上达到高潮……整个轴线的全过程从未一次性暴露；它不展现一个透视的画面，而是一连串的变化的空间，在一个系列中渐次展开，其中每一个是闭合的但又在视线上迎向下一个空间……正如中国的风景画，其典型特征是构图中没有中心或焦点，它或是在某个方向上有一个长序列，或是把诸多要素均衡散布于构图各处；北京和其他群体建筑系列的中轴线，也是如此，它没有高潮，或者说没有一个高潮，却有着一系列的建筑事件，从一个目的地走向另一个目标，再向远处走去。[6]

王其亨和于连1990年代的工作使我们有可能进一步发展博伊德的观点。形和势的观念可以带到这里的分析中。卷轴画的理论和实践可以与北京的建筑联系在一起做进一步研究。而且，将卷轴画的构图与建筑构成联系在一起，我们可以设想有一种两者都遵循的纯粹形式化的共同的空间模式。我们也可以假设，如果确实存在着通过这一模式表现出来的，那么这种联系应该是拓扑的，而不是几何的。也就是说，这种相似性存在于一个抽象的、空间的和经验的基本构架中，它可以在不同的背景下以不同的几何形式表现出来。

在北宋，大型的山水画到达鼎盛期，出现了重要的理论和作品，奠定了以后时代所遵循和继续发展的基本模式。郭熙的理论和王希孟的画在许多方面代表了这一模式。郭熙（活跃于1068—1077年）在其经典论述《林泉高致》中认为，画家必须有"林泉之心"，[7]有了这样的心胸，画家就可与景观对话和互动，并在其中体验、探讨大自然。在此过程中，画家应该在行走和变换视点时，观察到变化移动的山林的形态。他应当注意到，观察形态和动势时，距离起着重要的作用。按照郭熙的理论，山有三远，也就是"高远"、"深远"和"平远"。在这三远之中，我们应该分别观察到山峦高耸的姿态、山林之间的深度空间，以及大地的起伏在广阔地平线上的缓缓展开。画家要仔细观察和理解不同层次上的景色，无论是极小而细微的局部，还是整体的大形态，或是更遥远的大地轮廓的起伏，最重要的是整体的大形态和它们有着勃勃生机的脉络和气势。在其中，我们可以看到宇宙的"气"息和动"势"，在大地的山水中展开，赋予形态以活力，彰显内在的生命。

王希孟的《千里江山图》（约1096—？年）是这一时期最著名的作品之一，很好地说明了这些思想（图9.3）。[8]这幅水平卷轴，约高零点五米、长十一米，画面上晴空万里，波光涟漪，连绵不断的群山在天空和江河之间跌宕起伏，遥远辽阔的地平线向四处延展。包括建筑、船只、人物在内的上百处小细节，点缀在景观画面的各处。逐渐展开这一卷轴时，我们会沉浸于画面的景观中，在其间四处游走，如画家一样观赏着，感受着，跨越在开放的宇宙时空之中。画面中的山林，因其形态的多变，反映出我们视点和位置的移动。画面中的山峦起伏，捕获了内在的生命，所以它表现的不仅是形的构图，而更多的是远望之下赋形态以勃勃生机的、天地宇宙的"气"和"势"。在这里，绘画实现了与广阔天地交流的心的体验。

这里有一个主体与世界的关系的哲学问题。这里实际上提出了一个认识论的和存在主义的观点，要求把观察的主体融化消解于世界之中。我们将在下一部分处理这个问题。现在，关于画面的空间组织问题，一个比较形式的技术的格局已经清楚了，[9]这个格局包括相互关联四个要素。

1 **卷拢与展开**　卷轴画是在从两边水平展开和卷拢（fold）的时候逐渐被观看的，这一纯粹物理的行为提示了观看和空间构图的一个特定的方式：在任何时刻始终存在另一个不在场的视点。不在场视点的存在，迫使人们移动，以观看另外的空间，由此否定了一切中心视点、一切中心性、一切终极真理的思想。

2 **移动和时间性**　因为没有任何中心性，所以画面由许多中心或视点组成，它们在看的经验的时间流动中，被连接在一起。

3 **分散与片断**　整个空间片断化为分散和局部的区域与点。由于这种片断化，出现了令人难以置信的对细部的关心，每个细节都详细深入，而它们的整体布局又极其丰富多样。这里的空间是无穷小的。

4 **大和无限**　尽管整个空间是片断的，但同时也极度宏大。空间越片断化为分散的点，整个视觉世界就变得越宏大。局部形式越是有具体的细节，越是由不同的形象来构成，浮现出的整体轮廓就越是宏大而生动。而且，画面的水平向的发展本身，呼应了天地间最广阔的地平线，为画面构图的生机和宏大增加了宇宙的气势。

北京的皇家建筑的构图，以其独特的方式，遵循了相似的格局（图 9.1，图 9.2，图 9.3）。这一构成本身有其特殊的为明清北京所用的，象征的、意识形态的和社会政治的功能，但是同时，它又有以看和运用形和势的一般文化为基础的自己的形式逻辑。

图 9.3　卷轴画《千里江山图》局部，王希孟（活跃于 1096—1120 年）。

1 **北京的卷拢与展开** 任何时候，北京总有一部分对于一部分人是禁止进入的和不可见的，北京总是部分可见，部分不可见。在任何时候，总是存在着图框以外的另一个视点。水平和垂直的划分，以及中心与外部之间的垂直划分，提供了将空间片断化的基本图式。在城市社会空间的制度化过程中，它们无疑是社会政治和圆形监视机制的一部分，同时，它们也是构图的形式方法的一部分。各种边界，尤其是墙体和其上的出入口，起到了卷拢与展开空间的作用，由此造成了一个实体与空虚、在场与不在场、可见与不可见并存的城市。

2 **北京通过随时间展开的空间序列否定了简单的中心观念** 安德鲁·博伊德已经说过，这里不存在单一的中心，而是有许多中心或视觉焦点，这些视点连续相贯，从一点联到下一点，再到更远的那点。"在北京，太和殿尽管可能是一个主要的事件，也还是伸向远处的长序列中的一个事件。"[10] 穿越空间的移动的眼睛，否定了只有一个终极或绝对中心的设计。在北京的中心区域，有动态的非中心化的分散，也有建立于宝座和太和殿之上的几何的中心性。宫城是中心化的，又是非中心化的。它们（宫城的建筑群体格局）发展出一套复杂的中心化组织，可以由此否定围绕大殿的关于"真实"的简单而最终的展现。在经验和拓扑的层面上，宫城的几何的中心性，可以在自由的、有机的视点和空间的游动中化解，就像在水平卷轴中的那样。

3 **北京被片断化为许多微小世界** 边界与划分协助了整个城市社会的制度化。在城市的中央区域，墙的运用和制度化的程度都大大提高并得到强化。在任何地方，尤其在中心区域，我们可以看到空间的极度片断化，成为一系列的微观世界，成为院落和内部再划分的空间，其自身深奥而细微，在总体上又纷繁而布局多样化。尽管这是社会政治制度化的空间格局，但它也反映了采用深入而细密空间的形式和美学构图的传统。北京的空间被极端地局部化和层层划分，它是无穷小的。

4 北京获得具有宇宙尺度上的宏大 上述的所有的微观世界都通过轴线被组织起来，而这些轴线又被一条南北向的中轴线组织在一起。这些高度分裂的小空间又被严格地组织在一起，以构造一个在一定的距离下能够捕捉到的整体的"形"的构图，以及在此之上的在更大的城市和地理背景下的充满生机的动态之"势"。这个雄心勃勃、充满想象的构思设计，在1380年发展起来的最权威主义的政权的支持下，得以实现并获得一个水平的大尺度构架，在天地间展现了它映照宇宙的宏伟气象。它当然象征了神圣的帝王权威和授权于他的上天的神灵，然而同时，它也反映了关于形和势的"林泉高志"和关于"千里江山"的美学构图的原则。

与"笛卡儿透视法"的比较：两种观看的方式

当安德鲁·博伊德把北京与中国卷轴山水画联系起来分析时，他实际上已经在中国和欧洲的城市规划方法之间做了比较。根据博伊德的观点，北京这座中国城市规划的突出例证，与欧洲的实践传统形成四种对比：

1 中国规划的范围与尺度比欧洲专制主义时期所能够达到的规模更大。

2　中国的体系遵循最初规定的几条原则而缓慢发展起来，整个城市保持高度的和谐与统一。

3　中国的纪念碑式的宏伟（monumentality）不表现在单体建筑上，而是在全城的整体和各中央院落的一系列整体上。它"反映了与文艺复兴欧洲在社会和美学等方面的不同的强调，体现了不太显眼的、不那么炫耀做作的表达政府和君主的威望的方法"。

4　"中国构图中的轴线以及沿轴线展开的整体建造，与欧洲的对应者之间有着极大的不同。（中国的）轴线并不贯穿平面……而构图也并不只在单一的重要中心达到高潮……它提供的并非单一的透视景象，而是连续的不同空间的序列……"博伊德继续说道："把凡尔赛的平面与北京（或者仅仅宫城）的平面做一比较是具有启发性的。人们也许能够看到建筑与其他艺术共享的中国设计的独特性格。就像中国的山水画没有中心或焦点一样……北京的中轴线和其他许多建筑群也是如此，没有高潮，或者说没有单一的高潮，而是一系列建筑事件的串联组合。"[11]

根据博伊德的看法，李约瑟在《中国科学技术史》中，进一步发展出这样的观点：

（中国建筑）与文艺复兴宫殿的对比和反差是惊人的，如在凡尔赛宫，开放的透视景象集中投射在单个的中心建筑上，而宫殿建筑也是与城镇脱离的。而中国的观念要宏伟和复杂得多，比如在一个设计中包含数百座建筑，而宫殿本身只是由墙和大街构成的整个城市的更大的有机体中的一部分。尽管有如此强大的中轴线，这里却没有一个占统治地位的中心或高潮，而是一系列的建筑的体验……中国的观念也表现出更多的微妙和变化，它容纳吸引许多的分散的关注点。整个轴线并非一次性被揭示，而是一连串透视景观的序列，其中没有一个有压倒性的尺度……（它）用对大自然的沉思和谦卑，结合诗意的宏伟，创造了任何其他文化都无法超越的一个有机的格局。[12]

其他学者如李允鉌和埃德蒙·培根（Edmund N. Bacon）对这一比较又做了进一步的论述。李允鉌和培根都注意到文艺复兴的设计将体量（mass）集中在中心点，而中国的设计将体量分散或片断化到一个巨大的空间领域中。[13]事实上，这一观点与博伊德和李约瑟的观点是相联系的。体量被打碎成小块或片断，散布在巨大的空间中，是视点沿轴线序列散布的同一构图的另一方面。这种布局与文艺复兴的构图相反，在那里，体量和视觉安排围绕一个中心组织、展开。但是，人们会在此发问：什么是"文艺复兴的"构图？

"文艺复兴"构图这个概念也许听上去太宽泛：我们当然应该运用涉及时间地点的、有差异的具体的范畴来讨论。但是，在本研究的语境中，在一个如上述各位学者已经开拓的关于欧洲和中国的跨文化的比较中，对这个一般化概念的价值的讨论也许是有意义的。也许站在遥远的中国的立场来看，从欧洲1400年以来的许多具体和特定的方法中，的确可以发现一种普遍的方法，一种占统治地位的（hegemonic）模式或范例；类似的，从欧洲的立场来看，一种普适的"中国"的模式大概也会变得更加清晰。

如果我们转向关于欧洲建筑的研究领域，我们确实发现，研究者们已经对文艺复兴和其后的欧洲的普遍和占统治地位的模式做过重要的研究，这些研究倾向于把形式设计和构图的问题，与视觉和表现技巧及其潜在的、自 1400 年发展起来的观察认识世界的方式方法等问题联系在一起。15 世纪初意大利线性透视的发明，被视为关键的事件，它协助建构了一个现代的世界观，以及艺术和建筑中一种新的观看和空间组织的方法。潘诺夫斯基（Erwin Panofsky）的《作为象征形式的透视》（*Perspective as Symbolic Form*）一书初版于 1927 年，是开创性的著作，书中建立了一套有关这一问题的基本论点。他认为，线性透视是观看世界的一个特别的、理性主义的方法，在其后的几个世纪中，成为现代欧洲科学和哲学的认识论基础的一个关键方面。[14] 在 1980 年代和 1990 年代，帕赫兹—高梅兹（Alberto Perez-Gomez）、路易斯·皮里特（Louise Pelletier）、罗宾·艾文斯（Robin Evans）、里斯·贝克（Lise Bek）和彼得·艾森曼（Peter Eisenman）都研究过透视法的认识论对建筑，对它的表现方法，以及一定程度上的对构造起来的空间构图的种种影响。[15]

以布鲁内莱斯基（Filippo Brunelleschi）在 1410 年代的实验和阿尔伯蒂（Leon Battista Alberti）在 1435 年、1436 年的理论工作为基础，线性透视法提供了在绘画平面上描绘空间的一种方法。[16] 这一方法假设画面是一扇窗，有一个固定的眼睛或视点，有一个视线的金字塔从眼睛（水平地）射向世界，而作为窗户的画面是（垂直）切割视线金字塔形成的切面（图 9.4）。用来创建这种表现的几何技巧，包括一个用无限延伸的三维格网对世界系统的描写和测绘。作为一种观看的方法，它向世界投出一张理性、同质、无穷开放的空间网络地图。而且，在看的那一刹那，它构造了一个固定的中心化的视点和一个高度聚焦的科学的凝视。

该方法的直接后果就是 1400 年以后近五百年中，线性透视在欧

图 9.4　　关于辅助绘制透视的图解说明，阿尔布雷希特·丢勒，1527 年。

来源：Albrecht Durer, Underweysung der Messung, 2nd edn, 1538.

洲油画中的运用。第二个相关的后果，如许多人都已提出过的，是1400 年后在建筑、城市和景观设计中，运用了脱胎于线性透视的视觉构成方法与它包涵的空间描绘或建构的技术。无论是在技术还是在观念的层面上，线性透视法都在文艺复兴及其后的欧洲的建筑形态中找到并发展了一个新的构图、一种新的空间范式。我们可以在各种尺度上找到著名的例证。长直的（林荫）大道，长焦的透视通道，投向高大立面的中轴线，立面前开阔的广场，长焦透视大道尽端的立面和大体量建筑等等，都是 1400 年以来许多欧洲城市中的新构图的关键要素。

奥斯曼（Baron Haussmann）1850 年代的巴黎改造，当然是这一方法最彻底的代表和最大规模的实现。大型建筑群和景观的设计，以1660 年代以来的凡尔赛宫为代表，也常常被作为经典实例加以引证。这里，长直的轴线冲撞，而后又通过位于中央位置的建筑群体，由此控制并秩序化了一个理性的、几何的和开放的空间。在较小的尺度上，许多别墅，比如玛达玛别墅（Villa Madama，罗马，1521 年）和圆厅别墅（Villa Rotonda，维琴察，1566 年），也常常作为著名的实例被大家引用。同样，轴线冲撞并穿过位于中央位置的建筑体量，由此组织一个几何的内部世界和无穷开放的外部空间。

帕赫兹-高梅兹（Alberto Perez-Gomez）、路易斯·皮里特（Louise Pelletier）、里斯·贝克（Lise Bek）和罗宾·艾文斯（Robin Evans）都对以轴线为中心的组织给予了密切的关注。[17]（他们提出的）这种组织的许多特征，如对称、立面、开放广场、长焦透视走廊、室内外的几何空间，实际上都依附于轴线或与轴线密切相关。轴线是重要的、起组织作用的要素。但是彼得·艾森曼又增加了一个不为许多人所注重的新要素："客体化"（objecthood），或者说将建筑作为客体来建造的倾向（the making of the building as an object）。[18]

实际上在文艺复兴之后的欧洲，始终有在构图中心位置上培养体量的倾向。这一历史始终包含了开放的倾向，它首先打开前面（作为立面），然后是两侧，最后，是建筑体的四周。于是，一个独立的、英雄的、纪念碑式的纯粹的单体在此逐步推出，逐步清晰。在许多较早期的实例中，比如圆厅别墅，这一倾向已经非常明显。18世纪末期时，在新古典主义建筑中，尤其在布雷（Etienne-Louis Boullee）的牛顿纪念碑（1784年）的想象设计中，历史见证了这一发展的一个极端的表现（图9.5）。

我们认为，轴线与客体都是这一新构图中反复出现的、本质的要素。[19] 对《理想城市之图景》[View of an Ideal City，皮亚诺·德拉·弗朗西斯卡画派（Piero della Francesca），1470年代] 这幅画的仔细观察，就可以说明这一点（图9.6）。轴线和客体实际上与线性透视中的观看行为密切相关。轴线是从眼睛射向客体的中心视线，也是在这两点之间传递的连线。另一方面，客体是被凝视的实体，并且在透视法的理性的、数学的空间中被确立、被定位。以这样的理解，我们可以发现在此场合中的两个新的要素：光线和开放。[20] 光线的映照和开敞的空间，它们互相依存，构成这一构图中的观看行为的自然基

图 9.5　伊萨克·牛顿爵士纪念碑设计，布雷，1784 年。

来源和授权：法国国家图书馆。

图 9.6　《理想城市之图景》(*View of an Ideal City*)，Piero della Francesca 派画家完成，1470 年代。

来源和授权：Art Resource Inc. and Scala Group S.p.A. Photo SCALA, Florence, Ministero Beni e Att. Culturali, 1990.

础，以及潜在的求知的推动力。它们允许又鼓动眼睛去观看客体，以及客体在眼睛之前的展现。因此，我们在此提出，轴线、客体、光线和开放是组织这一新的基本构图、新的视觉空间范式的关键的、互相关联的要素。它们组合在一起，构成了根本性的视觉的、光的和开放的轴线，以及中央的独立的客体，屹立于开放的空间，沐浴在强烈的阳光照射下。

我们可以在这样的构图中发现一个哲学命题。根据许多人的看法，透视法的认识论本质上是笛卡儿式的认识论。根据他们的看法，线性透视，最终导致笛卡儿、牛顿和康德理论中现代理性世界观的兴起。潘诺夫斯基说："文艺复兴以数学方式成功地将空间的形象完全理性化了……这一甚至还带着神秘色彩的空间观点，与后来被笛卡儿主义者理性化和康德主义者规范化了的观点是相同的。"[21] 雅克·拉康（Jacques Lacan）也认为："在关于透视的研究中聚集着对视觉领域的独特兴趣，而在此我们必须注意到视觉领域与笛卡儿主体及其制度的关系，而这种主体本身也是一个几何点，一个透视点。"[22] 马丁·杰伊（Martin Jay）将两者联系得更为密切。他用了一个词来表示这一整体范式，"笛卡儿透视主义"（Cartesian perspectivalism）。他认为："这是一个主导的、甚至是占统治地位的现代的视觉模式，它与文艺复兴艺术中的透视的观念，同时又与笛卡儿哲学中的主体理性的观念相互联系。"[23]

笛卡儿主义建立了人的思维的重要地位，把它看成是跨越距离，观察、知晓、控制物质世界的、独立而位于中心地位的主体。[24] 笛卡儿主义包含了现代世界观兴起中一个关键的步骤，就是心物、主客之间，也就是人的主体与物的世界之间的断裂和距离的展开。以"我思，故我在"作为不可挑战的终极真理，笛卡儿提出一切理性的追问都必须从"我思"（Cogito）开始或以此为依据，而不是任何其他的物质世界中的事物。根据这一思路，一个自在于客体世界的中心主体被建立了起来。笛卡儿的心与物、主体与客体的二元论，最终在 1637 年（随着《方法论》的出版）得以完成，使近现代欧洲科学，如牛顿的物理学的兴起，成为可能。

文艺复兴之后欧洲的透视构图和笛卡儿的主体理论，可以看成是相似而又相互支持的、在两个层面上发展的线索。[25] 其中一个是具体的、光照的、视觉的，另一个是概念的、推理的、文论的。它们都属于 15 世纪出现、17 世纪上升的一个普遍的占统治地位的文化。在两种情况下，都存在眼睛与世界、主体与客体之间的这种分离和距离。在两种情况下，随着距离的展开，主体的眼睛观察着、知晓着、控制着客体的世界，而整体的背景是理性的光照和无限开放的数学空间。

这里也有一个反转的情况。在认识的探询（比如科学研究）以及构图的创作（比如艺术和建筑）中，客体反映了主体的在场。[26] 在建筑构图的创作中，这种反转会更戏剧化。在极端的案例中，比如布雷的牛顿纪念碑，人们看到的不仅是一定距离之外的客体，而且也是思想的、设计的主体。客体越是以终极的、绝对的姿态被客体化，它就越表现出主体的理想主义倾向。在纪念碑中，我们当然看到了一个客体，但在另一个层面，我们更清楚地看到了建筑师的宏图和梦想，看到了主体的主体性。

这里的物品，不仅仅反映了笛卡儿主义的两个相对的元素（主体与客体），而且还反映了康德关于美以及某些情况下关于崇高的观念。[27] 伊曼纽尔·康德关于美学判断的理论（1790 年），基本以一个世纪以前笛卡儿建立的二元论框架为基础思考发展。[28] 一方面，康德关于先验美学判断中的"无利益关系的判断"（disinterestedness）可以看成是主客体的分裂和距离的发展，由此要求（在美学判断中）对客体的完全孤立和远离。另一方面，康德的美的观念包含了一个"形式的终极"，这也要求了物件或作品的形态的一个极端的纯净。更进一步，康德关于崇高的观念超越了美的限制，它涉及"在一个想象领域里的……生机、活力和雄伟"，这也反映在 18 世纪晚期新古典主义建筑的一些最激进的形态中，这里还是以布雷的想象的设计为最佳代

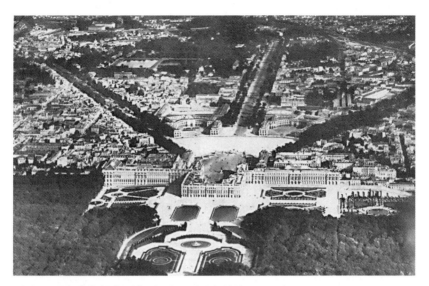

图 9.7　　凡尔赛宫鸟瞰，从 1660 年起建造与扩建。

来源：Spiro Kostof, A History of Architecture, 1995，图 21.27，第 534 页；Caisse Nationale des Monuments Historiques et des Sites.

表。位于中心的古典的客体纯净而独立，表现了美的形式，而且通过它惊人的、雄伟的超越（excess），获得了崇高的想象。走向革命时代的岁月里，有一种更强烈的动势，要求激进的开放，以揭示全部和终极的真理。如同贝多芬的交响乐和克劳塞维茨的战争理论一样，布雷的牛顿纪念碑，似一场全面的战争，一次最后的厮杀，富有悲壮和英雄主义气息，使建筑物件达到美的极限，而且在此基础上进入崇高宏伟的领域。

　　自 1660 年代逐渐发展起来的凡尔赛建筑群，也许可以看作以特定方式表现了这一普遍构图的杰出案例之一（图 9.7）。很明显，它有一条贯穿平面的长长的轴线，它撞向位于中心的一群体量，穿过该体量，然后伸向无限的远方。除了穿越期间的中心物体之外，轴线存在于开放空间之中，引导许多不同方向的视线；换句话说，轴线是光的和视觉的。建筑成组紧靠在一起成为一个体量，集中而对称。它们聚集在一起，成为独立的单一形态，充分暴露在光照和视线之下，也落在一个用几何方法描绘并且伸向无限远方的空间里。这里，有一个眼睛和建筑物体量之间的距离的打开。这里，有中心客体的终极化和纯净化，表现出潜在的关于形式和美的观念，而且，因为有皇家权威的辉煌展现，或许还有雄伟崇高的一些要素。整个构图表达出一个观看的、位于中心的人的主体的欲念，他在开放和阳光普照的理性世界中，施行着对客体的绝对控制。

把凡尔赛宫与北京联系起来考虑有实际和重要的理由。从1661年到1789年，凡尔赛宫是法国国王的宫殿，这是绝对君权上升和达到顶点的时期。在文艺复兴后欧洲王权的总的上升过程中，法国国王，特别是路易十四，在中央集权与皇帝控制上达到最高峰。[29] 最大的建筑物，包括凡尔赛的宫殿和花园，由欧洲最专制的君主构想、建造和使用。[30] 出现于1420年的北京，也是代表着中国历史上专制制度发展的顶峰的君主政体的产物，这一顶峰以1380年宰相制的废除为标志。在一个可比的历史时期，在西欧和东亚最专制权力的统治之下，出现了这两座最大的构筑群体。在这一时刻，从这一角度来看，这两者是"对称的"（尽管两者在更大的历史视野下不可比，如第七章已经指出的）。它们不仅在政治使用和权力支持上对称可比，而且在构筑物的规模尺度上，以及两个文化各自发展的构图传统的实现程度上，也是对称可比的。以这样的思考为背景，我们可以提出以下的问题。如果北京代表了与凡尔赛和其他上述实例表现出的文艺复兴构图方式不同的思考和构造空间的途径，那么两者的重要区别在哪里？如果凡尔赛宫是透视的、笛卡儿式的，那么北京是什么？

北京在许多方面都是不同的。北京没有文艺复兴构图中的轴线和相关的客体，正如博伊德和李约瑟曾经指出的"轴线在此并不穿越平面、向两端开放"。这里，长而有力的轴线是组织的而非光的和视觉的。它组织协调围合的空间，而不是使之向无限敞开；它将视线分割成片断；它把视线组成一系列沿轴线的视觉事件，逐渐地、连续地穿过重重墙体。这里没有巨大空间直接而戏剧化的敞开，没有透视远景让视线穿越巨大空间，撞上高大立面，去戏剧性的揭示最终的中心，终极的"真理"。这里缺乏对正面和高大立面的布景式上演的兴趣。没有这些，就没有将建筑体量往前往上推出的倾向。最终，是客体或客体性的缺席。潜藏在这一切背后的，是普遍光线和开放空间观念的根本缺失，而这两者却出现于文艺复兴后的欧洲。没有这一切，就没有物质和形而上学层面的眼睛和世界之间的远离。这里没有主体与客体的分裂和冲突，没有了笛卡儿式的冲突，这里也就没有物体形态的戏剧性的独立与纯净化。这里没有布雷的设计和康德的理论中作为美和崇高基础的、形式的终极。一场全面的战争，一次悲壮的最后的厮杀，以打开终极的、形而上的真理，在这里是全然没有的。

在此出现的，是另一种构图：它更加谦卑而水平，而且在它特有的方式方法中，更加包容、宽泛、普遍而具有宇宙的气息。一方面，主体沉浸于景观中，在穿越时空之中观看和移动；另一方面，整个构筑，整个的建筑物或客体，被消蚀和水平地散布在广阔的大地表面。在这一沉浸—散布（immersive-dispersive）的构图中，我们发现了一种观看、定位主体和形成空间和建筑的方式方法，它与阿尔伯蒂—笛卡儿式的方法完全不同。

观看的主体进入并体验世界。他与世界在持续展开的互动中沟通，就像郭熙的理论和王希孟的实践中的画家那样。观看是一次旅行中的体验，它揭示的不是中心的或终极的真理，而是一幅具有无尽视点的卷轴。当人们以"林泉之心"生活于自然景观中并与之交流时，笛卡儿的主体及其与世界的二元分离和对立，就可以得到融化消解。一种互为主体（inter-subjective）的观念在此被提出。[31]它要求在沉浸与散布的过程中否定中心的主体。主体将自己沉浸于一个散布的空间中，其间蔓延的是与"他者"也就是自然和他人主体的关系的网络。我们可以在形而上学关于否定的教导中看到这种思路。这里，任何中心的存在都在宇宙不息的流变中消蚀（如佛教和道教的教诲）。我们可以在关于人与自然、人与天的和谐相处的教导中发现这一点（比如道教、阴阳宇宙论和儒家）。我们也可以在关于社会伦理关系的教导中发现这一点，这种教诲完全不鼓励自我中心的个体的独立（比如儒家）。

在空间和建筑的层面上，一个非笛卡儿的秩序展现了出来（图9.8）。在外部，体量被消解、散布于大地的表面；在内部，空间被无穷地划分和再划分，而层层的墙体又把深奥的空间围合起来。"光轴线"被切成片断，被"组织轴线"所取代。一个迅即打开、强光照射的视觉大场景，被一种散光弥漫、逐步观看和阅读的延伸的经验所取代。七点五公里长的强有力的中轴线从来不是一次性展开的，它组织了围墙和其他种种形式的边界，在建筑—城市—地理的表面上构筑了数以千计的微小的、深奥的空间。各种边界，尤其是墙体，是这一物质构造的基本元素，它们直接促成了以法家—全视监狱格局为基础的把城市社会空间制度化的社会政治的功能要求。同时，它也是一个形式的构图，采用了与卷轴画及相关文化实践相通的观看方式。它包含早先已经确定的四个要素：

1 北京可卷拢、可展开。墙体边界和墙上的出口一起，构成了城市空间开启和闭合的关键要素，可以打断又可以延续观看和阅读的体验过程。

图 9.8　从北面沿轴线鸟瞰北京中心，这一中心形成于 1420 年，扩建于 1553 年（照片摄于清末，1900 年代）。

2　流动的观看否定了真理可以在中心最终揭示的简单的中心观
　　念。这种流动协助建设了一个复杂的中心构造，这种构造肯定
　　了帝王的中心地位，又把中心展开，成为一幅分散中心的有无
　　数视点的卷轴。

3　北京是无穷小的，包含数以千计的深奥的微小空间。

4 所有这些微小空间都受到严格控制，以组成一个只有在一定尺度才能想象的大"形"态以及在此之外，在地理表面上，一个具有宇宙的"气"和"势"的、生机勃勃的、更加宏大的布局。

北京在天地之间水平地展开，获得了一种宇宙的胸怀和品质。在最权威主义的政治权力的支持下，北京谦卑地展开一幅蓝图，它充满雄心、想象，具有内在的和思想上的宏大辽阔。

注释

1　Roland Barthes, *Empire of Signs*, trans. Richard Howard, New York: Hill and Wang, 1982, pp.30-32.

2　Meyer, *The Dragons of Tiananmen*, pp.61-62.

3　王其亨，《风水形势说和古代中国建筑外部空间设计探析》，见王其亨编《风水理论研究》，天津：天津大学出版社，1992 年，第 117—137 页。

4　王其亨，《风水形势说》，见《风水理论研究》，第 120 页。尺是中国的长度单位。

5　Jullien, *Propensity of Things*, pp.91-105, 151-161.

6　Boyd, *Chinese Architecture*, p.73.

7　郭熙、郭思，《林泉高致》，见俞剑华编《中国画论类编》，香港：中华书局，1973 年，第 631—650 页。亦可参见叶朗《中国美学史大纲》，上海：上海人民出版社，1985 年，第 277—294 页。

8　例如，参见 Wan-go Weng and Yang Boda, *The Palace Museum, Peking: treasures of the Forbidden City*, London: Orbis Publishing, 1982, pp.174-175.

9　这个观点首先见于我的 'Visual paradigms and architecture in post-Song China and post-Renaissance Europe'（《宋以后的中国与文艺复兴以后的欧洲的视觉艺术与建筑》）, in Maryam Gusheh (ed.) *Double Frames: Proceedings of the first International Symposium of the Center for Asian Environments*, Sydney: Faculty of the Built Environment, University of New South Wales, 2000, pp.147-165.

10　Boyd, *Chinese Architecture*, pp.73-74.

11　Boyd, *Chinese Architecture*, pp.72-73.

12　Joseph Needham, *Science and Civilization in China*, vol.4, Physics and Physical Technology, Part III: Civil Engineering and Nautics, Cambridge: Cambridge University Press, 1971, p.77.

13　李允鉌，《华夏意匠：中国古典建筑设计原理分析》，香港：广角镜出版社，1984 年，第 129—133 页；Edmund N. Bacon, *Design of Cities*, London: Thames and Hudson, 1967/1974, p.249.

14　Panofsky, *Perspective as Symbolic Form*.

15　Alberto Pérez-Gomez, *Architecture and the Crisis of Modern Science*, Cambridge, Mass. And London: MIT Press, 1983; Alberto Pérez-Gomez and Louise Pelletier, *Architectural Representation and the Perspective Hinge*, Cambridge, Mass. And London: MIT Press, 1997; Robin Evans, *The Projective Cast: architecture and its three geometries*, Cambredge, Mass. and London: MIT Press, 1995; Lise Bek, *Towards Paradise on Earth: modern space conception in architecture, a creation of renaissance humanism*, København: Odense University Press, 1979; and Peter Eisenman, 'Visions' unfolding: architecture in the age of electronic media', *Domus*, no.734, January 1992, pp.20-24; reprinted in Kate Nesbitt (ed.) *Theorizing a New Agenda for Architecture*, New York: Princeton Architectural Press, 1996, pp.556-561.

16 Leon Battista Alberti, *On Painting, trans*. John R. Spenser, London: Routledge & kegan Paul, 1956, pp.43-59; Panofsky, *Perspective as Symbolic Form*, pp.27-31; Martin Kemp, *The Science of Art: optical themes in Western art from Brunelleschi to Seurat*, New Haven and London: Yale University Press, 1990, pp.9-23; Samuel Y. Edgerton, *The Renaissance Rediscovery of Linear Perspective*, New York: Basic Books, 1975, pp.143-165.

17 Pérez-Gomez, *Architecture and the Crisis*, pp.174-175; Pérez-Gomez and Pelletier, *Architectural Representation*, p.56, 58, 65, 74; Evans, *The Projective Cast*, pp.111-113, 121, 141-142; Bek, *Towards Paradise on Earth*, pp.157-163, 232-233; Eisenman, 'Visions' unfolding', pp.20-24.

18 彼得·艾森曼在许多地方都表达了这一观点。例如可参见，Peter Eisenman, 'Blue line text', *Architectural Design*, nos7-8, 1988, pp.6-9; reprinted in Andreas Papadakis (ed.) *Deconstruction: omnibus volume*, New York: Rizzoli, 1989, pp.150-151; and 'The end of the classical: the end of the beginning, the end of the end', *Perspecta: The Yale Architectural Journal*, no.21, 1984, pp.154-172; reprinted in Kate Nesbitt (ed.) *Theorizing a New Agenda for Architecture*, New York, pp.212-227.

19 我曾表达过这一看法，参见 'Visual paradigms and architecture'(《视觉艺术与建筑》), pp.147-165.

20 参见我的 'Visual paradigms and architecture' (《视觉艺术与建筑》), pp.151-152

21 *Panofsky, Perspective as Symbolic Form*, pp.63-66.

22 Jacques Lacan, *The Four Fundamental Concepts of Psychoanalysis*, ed. Jacques-Alain Miller, trans. Alan Sheridan, New York: W. W. Norton & Company, 1978, p.86.

23 Martin Jay, 'Scopic regimes of modernity', pp.3-23. 也可参见 Martin Jay, *Downcast Eyes: the denigration of vision in twentieth-century French thought*, Berkeley: University of California Press, 1993, pp.69-82.

24 René Descartes, *Discourse on Method and the Meditations*, trans. F.E. Sutcliffe, London: Penguin Books, 1968, pp.53-60; Roger Scruton, *A Short History of Modern Philosophy: From Descartes to Wittgenstein*, London and New York: Ark Paperbacks, 1981, pp.29-49.

25 参见我的 'Visual paradigms and architecture' (《视觉艺术与建筑》), pp.151-152. 也可参见注解 13、14 和 15。

26 参见我的 'Visual paradigms and architecture' (《视觉艺术与建筑》), p.152.

27 参见我的 'Visual paradigms and architecture' (《视觉艺术与建筑》), pp.152-153.

28 Immanuel Kant, *The Critique of Judgement*, trans. James creed Meredith, Oxford: clarendon Press, 1952, pp.2-50, 75-80, 90-93.

29 Roberts, *The Penguin History of the World*, pp.531-558.

30 Robert W. Berger, *A Royal Passion: Louis XIV as patron of architecture*, Cambridge: Cambridge University Press, 1994, pp.53-72, 107-142; Jean-Marie Pérouse de Montclos, *Versailles*, trans. John Goodman, New York, London and Paris: Abbeville

Press, 1991, pp.44-73; Spiro Kostof, *A History of Architecture: settings and rituals*, New York and Oxford: Oxford University Press, 1995, pp.534-536.

31 参见我的'Visual paradigms and architecture'（《视觉艺术与建筑》），p.155, 161, 163. 我曾经在别的地方对此有过讨论。参见我的'Constructing a Chinese modernity: theoretical agenda for a new architectural practice'（《构造一个中国的现代性：一项新的建筑理论实践》），*Architecural Theory Review*, vol.3, no.2, Novermber 1998, pp.69-87; 以及《构造一个新现代性》，《城市与设计》，1998年9月，第43—62页。

第三部分结语

地平线上的建筑

在前面两章中，我们研究了北京的两种表现模式：穿越城市的宫廷宗教实践，以及整座城市的形式构图。宗教实践包括在中心举行的世俗的仪式，以及在边缘举行的神圣的祭奉。前者，皇帝向下对臣民讲话，宣告自己人类统治者的地位；后者，皇帝向上对"天"说话，确认他接受天的委任进行统治。作为帝王意识形态的中心形象，理想的皇帝产生于二者的综合：他在两个层面上向二者说话，获得了"天子"具有的中介与枢纽地位，即接受天命统治世人。作为一种制度性的话语，它构造出一个整体的空间布局加于城市（平面）之上，其中重要的各点，即中心及外围的各重要位置，特别是天坛，得到强调，它在城市平面中刻下象征的意义。它象征着皇帝崇高的中心性，以及上天的认可与支持。最终，它使整座城市染上神圣的、宇宙的气息。

作为美学与存在主义体验的城市形式构图，是表现气氛和神圣感的另一种方式。在这一构图的、视觉的、经验的以及拓扑关系的结构中，我们可以发现一幅卷轴画。它与后文艺复兴时期欧洲都市与建筑的阿尔伯蒂—笛卡儿式的构图形成对比。西方的方法假设一个中心主体在普适空间中隔着一段距离凝视中心客体，而中国的方式则是使主体沉浸在景观中并在其中移动。中国的都市与建筑构成显示出四个特征：它既能卷拢又能展开；它是动态的，包含许多空间视觉中心，从而打开并消解任何绝对的中心；它无穷小，由极小的空间片断组成；它在地平线上又无比辽阔，具有宇宙天界的气息。在"形"、"势"和"气"的思想影响下，构图原则强调的是整体的全局关系。

在宗教和美学两种情形下，构图都是策略性的。这里有一种对大尺度整体布局的投入，以开拓其巨大潜能，来生产意识形态并保持具有宇宙气息的美学构图。在空间上它是一个整体布局，而在概念和意识形态上，它表现了遵从自然与天的整体秩序的基本态度。它也表现了要求在天人之间保持深厚的内在和谐的哲学立场，这个哲学的核心包涵一种宇宙论的道德主义。

在本书的中间几章（四至七章），我们考察了宫廷的政治制度，它以紫禁城为中心，其范围也包括紫禁城外东南一带的重要区域。空间中的内外差异与制度中的高低位置彼此密切对应，空间的深度推导出政治的高度，这一空间和制度的布局包含一个金字塔结构：皇帝端坐于空间最深处的顶端，而不同级别的官署基本上沿着一条东南向的斜线，从内到外按等级排列。皇帝和大臣之间，沿着这条线建立起重要的联系。信息向内向上流动，而指示向下向外流动。他们组成单向投射的权力之眼，从顶端俯瞰并控制着较低的外部世界。洪武（朱元璋）、永乐（朱棣）和雍正，分别在1380年代、1420年代和1730年代将这一中国政治布局推进到它的逻辑极限。按照韩非的法家传统和自古以来的兵家策略理论（包括"势"等概念）构成的空间政治机器，其运作方式可与边沁发明的圆形监狱相比。圆形监狱的出现伴随着早期现代欧洲中央一统的国家权力和分散的监视网络的兴起。根据法家和兵家策略理论，这一制度采用整体的空间布局，即金字塔式的构成。它利用该结构中的潜在势能，来有效地发生和维持权力的运作。

在此之前，我们已经在更大的尺度上确认了整个北京这一同心圆的、等级的布局。我们已经区分了这一布局的两个方面：从上面看得见的同心圆的形式平面，以及在看不见的断面上有效发挥机能的等级化的社会空间。前者表现了理想的儒家意识形态（理），而后者遵循了实用的法家原则（势）。

再往前，在更大的尺度上，我们也已经考察了作为明代早期皇帝们地缘政治布局结果的北京的形成。于1420年出现的北京，是地理建筑构造（geo-architectural construction）的一部分，是新完成的人造地理的一部分。它是一个图形中的一个点：这个图形包括西北长城弧线，延伸到东南中国的大运河曲线，以及位于两者中间的京城聚焦点。这里有一种对地方、对自然地形条件及其战略潜力的挖掘利用，以此在世界尺度上设计一个更大的帝国空间。这里也有一种建造主义态度，表现在新城市和新社会地理的营造中，由此来强化本地方的威力，树立起北京在帝国和周边区域范围内的中心地位。

宏大而整体的布局始终受到偏爱，为的是采用其中的巨大潜力，来创造和维持各种运作：地缘政治的格局安排、城市平面中意识形态的表达、对城市的控制，以及君主对帝国的政治统治。这些布局被用来在人类社会世界中建立起一个整体的秩序。一个中心主义思想贯穿着所有这些建构整体秩序的工程，它们出自于同时又贡献于圣王的绝对权威：它们是权威主义的各种表现形式。

基于以上这些考察，北京作为一个整体揭示了两个命题：宇宙论的道德主义以及政治上的权威主义。前者在天人关系上展开，提倡人与自然的总体和谐，而人在遵从天道中找到自己的位置；后者在人与人的关系中展开，要求在社会世界中建立一个整体，而个人在与他人的关系以及与圣王的权威的关系中实现自我。在两种情形下，都有一贯的对独立个人主体的否定。在两种情形下，主体都沉浸于一个"他者"（others）的世界之中：或者沉浸于自然中，发展出宇宙道德论的和生态的关系；或者沉浸于社会世界中，发展并完善社会道德论的和权威主义的体制。

在对独立的主体、客体，及其二元对立的否定中，主体的沉浸又引出了客体的散布。一种"沉浸—散布"的方法在此形成，用以在大地表面上营造空间和人居环境。在这一格局中，空间与客体在外部被打散，而在内部又被墙和其他形式的边界密集切割。主体的人被引入一个实践与经验的密集世界中；在政治、社会、美学、存在等各方面，其行走轨迹都永远使自己处于相对的位置。一个全局的设计和构图，又将这些无穷小的密集空间系统地广泛地组织起来，形成北京作为一个地理—城市—建筑的整体构造。在北京的这一构造中，人们可以看到对宏大、整体和策略性布局及其潜在活力的持续使用，以追求政治权威主义和宇宙论的道德主义。北京的空间设计和布局是策略性的，它贯穿于不同的实践领域：意识形态的、社会的、政治的、宗教的、象征的以及美学的或存在的，它也贯穿于不同尺度的区划中，包括建筑、城市、大地景观建设以及更大型的地理构造。

然而这两个命题，即政治的权威主义和宇宙论的道德主义，其重要性并不相同。前者依赖于后者，并且在后者中获得其合法性。人类最终臣服于自然。"沉浸—散布"的构图，在大地表面，在天地之间，谦恭而宏伟地展开，与辽阔无边的地平线遥相呼应。

参考书目

中文部分

北京市古代建筑研究所，《加摹乾隆京城全图》，北京：燕山出版社，1996 年。

陈杰，《英宗睿皇帝朱祁镇》，见许大龄、王天有编《明朝十六帝》，北京：紫禁城出版社，1991 年，第 117—136 页。

北京大学历史系编写组，《北京史》，北京：北京出版社，1985 年。

同济大学城市规划编写组，《中国城市建设史》，北京：中国建筑工业出版社，1982 年。

编写组，《韩非子校注》，江苏：江苏人民出版社，1982 年。

编写组，《中国建筑史》，北京：中国建筑工业出版社，1983 年。

冯友兰，《中国哲学简史》，北京：北京大学出版社，1985 年。

傅宗懋，《清代军机处组织及执掌之研究》，台北：政治大学政治研究所，1967 年。

高翔，《康雍乾三帝统治思想研究》，北京：中国人民大学出版社，1995 年。

关文发、颜广文，《明代政治制度研究》，北京：中国社会科学出版社，1996 年。

郭湖生，《关于中国古代城市史的谈话》，《建筑师》第 70 期，1996 年 6 月，第 62—66 页。

郭湖生，《明清北京》，《建筑师》第 78 期，1997 年 10 月，第 76—81 页。

郭熙、郭思，《林泉高致》，见俞剑华编《中国画论类编》，香港：中华书局，1973 年，第 631—650 页。

贺业矩，《考工记营国制度研究》，北京：中国建筑工业出版社，1985 年。

侯仁之编，《北京历史地图集》，北京：北京出版社，1988 年。

夏铸九，《空间、历史与社会论文选 1987—1992》，台北：台湾社会研究丛刊，1993 年。

贾树村，《同治帝载淳》，见左步青编《清代皇帝传略》，北京：紫禁城出版社，1991 年，第 343—369 页。

江桥，《十三衙门初探》，见清代宫史研究会编《清代宫史探微》，北京：紫禁城出版社，1991 年，第 49—56 页。

姜舜源，《五行、四象、三垣、两极：紫禁城》，见清代宫史研究会编《清代宫史探微》，北京：紫禁城出版社，1991 年，第 251—260 页。

李广廉，《明宣宗及其朝政》，见许大龄、王天有编《明朝十六帝》，北京：紫禁城出版社，1991 年，第 100—116 页。

李鸿彬，《简论清初十三衙门》，见清代宫史研究会编《清代宫史探微》，北京：紫禁城出版社，1991 年，第 41—48 页。

李允鉌，《华夏意匠：中国古典建筑设计原理分析》，香港：广角镜出版社，1984 年。

李泽厚，《中国古代思想史论》，北京：人民出版社，1986 年。

梁思成，《梁思成文集》第 3 卷，北京：中国建筑工业出版社，1985 年。

刘敦桢，《中国古代建筑史》，北京：中国建筑工业出版社，1980 年。

刘桂林，《雍正帝胤禛》，见左步青编《清代皇帝传略》，北京：紫禁城出版社，1991 年，
　　第 146—174 页。

茅海建，《咸丰帝奕詝》，见左步青编《清代皇帝传略》，北京：紫禁城出版社，1991 年，
　　第 300—342 页。

毛佩琦，《成祖文皇帝朱棣》，见许大龄、王天有编《明朝十六帝》，北京：紫禁城出版社，
　　1991 年，第 55—89 页。

秦国经，《清代宫廷的警卫制度》，见清代宫史研究会编《清代宫史探微》，北京：紫禁
　　城出版社，1991 年，第 308—325 页。

《国朝宫史》，北京：1750 年（collection of the Library, School of Oriental and African
　　Studies, London University）。

《清宫史续编》，"官制"1—3，卷 72—74，册 8；"宫规"4，卷 48，"大礼" 42，册 5，北京：1806 年
　　（collection of the Library, School of Oriental and African Studies, London University）。

清代宫史研究会编，《清代宫史探微》，北京：紫禁城出版社，1991 年。

王明，《开国皇帝朱元璋》，见许大龄、王天有编《明朝十六帝》，北京：紫禁城出版社，
　　1991 年，第 5—40 页。

王建东，《孙子兵法》，台北：中文出版社，1982 年。

王其亨，《风水形势说和古代中国建筑外部空间设计探析》，见王其亨编《风水理论研究》，
　　天津：天津大学出版社，1992 年，第 117—137 页。

王其亨编，《风水理论研究》，天津：天津大学出版社，1992 年。

吴廷燮编，《北京市志稿》，北京：燕山出版社，1989 年。

兴亚院编，《乾隆京城全图》，北京，1940 年。

许大龄、王天有编，《明朝十六帝》，北京：紫禁城出版社，1991 年。

徐连达、朱子彦，《中国皇帝制度》，广州：广东教育出版社，1996 年。

杨树蕃，《清代中央政治制度》，台北：台湾商务印书馆，1978 年。

叶朗，《中国美学史大纲》，上海：上海人民出版社，1985 年。

俞剑华编，《中国画论类编》，香港：中华书局，1973 年。

赵尔巽，《清史稿》，北京：中华书局，1977 年。

赵子富，《武宗毅皇帝朱厚照》，见许大龄、王天有编《明朝十六帝》，北京：紫禁城出版社，
　　1991 年，第 191—213 页。

郑连章，《紫禁城城池》，北京：紫禁城出版社，1986 年。

周家楣等编撰，《光绪顺天府志》，北京：北京古籍出版社，1987 年（初版于 1885 年）。

徐艺圃，《试论康熙御门听政》，见《故宫博物院院刊》1983 年第 1 期，第 3—19 页。

朱剑飞，《构造一个新现代性》，见《城市与设计》1998 年第 5—6 期，第 43—62 页。

朱文一，《空间·符号·城市：一种城市设计理论》，北京：中国建筑工业出版社，1993 年。

左步青编，《清代皇帝传略》，北京：紫禁城出版社，1991 年。

英文部分

Alberti, Leon Battista, *On Painting* (《绘画论》), trans. John R. Spenser, London: Routledge &Kegan Paul, 1956.

Ames, Roger T., *The Art of Rulership: a study of ancient Chinese political thought*(《统治的艺术：中国古代政治思想研究》), Albany: State University of New York Press, 1994.

Arlington, L.C. and William Lewisohn, *In Search of Old Peking* (《探寻老北京》), introduced by Geremie Barme, Hong Kong, Oxford, New York: Oxford University Press, 1991 (first published in Peking: Henri Vetch, 1935).

Bacon, Edmund N., *Design of Cities* (《城市设计》), London: Thames and Hudson, 1967/1974.

Barthes, Roland, *Empire of Signs* (《符号帝国》), trans. Richard Howard, New York: Hill and Wang, 1982.

Bek, Lise, *Towards Paradise on Earth: modern space conception in architecture, a creation of Renaissance humanism* (《迈向人间天堂：建筑的现代空间概念，一项文艺复兴人文主义的创造》), Kobenhavn: Odense University Press, 1979.

Bentham, Jeremy, *The Works of Jeremy Bentham* (《边沁文集》), vol.IV, ed. John Bowring, Edinburgh: William Tait, 1843.

——, *The Panopticon Writings* (《圆形监狱》), ed. Miran Bozovic, London: Verso, 1995.

Berger, Robert W., *A Royal Passion: Louis XIV as patron of architecture* (《国王的热情：作为建筑赞助人的路易十四》), Cambridge: Cambridge University press, 1977.

Bourdieu, Pierre, *Outline of a Theory of Practice* (《实践论纲要》), trans, Richard Nice, Cambredge: Cambridge University Press, 1977.

Bowle, John, *A History of Europe: a cultural and political survey* (《欧洲史：文化与政治的考察》), London: Pan Books, 1979.

Boyd, Andrew, *Chinese Architecture and Town Planning, 1500 BC-AD 1991* (《中国建筑与城市设计（1500—1991）》), London: Alec Tiranti, 1962.

Burgess, John Stewart, *The Guilds of Peking* (《北京的会馆》), Taipei: Ch'eng-Wen Publishing Co. 1966 (first published in New York: Columbia University Press, 1928).

Chaliand, Gerard, *The Art of War in World History: from antiquity to the nuclear age* (《世界历史中的兵法——从古代到核时代》), Berkeley Calif.: University of California Press, 1994.

Chan, Hok-lam, 'The Chien-wen reign'(《建文朝》) and 'The Yung-lo rign' (《永乐朝》), in Frederick W. Mote and Denis Twitchett (eds) *The Cambridge History of China* (《剑桥中国史》), vol.7：the Ming Dynasty, 1368-1644, Part I, Cambridge: Cambridge

University Press, 1988, pp.184-204, 205-275.

Chen Cheng-Siang (Chen Zhengxiang), 'The growth of Peiching'（《北京的发展》），*Ekistics*（《城市与区域规划》），no.253, December 1976, pp.377-383.

Chen Zhengxiang, *Zhongguo Wenhua Dili*（《中国文化地理》，Cultural geography of China），Hong Kong: Joint Publishing Co., 1981.

Clausewitz, Caul von. *On War*（《战争论》），ed. And trans. Michael Howard and Peter Paret, Princeton: Princeton University Press, 1976.

De Bary, W. Theodore (ed.), *The Unfolding of Neo-Confucianism*（《理学的演变》），New York and London: Columbia University Press, 1975.

——, *Neo-Confucian Orthodoxy and the Learning of the Mind-and-Heart*（《理学正统与心学》），New York: Columbia University Press, 1981.

Descartes, Rene, *Discourse on Method and the Meditations*（《方法导论与沉思集》），trans. F.E. Sutcliffe, London: Penguin Books, 1968.

Dolby, William, *A History of Chinese Drama*（《中国戏剧史》），London: paul Elek Books, 1976.

Done, Frank, *The Forbidden City: the biography of a palace*（《禁宫传》），New York: Charles Scribner, 1970.

Dovey, Kim, *Framing Places:mediating power in built form*（《架构场所：在建造形式中架接权力》），London and New York: Routledge, 1999.

Dreyer, Edward L., *Early Ming China: a political history 1355-1435*（《明初中国政治史1355—1435》），Stanford, Calif.: Stanfoud University Press, 1982.

Dreyfus, Huber L. and Paul Rabinow, *Michel Foucault: beyond structuralism and hermeneutics*（《福柯：超越结构主义与解释学》），Chicago: University of Chicago Press, 1982.

Dutton, Michael R., *Policing and Punishment in China: from patriarchy to 'the People'*（《中国的警察与惩罚：从家长制到"人民"》），Cambridge: Cmabridge University Press, 1992.

Eastman, Lloyd E., *Family, Fields, and Ancestors: constancy and change in China's social and economic history, 1550-1949*（《家族、土地与祖先：中国社会经济史的恒常与变迁》），New York and Oxford: Oxford University Press, 1988.

Edgerton, Samuel Y., *The Renaissance Rediscovery of Linear Perspective*（《文艺复兴对线性透视的再发现》），New York: Basic books, 1975.

Eisenman, Peter, 'The end of the classical: the end of the beginning, the end of the end'（《古典的终结：开始的终结，终结的终结》），*Perspecta: The Yale Architectural Journal*（《Perspecta: 耶鲁建筑杂志》），no.21, 1984, pp.154-172; reprinted in Kate Nesbitt (ed.) *Theorizing a New Agenda for Architecture*（《为建筑的新目标而理论》），New York: Princeton Architectureal Press, 1996, pp.212-227.

——, 'Blue line text'（《蓝色文本》）, *Architectural Design*（《建筑设计》）, nos.7-8, 1988, pp.6-9; repreinted in Andreas Papadakis (ed.) *Deconstruction: omnibus volume*（《解构选集》）, New York: Rizzoli, 1989, pp.150-151.

——, 'Visions' unfolding: architecture in the age of electronic media'（《视觉的延展：电子媒体时代的建筑》）, *Domus*, no.734, January 1992, pp.20-24; repreinted in Kate Nesbitt (ed.) *Therizing a New Agenda for Architecture*（《为建筑的新目标而理论》）, New York: Princeton Architectural Press, 1996, pp.556-561.

Evans, Robin, 'Figures, doors and passageways'（《人像、门洞与走道》）, *Architectural Design*（《建筑设计》）, no.4, 1978, pp.267-278.

——, *The Fabrication of Virtue: English prison architecture, 1750-1840*（《品德的编造：英国监狱建筑 1750—1840》）, Cambridge: Cambridge University Press, 1982.

——, *The Projective Cast: architecture and its three geometries*（《投影：建筑及其三种几何学》）, Cambridge, Mass. And London: MIT Press, 1995.

Fairbank, John K., 'State and society under the Ming'（《明代的国家与社会》）, in John K. Fairbank, Edwin O. reischauer and Albert M. Craig (eds) *East Asia: tradition and transformation*（《东亚：传统与变革》）, London: George Allen & Unwin, 1973, pp.177-210.

——, 'Traditional China at its height under the Ch'ing'（《清盛期的传统中国》）, in John K. Fairbank, Edwin O. Reischauer and Albert M. Craig (eds) *East Asia: tradition and trasformation*（《东亚：传统与变革》）, London: George Allen & Unwin, 1973, pp.211-257.

——, 'Introduction: the old order'（《导言：旧秩序》）, in john K. fairbank (ed.) *The Cambridge History of China*（《剑桥中国史》）, vol.10: Late Ch'ing, 1800-1911, Part 1, Cambridge: Cambridge University Press, 1978, pp.1-34.

—— (ed.), *The Cambridge History of China*（《剑桥中国史》）, vol.10: Late Ch'ing, 1800-1911, Part 1, Cambridge: Cambridge University Press, 1978.

Fairbank, John K., Edwin O. Reischauer and Albert M. Craig (eds), *East Asia: traditions and transformation*（《东亚：传统与变革》）, London: George Allen & Unwin, 1973.

Fairbank, John K. and Ssu-Yu Teng, *Ching Administration: three studies*（《清代行政的三项研究》）, Cambridge, Mass.: Harvard University Press, 1960.

Farmer, Edward L., *Early Ming Government: the evolution of dual capitals*（《明初政府：两都制的演变》）, Cambridge, Mass. And London: Harvard University Press, 1976.

Feuchtwang, Stephan, 'School-temple and city god'（《文庙与城隍》）, in G. William Skinner (ed.) *The City in Late Imperial China, Stanford*（《中华帝国晚期的城市》）, Calif.: Stanford University Press, 1977, pp.581-608.

Foster, Hal (ed.), *Vision and Visuality*（《视觉与视觉性》）, Seattle: Bay Press, 1988.

Foucault, Michel, *The Archaeology of Knowledge*（《知识考古学》）, trans,. A.M. Sheridan Smith, London and New York: Routledge, 1972.

——, *Discipline and Punish: the birth of the prison*（《规训与惩罚：监狱的诞生》）, trans. Alan Sheridan, Harmondsworth: Penguin Books, 1977.

——, *Power/Knowledge: selected interviews and other writings 1972-1977*（《权力／知识：访谈与论文选 1972—1977》）, ed. Colin Gordon, Brighton, Sussex: The Harvester Press, 1980.

——, 'The eye of power'（《权力之眼》）, in Colin Gordon (ed.) *Power/ Knowledge: selected interviews and other writings 1972-1977*（《权力／知识：访谈与论文选 1972—1977》）, Brighton, Sussex: The Harvester Press, 1980, pp.146-165.

——, 'Questions on geography', in Colin Gordon (ed.) *Power/ Knowledge: selected interviews and other writings 1972-1977*（《权力／知识：访谈与论文选 1972—1977》）, Brighton, Sussex: The Harvester Press, 1980, pp.62-77.

Franke, Wolfang, 'Historical writing during the Ming'（《明之历史写作》）, in Frederick W. Mote and Denis Twitchett (eds) *The Cambridge History of China*（《剑桥中国史》）, vol.7: The Ming Dynasty, 1368-1644, Part 1, Cambridge: Cambridge University Press, 1988, pp.726-782.

Fung Yu-lan, *A History of Chinese Philosophy*（《中国哲学史》）, vol.1: The period of the philosophers, trans, Derk Bodde, Princeton: Preinceton University Press, 1952.

——, *A History of chinese Philosophy*（《中国哲学史》）, vol.2: The period of classical learning, trans. Derk Bodde, London: George Allen & Unwin, 1953.

Gamble, sidney D., *Peking: a social survey*（《北京社会调查》）, London and Peking: Oxford University Press, 1921.

Gernet, Jacques, 'Introduction'（《导言》）, in S.R. Schram (ed.) *Foundations and Limits of State Power in china*（《中国国家权力的基础与限制》）, London: School of Oriental and African Studies and The Chinese University Press, 1987, pp.XV-XXVii.

Girouard, Mark, *Life in the English Country House: a social and architectural history*（《英国乡村住宅生活：社会与建筑史》）, New Haven: Yale University Press, 1978.

Griffith, Samuel B., *Sun Tzu: The Art of War*（《孙子兵法》）, London: Oxford University Press, 1963.

Gusheh, Maryam (ed.), *Double Frames: proceedings of the first international symposium of the Centre for Asian Environments*（《双重框架：第一届亚洲环境中心国际研讨会文集》）, sydney: Faculty of the Built Evvironment, University of New South Wales, 2000.

Handel, Michael I., *Masters of War: classical strategic thought*（《战争大师：古典战略思想》）, London: Frank Cass, 1996.

Hanson, Julienne, *Decoding Homes and Houses*（《住宅解析》）,Cambridge: Cambridge

University Press, 1998.

Heng Chye Kiang, *Cities of Aristocrates and Bureaucrats: the development of medieval Chinese city scapes*（《达官贵族的城市：中国中世纪城市景观发展》）, Singapore: Singapore University Press, 1999.

Hillier, Bill, *Space is the Machine: a configurational theory of architecture*（《空间是机器：建筑组构理论》）, Cambridge: Cambridge University Press, 1996.

Hillier, Bill and Julienne Hanson, *The Social Logic of Space*（《空间的社会逻辑》）, Cambridge: Cambridge University Press, 1984.

Hirst, Paul, 'Foucault and architecture'（《福柯与建筑》）, *AA Files*, no.26, Autumn 1993, pp.52-60.

Hsiao, Kung-chuan, *A History of Chinese Political Thought*（《中国政治思想史》）, vol.1, trans. F.W. Mote, Prenceton: Princeton University Press, 1979.

Huang, Ray, *China: a macro history*（《中国大历史》）, New York: Armonk, 1997.

Hucker, Charles O., 'Ming government'（《明政府》）, in Denis Twitchett and Frederick W. Mote (eds) *The Cambridge History of China*（《剑桥中国史》）, vol.8: The Ming Dynasty, 1368-1644, Part 2, Cambridge: Cambridge University Press, 1998, pp.7-105.

Jay, Martin, 'Scopic regimes of modernity'（《现代性的视觉统治》）, in Hal Foster (ed.) *Vision and Visuality*（《视觉与视觉性》）, Seattle: Bay Press, 1988, pp.3-23.

——, *Downcast Eyes: the denigration of vision in twentieth-centure French thought*（《低垂的眼睛：20世纪法国思想中对视觉的诋毁》）, Berkeley: University of California Press, 1993.

Jones, Susan Mann and Philip A. Kuhn, 'Dynastic decline and the roots of rebellion'（《王朝衰败与叛乱的根源》）, in John K. Fairbank (ed.) *The Cambridge History of China*（《剑桥中国史》）, vol.10: Late Ch'ing, 1800-1911, Part I, Cambridge: Cambridge University Press, 1978, pp.107-162.

Jullien, Francois, *The propensity of Things: towards a history of efficacy in China*（《事物的趋势》）, trans. Janet Lloyd, New York: zone Books; Cambridge, Mass.: MIT Press, 1995.

Kant, Immanuel, *The Critique of Judgement*（《判断力批判》）, trans. James Creed Meredith, Oxford: Clarendon Press, 1952.

Kemp, Martin, *The Science of Art: optical themes in Western art form Brunelleschi to Seurat*（《艺术的科学：从布鲁内莱斯基到修拉，西方艺术形式中光的主题》）, New Haven and Long: yale University Press, 1990.

Kostof, Spiro, *A History of Architecture: settings and ritual*（《世界建筑史》）, New York and Oxford, Oxford University Press, 1995.

Kramers, Robert P., 'The development of the Confucian schools'（《儒学的发展》）, in Denis Twitchett and Michael Loewe (eds) *The Cambridge History of China*（《剑桥中

国史》）, vol.1: the Ch'in and Han Empires, 221 B.C.-A.D. 220, Cambridge: Cambridge University Press, 1986, pp.747-765.

Lacan, Jacques, *The four Fundamental Concepts of Psychoanalysis*（《心理分析的四个基本概念》）, ed. Jacques-Alain Miller, trans. Alan Sheridan, New York: W.W. Norton & Company, 1978.

Liu, Laurence G., *Chinese Architecture*（《中国建筑》）, London: Academy Editions, 1989.

Lowe, H.Y., *The Adventures of Wu: the life cycle of a Peking man*（《吴氏历险记：一个北京人的生活周期》）, introcuced by Derk Bodde, Prenceton: Preinceton University Press, 1982, vols 1 and 2 (first published in Peking: Henri Vetch, 1940).

Machiavelli, Niccolo, *The Prince*（《君主论》）, trans. Harey C. Mansfield, Chicago: The University of Chicago Press, 1985.

Mackerras, Colin P., *The Rise of the Peking Opera 1770-1870: social aspects of the theatre in Manchu China*（《京剧的兴起 1770—1870：满清中国剧场的社会问题》）, London: Oxford University Press, 1972.

Markus, Thomas A., *Buildings and Power: freedom and control in the origin of modern building types*（《建筑与权力：现代建筑类型起源中的自由与控制》）, London and New York: Routledge, 1993.

Mcmorran, Ian, 'Wang Fu-chih and the Neo-confucian tradition'（《王夫之与理学传统》）, in W. Theodore de Bary (ed.) *The Unfolding of Neo-Confucianism*（《理学的演变》）, New York and London: 1975, pp.413-467.

Metzger, Thomas A., *Escape from Predicament: Neo-Confucianism and China's evolving political culture*（《逃离困境：理学与中国政治文化的演进》）, New York: Columbia University Press, 1977.

Meyer, Jeffrey F., *The Dragons of Tiananmen: Beijing as a sacred city*（《天安门之龙：作为神圣城市的北京》）, Columbia, South Carolina: University of South Carolina Press, 1991.

Mote, Frederick W., 'The transformation of Nanking ,1350-1400'（《南京的变迁：1350—1400》）, in G. William Skinner(ed.) *The City in Late Imperial China*（《中华帝国晚期的城市》）, Stanford, Calif: Stanford University Press, 1977, pp.101-154.

——, 'Introduction'（《导言》）and 'The rise of the Ming dynasty, 1330-1367'（《明王朝的兴起，1330—1367》）, in Frederick W. Mote and Denis Twitchett (eds) *The Cambridge History of China*（《剑桥中国史》）, vol.7: The Ming dynasty, 1368-1644, Part I, Cambridge: Cambridge University Press, 1988, pp.1-10, 11-57.

——, 'The Ch'eng-hua and Hung-chih reigns, 1465-1505'（《成化与弘治，1465—1505》）, in frederick W. Mote and Denis Twitchett (eds) *The Cambridge History of China*（《剑桥中国史》）, vol.7: The Ming dynasty, 1368-1644, Part I, Cambridge:

Cambridge University Press, 1988, pp.389-402.

Mote, Frederick W. and Denis Twitchett (eds) *The Cambridge History of China*（《剑桥中国史》）, vol.7: The Ming dynasty, 1368-1644, Part I, Cambridge: Cambridge University Press, 1988.

Naquin, Susan and Evelyn s. Rawski, *Chinese Society in the Eighteenth Century*（《十八世纪中国社会》）, New Haven and London: Yale University Press, 1987.

Needham, Joseph, *Science and Civilization in China*（《中国科学技术史》）, vol.4: Physics and Physical Technology, Part III: Civil Engineering and Nautics, Cambridge: Cambridge University Press, 1971.

Needham, Joseph, and colin Ronan, *The Shorter Science and Civilization in China*（《中国科学技术简史》）, vol.2, Cambridge and New York: Cambridge University Press,1981.

Nesbitt, Kate (ed.), *Theorizing a New Agenda for Architecture*（《为建筑的新目标而理论》）, New York: Princeton Architectural Press, 1996.

Noboru, Niida, 'The industrial and commercial guilds of Peing and religion and fellow countrymanship as elements of their coherence'（《北京的工商行会以及形成凝聚力的信仰和同乡情谊》）, *Folklore Studies*, no.9, 1950, pp.179-206.

Panofsky, Erwin, *Perspective as Symbolic form*（《作为象征形式的透视》）, trans. Christopher S. Wood, New York: Zone Books, 1997.

Papadakis, Andreas (ed.), *Deconstruction: omnibus volume*（《解构文集》）, New York: Rizzoli, 1989.

Paret, Peter, 'The genesis of On War'（《〈战争论〉的起源》）, in Carl von Clausewitz, *On War*（《战争论》）, ed. And trans. Michael Howard and Peter Paret, Princeton: Princeton University Press, 1976, pp.3-25.

Pearson, Michael Parker and Colin Richards, 'Ordering the World: perceptions of architecture, space and time'（《秩序化世界：建筑、空间与时间的感知》）, in Michael Parker Pearson and Colin Richards (eds) *Architecture and Order: approaches to social space*, London and New York: Routledge（《建筑与秩序：社会空间方法》）, 1994, pp.1-37.

Pearson, Michael Parker and Colin Richards (eds), *Architecture and Order: approaches to social space*（《建筑与秩序：社会空间方法》）, London and New York: Routledge, 1994.

Perez-Gomez, Alberto, *Architecture and the Crisis of Modern Science*（《建筑与现代科学的危机》）, Cambridge, Mass. And London: MIT Press, 1983.

Perez-Gomez, Alberto and Louise Pelletier, *Architectural Representation and the Perspective Hinge*（《建筑表现与透视点》）, Cambridge, Mass. And London: MIT Press, 1997.

Perouse de Montclos, Jean-Marie, *Versaille*（《凡尔赛宫》）, trans. John Goodman, London, New York and Paris: Abbeville Press, 1991.

Peterson, Willard, 'Confucian learning in late Ming thought' (《晚明思想中的儒学》), in denis Twitchett and Frederick W. Mote (eds) *The Cambridge History of China* (《剑桥中国史》), vol.8: The Ming Dynasty, 1368-1644, Part 2, Cambridge: Cambridge University Press, 1988, pp.708-788.

Roberts, j.M., *The Penguin Hisroty of the World* (《企鹅世界史》), Harmondsworth: Penguin Books, 1976/1987.

Rozman, Gilbert, *Urban Networks in Ch'ing China and Tokugawa Japan* (《清代中国与德川时期日本的城市网络》), Princeton: Princeton University Press, 1973.

Russell, Bertrand, *A History of Western Philosophy* (《西方哲学史》), London: Unwin Paperbacks, 1946.

Said, Edward W., *Culture and Imperialism* (《文化与帝国主义》), London: Vintage, 1994.

Schram, S.R. (ed.), *Foundations and Limits of State Power in China* (《中国国家权力的基础与限制》), London: School of Oriental and African Studies and The Chinese University Press, 1987.

Schwartz, Benjamin I., *The World of Thought in Ancient China* (《古代中国的思想世界》), Cambridge, Mss. And London: Harvard University Press, 1985.

Scruton, Roger, *A Short History of Modern Philosphy: from Descartes to Wittgenstein* (《现代哲学简史：从笛卡儿到维特根斯坦》), London and New York: Ark Pperbacks, 1981.

Sit, Victor F.S., *Beijing: the nature and planning of a Chinese capital city* (《北京：中国都城的特点与规划》), Chichester: John Wiley & Sons, 1995.

Skinner, G. William, 'Introduction: urban social structure in Ch'ing China' (《导言：清代中国的城市社会结构》), in G. William Skinner (ed.) *The City in Late Imperial China* (《中华帝国晚期的城市》), Stanford, Calif.: Stanford University Press, 1977, pp.521-553.

—— (ed.), *The City in Late Imperial China* (《中华帝国晚期的城市》), Stanford, Calif.: Stanford University Press, 1977.

——, 'Zhongguo lishi de jiegou' (《中国历史的结构》A structure of Chinese history), in G. William Skinner (ed.) *Zhongguo Fengjian Shehui Wanqi Chengshi Yanjiu* (《中国封建社会晚期城市研究》The city in late imperial China), trans. Wang Xu, Changchun: Jilin Jiaoyu Chubanshe, 1991,pp.1-24.

——(ed.), *Zhongguo Fengjian Shehui Wanqi Chengshi Yanjiu* (《中国封建社会晚期城市研究》, The city in late imperial China), trans. Wang Xu, Changchun: Jilin Jiaoyu Chubanshe, 1991.

Spence, Jonathan D., *Emperor of China: self-portrait of Kang-hsi* (《中国皇帝：康熙自画像》), New York: Alfred A. Knopf, 1974.

Steinhardt, Nancy Shatzman, *Chinese Imperial City Planning*（《中国都城的规划》）, Honolulu: University of Hawaii Press, 1990.

Tao Hanzhang, *SunTzu: The Art of War*（《孙子兵法》）, trans. Yuan Shibing, foreword by Norman Stone, Ware, Hertfordshire: Wordsworth Reference, 1993.

Tun Li-Ch'en, *Annual Customs and Festivals in Peking*（《燕京岁时记》）, trans. And annotated by Derk Bodde, Peiping: Henri Vetch, 1936 and Hong Kong: Hong Kong University Press, 1965 (first published in Chinese, Beijing, 1900).

Twitchett, Denis and Frederick W. Mote (eds), *The Cambridge History of China*（《剑桥中国史》）, vol.8: The Ming Dynasty, 1368-1644, Part 2, Cambridge: Cambridge University Press, 1998.

Waldron, Arthur N., 'The problem of the Great Wall of China'（《中国长城的问题》）, *Harvard Journal of Asiatic Studies*（《哈佛亚洲研究》）, vol.43, no.2, December 1983, pp.643-663.

Wan Yi, Wang Shuqing and Lu Yanzheng (comp.), *Daily Life of the Forbidden City*（《紫禁城中的日常生活》）, trans. Rosemary Scott, Erica Shipley, Harmondsworth: Penguin Books, 1988.

Watt, John R., 'The Yamen and urban administration'（《衙门与城市管理》）, in G. William Sknner (ed.) *The City in Late Imperial China*（《中华帝国晚期的城市》）, Stanford, Calif.: Stanford Univeristy Press, 1977, pp.352-390.

Weng, Wan-go and Yang Boda, *The Palace Museum, Peking: treasures of the Forbidden City*（《北京故宫：紫禁城珍宝》）, London: Orbis Publishing, 1982.

Wheatley, Paul, *The Pivot of the Four Quarters: a preliminary enquiry into the origins and character of ancient Chinese city*（《四方之极：中国古代城市起源与特征初探》）, Edinburgh: Edinburgh University Press, 1971.

Williams, E.T., 'The state religion of China during the Manchu dynasty'（《满清中国国家信仰》）, *Journal of the North-China Branch of the Royal Asiatic Society*（《皇家亚洲学会北中国分会会刊》）, no.44, 1913, pp.11-45.

Wright, Arthur F., 'The cosmology of the Chinese city'（《中国城市的宇宙论》）, in G. William Sknner (ed.) *The City in Late Imperial China*（《中华帝国晚期的城市》）, Stanford, Calif.: Stanford Univeristy Press, 1977, pp.33-73.

Wu, silas, H.L., *Communication and Imperial Control in China: evolution of the palace memorial system 1693-1735*（《中国的通讯与皇帝控制：宫廷奏章制度的变革 1693—1735》）, Cambridge, Mass.: Harvard University Press, 1970.

Xu,Yinong, *The Chinese City in Space and Time: the development of urban form in Suzhou*（《时空中的中国城市：苏州城市形态发展史》）, Honululu: University of Hawai'I Press, 2000.

Yu Zhuoyun (comp.), *Palaces of the Forbidden City*（《紫禁城宫殿》）, trans. Ng Mau-Sang, Chan sinwai, Puwen Lee, ed. Granham Hutt, New York: The Viking Press, London: Allen Lane & Penguin Books, 1982.

Zhu, Jianfei, 'Space and power: a study of the built form of late imperial Beijing as a spactial constitution of central authority'（《空间与权力：作为中央集权空间构造的帝国晚期北京城市形式研究》）, unpublished PhD thesis, University of London, 1994.

——, 'A celestial battlefield: the forbidden City and Beijing in late imperial China'（《天朝沙场：清朝故宫及北京的政治空间构成纲要》）, *AA Files*, no.28, Autumn 1994, pp.48-60; reprinted in Chinese as 'Tanchao shachang'（《天朝沙场》）, trans, Xin Xifang, *Jianzhushi* (Architect), no.74, 1997, pp.101-112; and also in *Wenhua Yanjiu: cultural studies*（《文化研究》）, no.1,2000, pp.284-305.

——,' A Chinses mode of disposition: notes on the Forbidden City as a field of strategy and representation'（《中国布局模式：作为策略与表现场所的紫禁城》）, *Exedra*, vol.7, no.1, 1997, pp.36-46.

——, 'Constructing a Chinese modernity: theoritical agenda for a new architectural practice'（《构造一个中国的现代性：一项新的建筑理论实践》）, *Architectural Theory Review*, vo.3, no.2, November 1998, pp.69-87.

——, 'Visual paradigms and architecture in post-Song China and post-Renaissance Europe'（《宋以后的中国与文艺复兴以后的欧洲的视觉艺术与建筑》）, in Maryam Gusheh (ed.) *Double Frames: proceedings of the first international symposium of the Center for Asian Environments*（《双重框架：第一届亚洲环境中心国际研讨会文集》）, Sydney: Faculty of the Built Environment, University of New South Wales, 2000, pp.147-165.

索引

A

埃德蒙·培根 Bacon, Edmund N. 329

安德海 An Dehai 236

安德鲁·博伊德 Boyd, Andrew 34，316，320-321，327-328，330

安定门 *andingmen* 102

奥斯曼 Haussmann, Baron 331

B

八旗 Banners 104，107，109，113，115，118，121，216，223

巴黎 Paris 331

白莲教 White Lotus sect 234

百日维新 One Hundred Day Reform 236

颁诏 Declaration of Imperial Decree 284，290，292

保甲制度 *baojia system* 75，109-112，134，118，121

北池子—南池子 *beichizi-nanchizi* 102

北和南，象征的 north and south, symbolic 296，300，305，307-308

北京的二元性 duality of Beijing 79；参见儒家与法家（Confucianism and Legalism）；
形式的平面与真实的空间 formal plan and actual space；理和势 *li and shi*；王道和
霸道 *wangdao and badao*

北京的图底地图 figure-ground map of Beijing 90-93

北京东部 eastern areas of Beijing 102，158，162，197，274

北京和笛卡儿透视法 Beijing and Cartesian Perspectivalism 327，329，337-341，345-
346；参见笛卡儿的（Cartesian）

北京和圆形监狱 Beijing and the Panopticon 33，38-40，265-268，278，346；参见圆形
监狱设计（Panopticon design）

北京所在地 site of Beijing 47，51；地理政治中心性 geo-political centrality of 54-56；
战略要地 strategic importance of 47，53，54，141

本章 memorials（*benzhang*）217-220，239，276；参见奏折（palace memorials［*zouzhe*］）

比尔·西利尔 Hillier, Bill 36-37；参见空间句法（space syntax）

彼得·艾森曼 Eisenman, Peter 330-332

汴梁 Bianliang 45

宾礼 Guest Rites 285

兵法 *Art of War* 15，246，250-253，254-255；道教的影响 Daosit influence in 253

兵力布局 deployment of forces 114，120，223-226；参见战争机器（war-machine）

不可见 invisibility 见墙（walls）

不平等（不对称）inequality (asymmetry)：边界的 of the boundary 245-246；中心—边缘 centre-periphery 257-260；内外 inside-outside 245，273，274，277-278；观看的 of seeing 245，250，257-258，266，276-277；参见观看（seeing）

布雷 Boullée, Etienne-Louis 255，332-335

布鲁内莱斯基 Brunelleschi, Filippo 330

C

策略 strategic：格局的 compositional 346；控制，地理的 control, geographical 141；政治的 political 346；部属的动态趋势 propensity in a disposition 252，255，273，277；参见势（shi）；空间的设计 spacial design

长安 Changan 45

长城 Great Wall 53；扩建 expansion of 54，60，141；大地建筑构造中 in geo-architectural construction 30，56，141-144，347

常朝 Normal Audience 288-291

沉浸—散布的布局 immersive-dispersive composition 338，348

陈德 Chen De 234

城 cheng 84-86

城市规划：抽象的格局 city planning: abstract configuration in 65-66，68-69；中国方法 Chinese approach to 64-66，312；参见城镇规划（town planning）

城市结构的五层的等级体系 hierarchy: five-level urban structure 108；帝国政府 imperial government 64；逻辑 logic of 121；整体的 overall 134，143；社会的 social 87；作为社会政治的构造 as a socio-spatial tectonic 121-122；空间的 spatial 86，90，94，99，101；空间的和制度的 spatial and institutional 198

城市空间的制度化 institutionalization, of urban space 315，323-327，339-341

城市平面 city plan：形式表现的 as formal representation 75，79；整体的 as a whole 76；象征手段的 symbolic meaning of 311，346；参见形式化的平面和真实的空间（formal plan and actual space）；参见象征主义（symbolism）

城市社会生活 urban social life 143；参见社会交往的焦点（foci of social interactions）；会馆，寺庙，戏庄 guilds; temples; theatres

城乡关系 urban-rural relationship 136

程颢 Cheng Hao 73

程颐 Cheng Yi 73

尺度（宏大）scale (largeness) 147，148，171，266，312-320，323-329，337，341-346，347-348；与权力关联 in relation to power 312-313，337

崇高的 sublime 335-336，338

崇文门 chongwenmen 103

崇祯 Chongzhen 233

慈安 Cian 182，191，207，236

慈禧 Cixi 182，191，207，236-239

D

大朝 Grand Audience 150，162，287-295，307

大地—建筑 geo-architectural construction 30，56，141，144，347；参见大运河（Grand Canal）；长城 Great Wall

大都 Dadu 28，47，48，51，59

大内 great within 151，162，164，167，176，185

大清门 Gate of Grand Qing Empire 293

大山似的帝国结构，空间政治的 mountain of the empire, spatio-political 105，122；参见高地（high ground）

大享殿 Daxiang Dian 60

大运河，大地建筑构造中的 Grand Canal; in geo-architectural construction 30，56，141，144，347；重新开通 reopened 51-54，141

大众信仰 popular religion 129-130

道（儒家学说中的）dao, in Confucianism 67，72-75

道光 Daoguang 207，234，236

道家 Daoism 250，252，253，260，315，339

道学 Learning of the Way 72

登基 Ascension to the Throne 290

笛卡儿 Descartes, René 334；参见笛卡儿的（Cartesian）；笛卡儿主义 Carthsianism；主体 subject

笛卡儿的 Cartesian：认识论 epistemology 334；透视法 perspectivalism 330；参见主体（subject）；主体性 subjectivity

笛卡儿主义 Cartesianism 334-337；参见笛卡儿（Cartesian）

地安门大街 dianmen dajie 102

地理的重要性 geographical importance 见北京的选址（site of Beijing）

地理政治格局 geo-political construction 30

地上的和天上的 terrestrial and celestial：作为仪式和祭奉 as ceremonies and sacrifices 285，290，345；仪式 rites 289，307；地点 sites 285-286

地坛，日坛，月坛 Altar of the Earth, the Sun and the Moon 60，61，286

帝国统治的理论 theories of imperial rule 33

帝王的面容 face of the throne 296

东京 Tokyo 313-314

东林党 donglindang party 207，232

东直门 dongzhimen 94，102

冬至 Winter Solstice 34，284，288-289，291，298，301，302，306，307，308

董仲舒 Dong Zhongshu 67-72，282

都城 Capital City 61，65，66，86-122 passim 129-130，151，176，196-197，223，227，
　　274-275

对角线路径 diagonal route 158-163，167，170，197，200，201，274-275，346；参见
　　向内的迁移（inward movement）

对空间和移动的压迫 suppression on space and movement 229，230，276；参见划分
　　（division）；限制 restrictions

F

法 fa 246，248，250

法国大革命 French Revolution 250

法家 Legalism 78-79，142，246-247，250，262，277-278，339，347；道家的影响 Dao-
　　ist influence in 250

凡尔赛宫 Versailles, Palace of 328，331，336-337

风水 fengshui 52，316-320

凤阳 Fengyang 49

弗朗斯瓦·于连 Jullien, Francois 36-40，254，260，316-321

阜成门 fuchengmen 102

G

高地空间政治的 high ground, spatio-political 88，105，121-122，134，142，244，249，
　　252，339；参见金字塔（pyramid）

隔离城 quarantine cities 110

公所 gongsuo 111-112

宫城 Palace City 31，61，63，86，91，101-102，106，111-115，147-192，223-231，
　　235-237，265-267，273-278 passim 314，326

宫城中的 U- 空间 'u-space', in the Palace City 156，158，162，164-166，229，230，274

宫城中的时空关系 space-time ralationship, in the Palace City 148

宫女 ladies of the imperial court 176，184，190-192，204，206-207，237-239

构图 composition：形式的与美学的 formal and aesthetic 311-313，316，320，323，
　　345-346；整体的与象征的 overall and symbolic 144

观看 seeing 27，330-333，337-341 *passim*；装置 apparatus of 222；不对称 asymmetrical 38，250，257-260，266，276-278，315；金字塔的 pyramid of 32，222，330；主体性 subjectivity 40，参见权力之眼（eye-power）；凝视 gaze；线性透视 linear perspective

官僚 bureaucracy 104，261-264，278；参见民政官僚机构（civil bureaucracy）

光绪 Guangxu 192，236-237

规训社会（福柯和中国的）disciplinary society, in Foucault and China 110，258-260

郭熙 Guo Xi 321，338

国家权力的集中化 centralization of state power 33，256-257，260，261-272，278

国家与社会的关系 state-society relationship 134-136，143，144

国家战争机器 war-machine, of the state 114，120

过度空间，内廷外朝之间 transitional space, between inner and outer court 150-152，166-167，202，210，226

H

海上探险 maritime expeditions 49-50，141；参见郑和（Zheng He）

韩非 Han Fei 33，36-39，246-278 *passim* 346；与杰里米·边沁 and Jeremy Bentham 260，265-268，277-278

韩非子 *Hanfeizi* 246，252，255

和珅 He Shen 233，237

洪武（朱元璋）Hongwu (Zhu Yuangzhang) 47-51，70，78，79，142，193-194，244，263，277，313，346

候朝 waiting 见外朝（outer court）

后宫 harem, imperial 178-184；as rear palace 205-206

胡惟庸 Hu Weiyong 193

划分 division：水平的 horizontal 120；空间政治的 spatio-political 120-121；垂直的 vertical 121；垂直和水平的 vertical and horizontal 143，315，326

华云龙 Hua Yuanlong 59

圜丘 Circular Altar 286，298-302，305-306；参见天坛（Altar of Heaven）

皇城 Imperial City 61，86，91-107 *passim*，113-115，118；作为宫殿与政府机构之间的隔离带 as gap between the palace and the government 198

皇帝的凝视 imperial gaze 见凝视（gaze）

皇帝的作为"身体个人"与"首脑统治者"之间的关系 body-person and head-ruler, of the emperor 190-191，204-206，274-275；参见身体（body）

皇帝身份 emperorship 见君权的建构（tectonic of the throne）

皇帝意识形态 imperial ideology：内容 content of 283，308；和宇宙论的道德伦理 and cosmological ethics 283，312；分布 dissemination of 112；理想城市平面 and ideal city plan 66，76，142；王权 of kingship 66-68；王权的建立 making of 290；表现 representation of 283，287，347

皇宫中的宦官 eunuchs of the imperial court 177-178，184-194，205-209，231-233，239；明代的 of the Ming 191，207

皇太后 empress dowagers 182-184，192，207，236-239；参见慈安，慈禧（Cian; Cixi）

会馆 guilds 126-127，133，135

J

机器 machine：作为装置 as apparatus 260，265，273；作为制度性的格局 as institutinal set-up 250，265；国家的（机器）of the state 30，33，346

吉礼 Auspicious Rites 283，285-286，288

极权主义 totalitarianism 247，267

纪念性的（中国和欧洲）monumentality, in China and Eruope 见城镇规划（town planning）

祭奉 sacridices 34，285，290，297-306，345；参见天（Heaven）；地上的与天上的 terrestrial and celestial

嘉靖 Jiajing 61，207，298

嘉礼 Commending Rites 283-285，292

嘉庆 Jiaqing 233-234

监察官员 censors 104，109，217，264

监察机构 Censorate 104，264；参见监察官员（censors）

街道 streets：作为都市要素的 as element of urbanity 125；作为网络系统 as networks 122，134；作为空间的形式 as a spatial form 124；货摊 for stalls and vendors 125；参见线形的（lines）；开放空间网络 open space as a network

节点 nodes：社会的 social 93；空间的 spatial 93；城市和社会的 urban and social 124；城市管理的 for urban governance 111；参见线形（街道，lines）

节日 festivals 见寺庙（temples）

杰弗里·迈耶 Meyer, Jeffery 314-315

杰里米·边沁 Bentham, Jeremy 33-39 passim，257-265，315，346；与韩非 and Han Fei 260，265-268，278；参见北京和圆形监狱（Beijing and the Panopticon）；韩非 Han Fei；圆形监狱设计 Panopticon design

金·多维 Dovey, Kim 37

金字塔空间政治的 pyramid: spatio-political 89，121，143，222，243-254，267-268，277，346；视觉的 visual 33，222，330

京报 Beijing Gazette 218-220

京城全图 *Jingcheng Quantu* 29

京剧 *jingju* 见 Peking Opera

京剧 Peking Opera 128-129，135

景山前街 *jingshan qianjie* 102

净街 *jingjie* 见宵禁（night curfew）

巨型城市 mega-cities 24

距离 distancing 195，200，223

军机处 Grand Council 152，177，195-196，200，219-221，233-234，236-239，244

军机处 *junjichu* 见 Grand Council

军礼 Military Rites 285

军事系统 military system 103；在北京 in Beijing 108，113-120，223-230；参见战争机器（war-machine）

君臣关系 emperor-minister relationship 32，193-195，199-200，203-209，215，234，239，275-276，346

君臣关系 *jun-chen* relationship 见 emperor-minister relationship

君权的建构 tectonic of the throne 204，208

君主专制机器 autocratic: machine of the throne 221；rule 263

K

卡尔·冯·克劳塞维茨 Clausewitz, Carl von 336；与孙子 and Sun Zi 254-255，260；参见孙子（Sun Zi）

康德主义 Kantiansim 334

康熙 Kangxi 76-77，111，178，217-218，244，263，277，290

康熙南巡图 *Kangxi Nanxuntu* 318-319

考工记 *Kaogongji* 64-66

科举制度 examination system 111，262

客氏（奉圣夫人）Qie, Lady 232

客体 object 332-334；散布 dispersed 338；参见沉浸—散布格局（immersive-dispersive compositoin）；主客体关系 subject-object relationship

空间 space：真实或实际的 actual or real 31，75，79，83-84，152，170；社会（空间）的分析学 analytics of social 37；"另一个" 'another' 136；构图 composition of 34；身体的 corporeal 31，190-192，239，274；深的或内部的 deep or inner 148，163，168，170-171，239，273-278，327，339，341；帝国的 of the empire 31；作为实践领域的 as a field of practice 27，88；无穷小的 infinitesimal 323，327，346；制度的 institutional 32，203，265，274；权力的 and power 27；社会的 social 37-38，311，315；社会的 of society 31，133-134；国家的 of the state

31，121-122；体制的 system of 266；的时间性 temporality of 323，326；参见深度（depth）；形式的平面与真实的空间 formal plan and actual space；空间的设计 spatial design

空间的时间性 temporality of space 见空间（space）

空间句法：连通性分析 space syntax: analysis of connectivity 97；集合度分析 analysis of integration 97，163-170 passim；集合核的分析 analysisi of integration core 99-100；步数分析 analysis of steps 155-163 passim；细胞图 cell maps 155，168，184；院落边界图 courtyard-boundary maps 154，168，169；方法 method 27，36-37

叩头 kowtow 296，302-304，308

跨文化 cross-cultural：比较 comparison 28，329；对话作为方法 dialogue as method 36

L

拉康 Lacan, Jacques 334

老子 Lao Zi 39，72

李约瑟 Needham, Joseph 328，338

李允鉌 Li Yunhe 329

李泽厚 Li Zehou 36-39，253

李自成 Li Zicheng 233

里斯·贝克 Bek, Lise 330-332

理 li（reason）73-75，78-79，142，347；参见理和气（li and qi）；理和势 li and shi

理和气 li and qi 73-75，142

理和势 li and shi 74，78-79，142，347；参见儒家和道家（Confucianism and Legalism）

理想城市之图景 View of an Ideal City 332

理学 Neo-Confucianism 69-72，74，142-144，152，253，283，308，312

利昂·巴蒂斯塔·阿尔伯蒂 Alberti, Leon Battista 330

辽南京 Nanjing: capital of the Liao 47；明南京 capital of the Ming 29，49-52

林清 Lin Qing 234，238

林泉高致 Linquan Gaozhi 321

临安 Linan 47

刘瑾 Liu Jin 191，207，231

琉璃厂 liulichang 111

隆福寺 Longfusi 125-132

陆九渊 Lu Jiuyuan 73

路德维希·冯·贝多芬 Beethoven, Ludwig van 255，336

路易十四 Louis XIV 33，261-264，337

路易斯·皮里特 Pelletier, Louise 330-332

罗宾·艾文斯 Evans, Robin 330-332

罗兰·巴特 Barthes, Roland 313-314

洛阳 Luoyang 45

M

马丁·杰伊 Jay, Martin 40，334

玛达玛别墅 Villa Madama, Rome 331

麦克尔·达顿 Dutton, Michael 38

美的 beautiful 335，338；参见崇高的（sublime）

门，作为出入口 gates, as thresholds 88，143

孟子 Mencius 70-74

米歇尔·福柯 Foucault, Michel 37-38，110，258，260，265；参见北京和圆形监狱（Beijing and the Panopticon）；杰里米·边沁 Bentham, Jeremy；规训社会 disciplinary society；实践话语 discourse practice；韩非 Han Fei；现代性 modernity

庙会 fairs 见寺庙（temples）

民政官僚机构 civil bureaucracy 103-104；在北京 in Beijing 109-112；参见顺天府（Shuntianfu prefecture）

明朝皇帝的心理 psychology, of Ming emperors 49

明代中国的地理构造 geographical configuration, of Ming China 51-52，54，56；地理政治 geo-political 52；世界性的尺度 global dimension of 53；姿态 as posture 53

明代中国的复兴 resurgence, of Ming China 61

明帝国的理性主义 rationalism, of the Ming empire 78-79

木栅 wooden fences 115，143

N

拿破仑·波拿巴 Bonaparte, Napoleon 33，255，261-262

内阁 Grand Secretariat 103，152，177，194-195，196，199-202，216，218-220，244

内阁 neige 见内阁（Grand Secretariat）

内阁与军机处 Grand Secretariat and Grand Council 169-170，195，198-199，219-220，274-276

内廷 inner court 150，239；参见内廷外朝（inner and outer court）

内廷 neiting 见内廷（inner court）

内廷外朝 inner and outer court 31-32；191，204-206，208-210，243，274-275

内外差异 inside-outside differrentiation 346；参见不平等（inequality）

内务府 Imperial Household Department 151，177，224

内务府 neiwufu 见内务府（Imperial Household Department）

尼可罗·马基雅维利 Machiavelli, Niccolò 33，256-265 passim

年历（中的）宗教结构 annual calendar, religious structure in 288

凝视 gaze: 皇帝的 imperial 28，223，262，278；在线性透视中 in linear perspective 330-331

O

欧文·潘诺夫斯基 Panofsky, Erwin 40，330，334

P

帕赫兹—高梅兹 Pérez-Gomez, Alberto 330-332

庞大的构筑 mega-architecture 273

皮埃尔·布尔迪厄 Bourdieu, Pierre 40-41

Q

祈年殿 Hall of Yearly Harvest；祈年殿 Qinian Dian；祈年殿 Temple of Yearly Harvest
　　60，286，298-330

气 qi 322，341，346

千里江山图 *Qianli Jiangshantu* 322-325

乾隆 Qianlong 78，178，196，233，298

乾清宫 Palace of Heavenly Purity 151，167-168

乾清门 Gate of Heavenly Purity 150，162，186-189，217-218，226，229，290-293，
　　301

墙 walls 84，87-89，147，153，156；抽象的 abstract 230；复杂的 complex of 273；
　　和不可见的 and invisibility 313-316；社会的 social 223；系统的 system of 89；墙
　　的运用 use of 143，171，313-326，313，339

秦帝国 Qin empire 261，262

秦始皇 First Emperor of China 260-261

清代血缘政治 blood politics, of the Qing 192，207-208，234，236，239

权力 power 见国家权力的集中化（centralization of state power）；权力之眼 eye-pow-
　　er；权力关系 power relations；金字塔 pyramid；空间 space

权力的自动与独立的运作 automatic and autonomous, operation of power 250，258，
　　265-266，277-278

权力关系 power relations 27；在地理政治格局中的 in a geo-political diagram 53；……
　　的地图 a map of 31，250；三角形的 a triangle of 32，209，215，244，256，275；
　　参见金字塔（pyramid）

权力之眼，君主的 eye-power, of the throne 28，32，38，222，245，266，276，346；
　　参见凝视（gaze）

权威主义 authoritarianism 246，262，272，347；空间与社会资源利用中的 in the use of spatial and social resources 272

全球化 globalization 24

R

儒家 Confucianism 34,67-69,76-78,142,260,312,339；参见儒家与法家（Confucianism and Legalism）；理学 Neo-Confucianism

儒家意识形态 Confucian ideology 见皇帝仪式形态（imperial ideology）

儒家与法家：两者之反差 247，两者之综合 75-79，142，253，278，347

阮安 Ruan An 60

S

散布 dispersion 329；中心的 of the centre 341；客体的 of the object 338；参见沉浸—散布布局（immersive-dispersive composition）

商店前部 shop fronts 124-125

哨卡 Checkpoints 115，118，120，122，143，224，227-230，276

设计：布局 design: as disposition 277-278；政治的和策略的 political and strategic 243-244；城市与建筑的 urban and architectural 147；参见空间的设计（spatial design）

社会交往的焦点 foci of social interactions 133-134；参见会馆（guilds）；寺庙 temples；戏庄 theatres

社会交往的中心 centres of social interactions 123-133 passim；参见社会交往的焦点（foci of social interactions）

社会生活 social life 122-126，133-135，143；参见会馆（guilds）；社会的 social；空间，庙宇，戏庄 space, temples; theatres

社会生活与空间上的限制 restrictions, on social life and space 129，134

社稷坛 Altar of Land and Grain 61，66，151，286，290

身体：作为话语 body: as discourse 296，305-306；皇帝的身体 of the emperor 237-240，274-275，305-306

身体的空间 corporeal space 见空间（space）

深的空间 deep space 见空间（space）

深度：最深的 depth: deepest 158；深度与高度的关系 in depth-height relationship 221-222，230，244-245，267，275-276，346；整体的 158，273-274；的递增 158-159，164-166，170；空间的 89-90，155，156-158，346；雍正宫廷的 of Yongzheng's palace 167-168

深度与高度的关系 depth-height relationship 见深度（depth）

圣王 sage ruler 70，74，75，78，142；参见王道（wangdao）

圣旨 imperial edict 220

圣旨宣读 Sacred Edict, recitation of 111-112；参见皇帝的意识形态 imperial ideology, 传播 dissemination of

势 *shi* 248-252，260，265，277，316-322，327，341，346-347；参见形和势（form and propensity）；理和势 *li and shi*

术 *shu* 248，250

双核城市结构 bi-nuclei urban structure 107-108

水平卷轴画 horizontal scroll painting 34，321，322

水平性 horizontality 323

顺天府 Shuntianfu prefecture 109-112，121

顺治 Shunzhi 282

三角形宫廷权力关系的 triangle, of power relations at the imperial court 见权力关系（power relations）

死胡同 *cul-de-sac alleys* 95-96

四书（朱熹）Four Books 70

寺庙 temples 129-133；作为"另一个"空间 as 'another' space 136；作为公共生活的中心 as centre of public life 133；庙会所在地 fairs at 131-135，节庆所在地 festivals at 132-135；空间构架 spatial articulation of 131-132；使用的时间构架 temporal framework of the use of 130-131

孙子 Sun Zi 33，39，246，250-255，260，277；与卡尔·冯·克劳塞维茨的比较 and Carl von Clausewitz 254-255

孙子兵法 *Sunzi Bingfa* see Art of War 33，246，250-255，277

T

太和殿 Hall of Supreme Harmony 150，290-294，301，306，326

太和门 Gate of Supreme Harmony 291

太庙 Temple of Ancestors 61，151，286，290

天安门 Gate of Heavenly peace 151，292-295

天的气息 heavenly: aura 283，345；天命 decree 282；委任 mandate 283

天祭 Heaven, sacrifice or worship to 284，286，288-289，298，306-307

天启 Tianqi 232

天坛 Altar of Heaven 61，281，284-290，297-308，345

天子 Son of Heaven 30，282，307，308，345

听朝 audience 150，162，207；垂帘听政 'behind the curtain' 182，192，207，236，239；仪式的与功能的 ceremonial versus functional 166-167；御门听政 'at the imperial gate' 150，162，167，186-187，202，210，217，226，284，292;参见大朝，

常朝（Grand Audience; Normal Audience）

廷寄 court letters 219-222

同心圆布局 concentric layout: as disposition 347；功能主义的 functionalist 278；象征的 symbolic 87，254，286，308，311-312

同治 Tongzhi 182，191，236

托马斯·霍布斯 Hobbes, Thomas 256，260，261，265

托马斯·马库斯 Markus, Thomas 37

W

外朝 outer court 31-32，150，203；参见内廷外朝（inner and outer court）

外朝 waichao 见外朝（outer court）

外城 Outer City 60-61，64，87，107-108；作为"另一个"空间 as 'another' space 136；戏园聚集的中心 centre of theatres 127-129

万历 Wanli 207，232，237

汪直 Wang zi 207

王道 wangdao 30，34，75

王道和霸道：分离 wangdao and badao: separation of 74；综合 synthesis of 75，78-79，142

王翚 Wang Hui 318-319

王夫之 Wang Fuzhi 75，78

王其亨 Wang Qiheng 316

王守仁 Wang Shouren 73

王希孟 Wang Ximeng 321-322，338

王振 Wang Zhen 207

威廉·施坚雅 Skinner, William 107-108

魏忠贤 Wei Zhongxian 207，232-233

文书传递的秘密性 secrecy, of transmission of documents 218-220；及其制度化 institutionalization of 222

无形，策略的 formlessness, strategic 252

五层的城市结构 five-level urban structure 参见等级体系（hierarchy）

午门 Meridian Gate 151，162，291-296，301-302

X

西方的思想和方法 Western ideas and methods 36；参见跨文化（cross-culture）

戏庄 theatres 127-129，135；参见外城（Outer City）

细胞图 cell maps 见空间句法（space syntax）

先农坛 Altar of Agriculture 61，286

咸丰 Xianfeng 191，207，234，236-237

咸阳 Xianyang 45

现代性：在帝制的中国 modernity: in imperial China 38；米歇尔·福柯的论述中 in Michel Foucault 110；西方的 Western 266；参见北京和圆形监狱（Beijing and the Panopticon）；功能主义的 functionalist；传统的与现代的 traditional and modern

线性透视 linear perspective 28，34，40，330-334

想象的战场，遍及全国的 battleground, imaginary: across the country 223，230；城市的 urban 113-120

向内—向外的流动 inward-outward flows 245；参见向内的迁移（inward movement）

向内流动；官署，官员及文书的（官署，官员及文书的向内流动）inward movement, of offices, offcials and documents 200-202，203，205-206，208-210，245

象征主义：关于形式化平面的 symbolism: of the formal plan 311-312，345；与命名的关系 and naming 152-153

宵禁 night curfew 115

谢和耐 Gernet, Jacques 263-264

形和势 form and propensity 316-320，321-327，341，346；局部的形态和宏大的轮廓 as local forms and global outlines 316-320

形和势 xing and shi，见 form and propensity

形式的平面和真实的空间 formal plan and actual space 26-27，30-31，75，79，83，87-88，141-144，152，254，268，347

凶礼 Inauspicious Rites 285-286

徐达 Xu Da 51，59

宣统 Xuantong 192，236-237

玄武门 xuanwumen 102-103

巡逻系统 patrol system 227

Y

鸦片战争 Opium War 234

衙门 yamen 110

养心殿 Palace of Mental Cultivation 151，168，178，181-183，185，236

养心殿 Yangxindian 见 Palace of Mental Cultivation

伊曼纽尔·康德 Kant, Immanuel 255，334，335，338

伊萨克·牛顿纪念碑 Cenotaph for Isaac Newton 332，336

仪式 ceremonies 34，284-286，288，290-296；参见世俗的与神圣的（terrestrial and celestial）

仪式的和功能的路线 ceremonial and functional routes 见中轴线与对角线路径（axial and diagonal routes）；对角线路径 diagonal route；向内的迁移 inward movement

议事体制 deliberative system 216

易经 *Yi Jing* 72

奕訢 Yixin 207，234，236

阴阳宇宙观 Yin-Yang cosmology 67-72，142，152，260，298，339

雍和宫 Yonghegong 132

雍　正 Yongzheng 29，32，78，79，111，151，167-170，178，195-196，218-222，244，263，276-277，346

永乐（朱棣）Yongle (Zhu Di) 29-32，48-54，59-60，69-71，78，79，142，194，244，263，278，313，346

邮驿系统 postal system 217-221，276

有组织的移民：扩充人口 organized migration: demography expanded 56；重新安置家庭 households resettled 51

幼年皇帝 child emperors 182，192，232，236-237，239

与皇帝的邻近：宦官 adjacency to the emperor: eunuchs 190；妃嫔 ladies 178-181；空间的和身体的 spatial and corporeal 184，189-190，205-206

宇宙的气息 cosmic aura 327，341-345；参见天的（heavenly）

宇宙论的道德伦理 cosmological ethics 72，264，268，278，283，312，346-348

圆厅别墅 Villa Rotonda, Vicenza 331

圆形监狱设计 Panopticon design 33，38，257-260，265-267，278，315，326，346

院落边界图 courtyard-boundary maps 见空间句法（space syntax）

约翰·洛克 Locke, John 257

Z

宰相制度 prime-ministership 48，79，193-195，244，263，276，313

张居正 Zhang Juzheng 232

正德 Zhengde 191，231

正统 Zhengtong 60

郑和 Zheng He 49

政府的三重结构 three-fold structure, of the imperial government 103，121，143，192；参见监察机构，民政官僚机构，军事系统（Censorate; civil bureaucracy; military system）

直线，作为街道 lines, as streets 93

制度的空间 institutional space 见空间（space）

中都 Zhongdu 47

中国的空间设计方法 spatial design, Chinese approach to 24，28，35，39，347-348；参见散布（dispersion）；沉浸—散布格局 immersive-dispersive composition；主体 subject；主体性 subjectivity；城镇规划 town planning；都市 urbanity

中国都城的迁移路线 trajectory, of Chinese capitals 45-47，52，141

中国和欧洲的城镇规划 town planning, Chinese and European 327-329；参见北京和笛卡儿透视法（Beijing and Cartesian Perspectivalism）

中国和欧洲的都市 urbanity, Chinses and European 92，124，143

中国皇帝统治中，传统与现代 traditional and modern, in Chinses imperial rule 38，264，268，278

中国思想中的功能主义 functionalist, aspect of the Chinses mind 38

中和殿 Hall of Middle Harmony 290-291

中心（宫城）：仪式的和功能的 centre, inside the Palace City: ceremonial versus functional 166-167；象征的 symbolic 150

中心与边缘（宗教格局中的）centre and periphery, in religious layout 286，307；如宫城和天坛 as Palace City and Altar of Heaven 307

中心主义的设计：中心主义 centralist design: centralism 68，312，347；中心性 centrality 142，273，286，312，345-347；非中心化 negation of 320-321，323，326-328，340-341；空间的与制度的 spatial and institutional 267；参见同心圆布局（concentric layout）

中轴线与对角线路径 anxial and diagonal routes 158-163，200-203；参见对角线的路径（diagonal route）；向内的迁移 inward movement

终极点 pole：丰富的 of multiplicity 289；纯净的 of purity 289

周礼 Zhou Li 64-69

轴线 axis 61，78，312，321；中轴线布局 axial layout 328，331-332，336；光的 optical 337；光的与组织的 optical versus organizational 338-341；组织的 organizational 338

朱棣 Zhu Di 见永乐（Yongle）

朱厚熜 Zhu Houcong 见嘉靖（Jiajing）

朱丽安·韩森 Hanson, Jullien 36-37；参见空间句法（space syntax）

朱批 vermilion endorsement 218-220

朱熹 Zhu Xi 70-75，79

朱元璋 Zhu Yuanzhang 见洪武（Hongwu）

朱允炆 Zhu Yunwen 51

主客关系 subject-object relationship 334-338

主体：笛卡儿的 subject: Cartesian 34-35，334，339；中心的 centric 334，345-346；中国（式）的 Chinese 35，40，346；沉浸的 immersion of 339，348；互为主体的 as inter-subjective 339；观看中的 in seeing 337-339；参见观看（seeing）；主客关系 subject-object relationship；主体性 subjectivity

主体性：中国的 subjectivity: Chinese 35，40；皇帝的 imperial 308

专制 autocracy 313，337

专制主义：国家与社会 absolutism: state and society 135；在中国和欧洲 in China and Europe 261-264，328；参见国家权力的集中化（centralization of state power）

庄子 Zhuang Zi 72

紫禁城 Forbidden City 见宫城（Palace City）

紫禁城 Purple Forbidden City 见宫城（Palace City）

紫薇宫 Ziwei Palace 152

宗教的时空结构 spatial-temporal structure, religious 288-289

宗教话语实践 discourse practice, religious 283，296-297，300-301，305-308，345

宗教文本的物质性 materality of the text, religious 306；参见话语实践（discourse practice）

总（整）体性 totality 68-69，76，141-144；部署中 in disposition 345，348；整体秩序中 in a total order 347

奏折 palace memorials（zouzhe）218-220，222，276

作为网络的开放空间 open space as a net work 92-94，94-103，134

Chinese Spatial Strategies: Imperial Beijing, 1420-1911

©2004 Jianfei Zhu

All Rights Reserved.

Authorized translation from the English language edition published by Routledge, a member of the Taylor & Francis Group.

Chinese (simplified characters) translation copyright © 2017 SDX Joint Publishing Company

本作品版权由生活·读书·新知三联书店所有。

未经许可，不得翻印。

图书在版编目（CIP）数据

中国空间策略：帝都北京(1420—1911) ／朱剑飞著；诸葛净译. —北京：
生活·读书·新知三联书店，2017.8
ISBN 978－7－108－04797－7

Ⅰ.①中… Ⅱ.①朱… ②诸… Ⅲ.①城市史－建筑史－北京市－1420～1911
Ⅳ.① TU-098.12

中国版本图书馆 CIP数据核字（2013）第 273428号

中国空间策略：帝都北京(1420—1911)
朱剑飞 著 诸葛净 译

责任编辑 张 荷
装帧设计 陆智昌
责任印制 张雅丽

出版发行 生活·讀書·新知 三联书店
　　　　　（北京市东城区美术馆东街 22 号 100010）
网　　址 www.sdxjpc.com
经　　销 新华书店
图　　字 01-2017-4716
印　　刷 北京隆昌伟业印刷有限公司
版　　次 2017 年 8 月北京第 1 版
　　　　　2017 年 8 月北京第 1 次印刷
开　　本 635 毫米 ×965 毫米 1/16 印张 23.75
字　　数 285 千字
印　　数 0,001－7,000 册
定　　价 53.00 元
（印装查询：01064002715；邮购查询：01084010542）

策划：一石文化